風能與風力發電技術

劉萬琨｜張志英｜李銀風｜越萍｜著

馬振基｜校訂

五南圖書出版公司 印行

Wind
Energy
and
Power
Technology

　　太陽輻射能量（3.75×10^{36} W）的大約20億分之一（1.757×10^{17} W）投射到地球上，其中大約 20%（40 萬億千瓦）被地球大氣層吸收，大氣被加熱對流形成風。據估計，世界風能總量約 200 億千瓦，相當全世界總發電量的 8 倍，比地球上可開發利用的水能總量還要大 10 倍。

　　風力機是將風能轉換為機械功的一種動力機械。廣義地説，風力機是以太陽為熱源、以大氣為介質的熱能轉換的葉片式發動機。風車就是最早的一種風力機械，最早出現在波斯。中國利用風車大約在 13 世紀中葉，曾建造了各種形式的簡易風車，用於碾米、磨麵、提水灌溉和製鹽。18世紀末期以後，風車的結構和性能都有了很大的提高，已能採用手控和機械式自動控制機構來改變葉片槳距，調節風輪轉速。風力機用於發電的設想，始於 1890 年丹麥的一項風力發電計畫。1918 年，丹麥已擁有風力發電機 120 台。第一次世界大戰後，出現了現代高速風力機。1931 年，蘇聯採用螺旋槳式葉片建造了一台大型風力發電機。隨後，各國相繼建造了一大批大型風力發電機。

　　目前，風能的利用形式主要是發電，風力發電在新能源和可再生能源行業中增長最快，年增長達到 35%。德國、丹麥及西班牙是世界上風能利用發展最好的三個國家，德國風電已占總發電量的 3%，丹麥風電已超過總發電量的 10%。全球風電機組供應商市場份額統計前十位的有Vestas（丹麥）、GE風能（美國）、Enercon（德國）、Gamesa（西班牙）、NEG Micon（丹麥）、Bonus（丹麥）、REpower（德國）、MADE（西班牙）、Nordex（德國）、MHI（日本）。

到 2005 年底，世界累計的風力發電設備總裝機容量為 6800 萬千瓦，歐洲占 60%。預計到 2007 年底，風力發電總能力累計將達到 8300 萬千瓦，其中 5800 萬千瓦在歐洲。

中國風能資源豐富，儲量為 32 億千瓦，可開發的裝機容量約 2.5 億千瓦，居世界第一位。目前，總計安裝小型風力發電機近 20 萬台，在廣東、福建、內蒙古、新疆等地已建成 26 個風電場，總裝機容量近 50 萬千瓦。儘管近幾年風力發電年增長都在 50% 左右，但裝備製造水準與裝機總容量與已開發國家相比還有較大差距。中國風力發電裝機容量僅占全國電力裝機的 0.11%，風力發電發展潛力巨大。

風力機的最主要零組件——風輪機，與汽輪機有很多相似點：如都是葉片機械、都是基於機翼的升力理論；最主要的性能參數都是速比，風力機的葉尖速度比 λ 是葉尖周速與風速之比，是風力機風能利用係數最重要的參數。汽輪機的速比 U/C_0，是葉片圓周速度與級理想速度之比，是決定級輪周效率最重要的參數；兩種機械的特性都與來流角度強相關，有正攻角工況、負攻角工況和失速工況、顫振工況等；還有動態共振特性等。正是由於這些共同點，由汽輪機製造廠來自主開發風力機是最合適的。

然而，風力機由於是低效能頭轉換機械，它又有很多與汽輪機不同的特點。例如，風力機都是單級，葉片數目特別少，比如只有兩片、三片、四片等，而汽輪機是多級（30～40 級）、多葉片（每級 100～200 片）；風力機轉速低，只有 10～30 r/min，而汽輪機的轉速有 1500 r/min、1800 r/min、3000 r/min、3600 r/min 幾種，因此，風力機必須有高增速比的齒輪箱，而汽輪機一般都不用齒輪箱；還有，風力機的葉片特別長，最長的已達到 50～60 m 長，而汽輪機的葉片最短的為 25 mm，最長的也不過 1～2 m。其他的不同點還有：葉片用非金屬材料；露天運行，工況惡劣；

必須遠端遙控；不消耗燃料，不用鍋爐等化學能轉換器等。因此，汽輪機廠要自主開發風力機，就首先要弄清這些不同點，專門立項研究。正是在此前提下，我們編寫了此書，希望對汽輪機廠自主開發風力機有所幫助。

本書共分 9 章，第 1 章是有關風與風能的基本知識；第 2～3 章是風能發電與風力發電技術，重點是與汽輪機發電不同的特點；第 4～5 章專門講風輪機的工程設計方法和數值計算，是全書的重點；第 6 章介紹世界上最典型風力機的一些設計資料，可供設計風力機時參考；第 7 章介紹了風力機的發電系統，重點是介紹它們與化石燃料汽輪機發電系統的不同；第 8～9 章介紹世界和中國的風能資源和風電場的概況，透過這兩章就可對世界風電市場一目了然。這是編者的研究心得，拋磚引玉，希望得到專家們的指正。一些有關風力機的基礎資料，例如風力等級、風力機技術標準等放在附錄，供大家參考。

本書的編著參閱了大量參考文獻和網路資訊，在此對其作者一併致謝！

再次感謝幫助過本書編著的同事、朋友們，沒有他們的幫助也就沒有本書。

編者

2006 年 9 月

目　錄

第 1 章　風與風能　　　　1

1.1	風	2
1.2	風能	6
1.3	風電場選址	38

第 2 章　風能發電　　　　43

2.1	風力機的型式	44
2.2	風能發電	50
2.3	並網風力發電的價值分析	52
2.4	風力發電裝置	57
2.5	大中型風電場設計	64
2.6	風力發電設備的優化分析	77
2.7	風輪機與航空安全	82
2.8	風力機安全運行	83

第 3 章　風力發電技術　　　　93

3.1	功率調節	94
3.2	變轉速運行	97

3.3　發電機變轉速／恆頻技術　　　　　101

3.4　風輪機迎風技術　　　　　103

3.5　風電品質　　　　　105

3.6　風力機結構和空氣動力學　　　　　106

3.7　風力機控制技術　　　　　107

3.8　風電場優化　　　　　109

3.9　影響風電發展的其他因素　　　　　109

第 4 章　風輪機設計　　　　　113

4.1　風輪機的基本理論　　　　　114

4.2　風輪機工程設計方法　　　　　126

4.3　風輪機模化設計方法　　　　　132

4.4　風輪機工程設計圖例　　　　　135

4.5　風輪機的設計與製造　　　　　139

4.6　風輪機材料　　　　　195

4.7　風力機優化和設計風速　　　　　209

第 5 章　風輪機和風電場數值計算　　　　　227

5.1　風電場數值模型　　　　　228

5.2　風輪機設計軟體　　　　　235

5.3　風電場數值計算套裝軟體　　　　　244

5.4　風力機設計套裝軟體的開發　　　　　249

第 6 章　典型風力機設計資料　257

6.1　德國 Repower 公司 5M 風力機典型資料　258

6.2　德國 Nordex 公司 S70/S77 風力機設計資料　260

6.3　德國 Nordex 公司 N80、N90 風力機設計資料　263

6.4　1200kW 風力機設計資料　266

6.5　新疆金風科技風力機資料　268

6.6　廣東南澳風力機資料　270

6.7　國產小型風力機資料　271

第 7 章　風力機發電系統　273

7.1　風力機對發電機及發電系統的一般要求　274

7.2　恆速／恆頻發電機系統　275

7.3　變速／恆頻發電機系統　280

7.4　小型直流發電系統　287

第 8 章　國外風電場及發展　289

8.1　概況　290

8.2　世界主要風電場國家介紹　294

8.3　世界知名風力機供應商介紹　299

8.4　國外風能發電展望　305

第 9 章　中國風電場及發展　　309

9.1　中國風電場概況　　310

9.2　中國部分省份主要風電場介紹　　315

9.3　中國主要風電設備供應商簡介　　321

9.4　風電發展展望　　324

9.5　中國開發的 FD70A/FD77A 風力機　　331

9.6　風電發展前景　　345

附錄　　349

附錄一　風力等級表　　350

附錄二　葉輪式風力機技術術語標準定義（GB 8974-88）　　351

附錄三　風力發電裝置國家和國際標準　　358

附錄四　風力發電上網電價例　　361

附錄五　1998～2002 年全國風電場裝機概況　　362

附圖 1　中國風能分佈圖　　376

附圖 2　風速大於 3m/s 的有效風功率密度分佈圖　　376

附圖 3　全年風速大於 3m/s 的小時數分佈圖　　377

附圖 4　全國已建和擬建的風電場分佈圖　　377

附圖 5　中國風電歷年裝機圖　　378

參考文獻　　379

第一章

風與風能

1.1　風

1.2　風能

1.3　風電場選址

　　風是人類最熟悉的一種自然現象，風無處不在。太陽輻射造成地球表面大氣層受熱不均，引起大氣壓力分佈不均。在不均壓力作用下，空氣沿水平方向運動就形成風。風能是一種最具活力的可再生能源，它實質上是太陽能的轉化形式，因此是取之不盡的。

　　世界風能總量為 2×10^{13} W，大約是世界總能耗的 3 倍。風能在時間和空間分佈上有很強的地域性，要選擇風力強的風電場場址，除了利用已有的氣象資料外，還要利用流體力學原理，研究大氣流動的規律。風電場場址直接關係到風力機的設計或風力機型的選擇。

　　本章主要分析風的形成、風的種類、風能的定量描述方法和風的地域特徵，以及風電場的優化選址方法。

1.1　風

1.1.1　風的形成

　　地球被一個數公里厚的大氣層包圍著，地球上的氣候變化是由大氣對流引起的。大氣對流層相應的厚度約可達 12 km，由於密度不同或氣壓不同造成空氣對流運動。水平運動的空氣就是風，空氣流動形成的動能稱為風能，風能是太陽能的一種轉化形式。太陽輻射造成地球表面受熱不均，引起大氣層中壓力分佈不均，在不均壓力作用下，空氣沿水平方向運動就形成風。風的形成是空氣流動的結果。

　　空氣運動主要是由於地球上各緯度所接受的太陽輻射強度不同形成的。赤道和低緯度地區，太陽高度角大，日照時間長，太陽輻射強度大，地面和大氣接受的熱量多、溫度較高；高緯度地區，太陽高度角小，日照時間短，地面和大氣接受的熱量少、溫度低。這種高緯度與低緯度之間的溫度差異，形成了南北之間的氣壓梯度，使空氣做水平運動，風沿垂直於等壓線的方向從高壓向低壓吹。地球自轉，使空氣水平運動發生偏向的力，稱為地轉偏向力。這種力使北半球氣流向右偏轉，南半球氣流向左偏轉，所以地球大氣運動除受氣壓梯度力外，還要受地轉偏向力的影響。大氣真實運動是這兩種力綜合影響的結果。如圖 1.1 所示。

　　地面上的風不僅受這兩種力的支配，而且還受海洋、地形的影響。山坳和海峽能改變氣流運動的方向，還能使風速增大；而丘陵、山地摩擦大，使風速減小；孤立山峰因海拔高而使風速增大。

　　由於地球自身產生的複合向心加速度的阻礙作用，也產生從高向低壓區的對流。這種加速度由地球的自轉產生，而且它在地球表面開

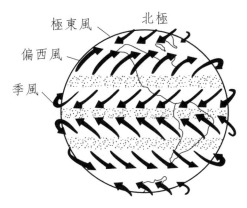

圖 1.1　地球表面風的形成和風向

始，垂直於運轉方向，北半球向右，南半球向左。從衛星雲圖的旋渦雲圖可看出，氣體對流是沿一個螺旋軌道旋轉運行的。風在高空中，氣壓相等的線（等壓線）相互平行，而近地層由於地表摩擦，風速下降，複合向心加速度的作用變得很小。地面上風向隨著高度的變化大約是 30°，地轉風向左旋轉。由於海面平滑，摩擦力小，方向的偏轉也就小，降低到約 10°。不同氣壓產生的對流，主要反映為地面偏轉風。海面渦流圖可以表示出其渦流較長，比陸地風速高，特別情況時出現渦流暴，達到極點而產生相當大的風速。

不僅這種高度空間上的對流產生可利用的風，而且由於地區受熱不同，也產生地區風，典型的情況是山谷風。由於山谷與山脊受熱不同，即加熱與冷卻速度不同，也會產生風。海平面與陸地之間的加熱和冷卻速度不同，也產生海陸風。

在有海陸差異的地區，海陸差異對氣流運動也有影響。冬季，大陸比海洋冷，大陸氣壓比海洋高，風從大陸吹向海洋；夏季相反，大陸比海洋熱，風從海洋吹向內陸。這種隨季節轉換的風，稱為季風。

有海陸差異的地區，白晝時，大陸上的氣流受熱膨脹上升至高空流向海洋，到海洋上空冷卻下沉，在近地層海洋上的氣流吹向大陸，補償大陸的上升氣流，低層風從海洋吹向大陸，稱為海風；夜間（冬季）時，情況相反，低層風從大陸吹向海洋，稱為陸風。

在山區，由於熱力原因引起的白天由谷地吹向平原或山坡，稱為谷風；夜間由平原或山坡吹向谷地，稱為山風。這是由於白天山坡受熱快，溫度高於山谷上方同高度的空氣溫度，坡地上的暖空氣從山坡流向谷地上方，谷地的空氣則沿著山坡向上補充流失的空氣，這時由山谷吹向山坡的風，稱為谷風。夜間，山坡因輻射冷卻，其降溫速度

比同高度的空氣較快，冷空氣沿坡地向下流入山谷，稱為山風。

　　局部地區，例如在高山和深谷，白天，高山頂上空氣受到陽光加熱而上升，深谷中冷空氣取而代之，因此，風由深谷吹向高山；夜晚，高山上空氣散熱較快，於是風由高山吹向深谷。如在沿海地區，白天由於陸地與海洋的溫度差而形成海風吹向陸地；反之，晚上陸風吹向海上。

1.1.2　風向與風速

　　風向和風速是描述風特性的兩個重要參數。風向是指風吹來的方向，如果風是從北方吹來，就稱為北風；風從東方吹來，就稱為東風。風速是表示風移動的速度，即單位時間空氣流動所經過的距離。

　　風向和風速隨時、隨地都不同，風隨時間的變化包括每日的變化和各季節的變化。季節不同，太陽和地球的相對位置就不同，地球上的季節性溫差，形成風向和風速的季節性變化。大部分地區風的季節性變化情況是，春季最強，冬季次之，夏季最弱。當然也有部分地區例外，如溫州沿海地區，夏季季風最強，春季季風最弱。

　　風隨高度變化的經驗公式很多，通常採用指數公式

$$V_W(h) = V_{Wi} \left(\frac{h}{h_i} \right)^n \qquad\qquad （1.1）$$

式中　　$V_W(h)$ ——距地面高度為 h 處的風速，m/s；

　　　　V_{Wi} ——高度為 h_i 處的風速，m/s；

　　　　n ——經驗指數，它取決於大氣穩定度和地面粗糙

度，其值約為 1/2～1/8。

地球上風的方向和速度的時空分佈隨時都在變，非常複雜。

1.2 風能

1.2.1 21世紀的最主要能源

地球上可供人類使用的化石燃料資源是極有限和不可再生的。據聯合國能源署報告，按可開採儲量預計，煤炭資源可供人類再使用 200 年、天然氣資源可用 50 年、石油資源可用 30 年。科學家預計，21 世紀的最主要能源將是核能、太陽能、風能、地熱能、海洋能、氫能和可燃冰。

⑴核能　核能發電（特別是核驟變能發電）是人類最現實和有希望的能源方式。核能是可裂變原子核（例如鈾 235）在減速中子轟擊下產生鏈式反應釋放出來的能量（熱反應堆發電站）。1 kg 鈾 235 裂變時放出的能量相當於 2000 t 汽油或 2800 t 標準煤的能量。但是天然鈾中鈾 235 的含量僅占 0.7%，其餘 99.3% 為鈾 238。而鈾 238 為非裂變元素，不能直接作為熱堆核燃料。因此，用熱中子反應堆發電，地球上有的核燃料資源將不能供應很長時間。

快堆（增殖堆）可將一部分非裂變元素鈾 238 轉變為可裂變元素鈈 239（^{239}Pu）。每消耗一定數量的可裂變原子核，會產生更多的可

裂變原子核，此過程稱為增殖，這種反應堆稱為增殖反應堆。這種堆型中子轟擊原子核的中子不經減速，是高能快中子，所以又稱為快中子增殖堆（快堆）。快中子增殖堆是擴大核燃料資源的最重要途徑。

未來核能源主要將依靠核驟變獲得。驟變反應是較輕原子核（如氘）聚合成較重原子核的反應。將氫的同位素氘和氚加熱到很高的溫度（1×10^8 K），使它們發生燃燒而聚合成較重的元素，可釋放出巨大的能量。核驟變燃料氘可直接從海水中提取，1 kg 海水中大約含有 0.03 g 氘。地球上約有海水 1×10^{21} kg，氘含量達 1×10^{17} kg，可釋放出能量 1×10^{31} J。海水中氘的熱核驟變能將可供人類使用幾百億年，而最終解決人類的用能問題。

(2)地熱能　地殼層（約厚 60 km）的溫度約為 500 ℃，地核（2900～6371 km）中心溫度可達約 5000 ℃，可見地球是一個巨大的熱庫。10 km 以內的地殼表層熱量就有 125×10^{26} J，相當全世界儲煤發熱量的 2000 倍。如果人類能源全部用地下熱能，則 4100 萬年後地球溫度也只降低 1 ℃。

地熱資源指蘊藏在地層岩石和地熱流中的熱能，地熱能是由地球的熔融岩漿和放射性物質的衰變產生的，地下水的深處迴圈和來自極深處的岩漿沁入到地殼後，把熱量從地下深處帶至近表層。地熱能雖不是一種「可再生的」資源，但其儲量極其巨大，是人類可長期依靠的能源方式。地熱能的特點是效能低、分散，要大規模應用較困難。

(3)太陽能　太陽是炙熱的氣體，直徑 139×10^4 km，是地球直徑的 110 倍。太陽表面溫度約 6000 ℃，中心溫度為 $(800～4000) \times 10^4$ ℃，壓力約 2×10^{11} ata（1ata = 98066.5 Pa，下同），在這樣的高溫高壓條件下，太陽內部持續不斷地進行數種熱核驟變反應，最重要

的是氫聚合成氦的核驟變反應，產生數百萬度的高溫。熱核驟變反應產生的熱量是太陽向宇宙空間輻射出巨大能量的源泉。這種聚變反應還可以維持數千億年（宇宙從大爆炸逐漸擴展到今天的壽命不過 200 億年）。可見，太陽才是一個真正取之不盡、用之不竭的大能源。

地球距離太陽十分遙遠，約 1.5×10^8 km，是地球直徑的 11800 倍，實際上地球從太陽獲得的能量只是太陽能極少的一部分。即使是這樣，也是地球上其他各種能量總和的上萬倍。中午 12 點，太陽能的平面輻射熱流密度最大可達 940 W/m^2，量級與風能密度相當，經聚焦後的輻射熱流密度可達 500 kW/m^2。

太陽能的利用有兩種：①利用光—熱效應，產生熱水供熱和產生蒸汽發電，太陽能發電有塔式水、液體鈉雙介質迴圈電站；②利用光—電效應，用矽電池可以直接由光能轉換為電能。

在地面上利用太陽能要受大氣層衰減的影響，還要受陰晴天、日出日落、地理位置等影響，利用率很低。一種設想是在高空衛星上設太陽能電站，能量轉換效率要比地面高得多。在衛星電站上，太陽能通過光電池直接轉換為電能，用微波技術將電能轉換為微波，以集束形式把微波發射到地面接收站，接收站再將微波轉換為電能。由許多衛星組成衛星站網，就能為人類提供源源不斷的電力。這種設想要實現還要克服很多技術上的困難，是比較遙遠的事。

地球上的能源，除了核能外，太陽能是各種能量（化石燃料能、生物質能、風能、水能、海洋能等）的來源，可見，太陽輻射能是人類最基本的能量來源。

⑷海洋能　地球表面海洋面積約占 71%。海洋能包括潮汐能、海流

能、波浪能和溫差能。海洋能是太陽能、太陽和月亮引力能產生的。世界潮汐能總量約 10 億千瓦，儲量不大、效能低、分散，供人類應用是有限的。

(5)氫能　氫是宇宙中普遍存在的元素，約占宇宙質量的 75%，主要以化合物的形態儲存在水中。高效率製氫的基本途徑是利用太陽能，太陽能製得的氫能將成為人類用之不竭的一種優質、乾淨燃料。

(6)可燃冰　是一種天然氣水合物，是水和天然氣在中高壓和低溫條件下混合時產生的晶體狀物質。可燃冰在自然界分佈非常廣泛，海底以下 0～1500 m 深的大陸棚或北極等地的永久凍土帶都有可能存在。資料顯示，海底的天然氣水合物可滿足人類 1000 年的能源需要。

(7)風能　世界風能總量為 $2×10^{13}$ W，大約是世界總能耗的 3 倍。如果風能的 1% 被利用，則可以減少世界 3% 的能源消耗；風能用於發電，可產生世界總電量的 8%～9%。

　　風能是一種無污染的可再生能源，它取之不盡，用之不竭，分佈廣泛。隨著人類對生態環境的要求和能源的需要，風能的開發日益受到重視，風力發電將成為 21 世紀大規模開發的一種可再生乾淨能源。

　　風能是一種最具活力的可再生能源，它實質上是太陽能的轉化形式，因此可以認為是取之不盡的。風能的利用將可能改變人類長期依賴化石燃料和核燃料的局面。到 2002 年底，世界總的風力發電設備有 61000 台，總裝機容量為 3200 萬千瓦。風力發電技術在不斷成熟，單機容量由 500～750 kW 量級增大到 1000～2000 kW 量級，目前已研製成功單機 5000 kW 的風力機。

　　據預測，2002～2007 年的 5 年中，風力發電設備的總需求量為

5100 萬千瓦，年均增長 11.2%。2002 年底，世界風電總裝機為 3200
萬千瓦，歐洲占 75%，美國占 15%，其餘國占 10%。到 2007 年底，
全世界風力發電總裝機將達到 8300 萬千瓦，其中 5800 萬千瓦將裝在
歐洲，占總裝機的 70%。到 2007 年後，預計年增長率還將增加，到
2012 年，其年增加裝機容量可望達到 2400 萬千瓦，總的風力發電能
力將達到 1.77×10^8 kW，占世界總電力市場的 2%。預計到 2020 年
風力發電能力將可能占世界總電力達到 12%。

1.2.2　風能密度

　　風能可用「風能密度」來描述。空氣在 1 秒時間裡以速度 v 流過
單位面積產生的動能稱為「風能密度」。

$$E = \frac{1}{2}\rho v^3 \qquad\qquad (1.2)$$

　　風能密度與平均風速 v 的三次方成正比，平均風速為 10 m/s
時，風能密度為 600 W/m^2；平均風速為 15 m/s 時，風能密度為 2025
W/m^2。ρ 是空氣的密度值，隨氣壓、氣溫和濕度變化。

1.2.3　風能密度計算方法

　　可用直接計算法和概率計算法計算平均風能密度。
⑴直接計算法　將某地一年（月）每天 24 小時逐時測到的風速資

料，按某間距（比如間隔為 1 m/s）分成各等級風速，如 v_1（3 m/s），v_2（4 m/s），$\cdots$，v_i（$i + 2$ m/s），然後將各等級風速在該年（月）出現的累積小時數 $n_1, n_2, \cdots, n_i$，分別乘以相應各風速下的風能密度 $\left(n \times \dfrac{1}{2} \times \rho \times v_i^3 \right)$，再將各等級風能密度相加之後除以年（月）總時數 N，即

$$E_{平均} = \frac{\Sigma\, 0.5\, n_i \rho v_i^3}{N} \tag{1.3}$$

則可求出某地一年（月）的平均風能密度。

⑵概率計算法　概率計算法就是透過某種概率分佈函數擬合風速頻率的分佈，按積分公式計算得到平均風能密度。一般採用威布林公式，其風速 v 的概率分佈函數為

$$f(v) = \frac{K}{C}\left(\frac{v}{C}\right)^{K-1} e^{-\left(\frac{v}{C}\right)^K} \tag{1.4}$$

式中，K 為形狀參數；C 為尺度參數。

　　利用風速觀測資料，通過最小二乘法、方差法和最大值法等三種方法可以確定 C、K 參數的值。將 C、K 值代入式（1.4），計算出各等級風速的頻率，然後求出各等級風速出現的累積時間，再按直接計算公式計算風能密度。另外，當 C、K 值確定後，也可以利用風能密度的直接計算公式推導出積分形式的公式。當風速 v 在其上、下限分別為 a、b 的區域內，f 為 v 的連續函數，則積分形式的風能密度計算公式為

$$\overline{E} = \frac{\rho}{2} \frac{\int_a^b \left[\frac{K}{C} \left(\frac{v}{C} \right)^{K-1} e^{-\left(\frac{v}{c} \right)^K} \right] v^3 \, dv}{e^{-\left(\frac{a}{c} \right)^K} - e^{-\left(\frac{b}{c} \right)^K}} \tag{1.5}$$

1.2.4　地球上風能資源分佈

　　根據米里喬夫的估計，每年來自外太空的輻射能為 1.5×10^{18} kW · h，其中的 2.5%，即 3.8×10^{16} kW · h 的能量被大氣吸收，產生大約 4.3×10^{12} kW · h 的風能。這一能量是 1973 年全世界電廠 1×10^{10} kW 功率的約 400 倍。

　　風能利用是否經濟取決於風力機輪轂中心高處最小年平均風速。這一界線值目前取在大約 5 m/s，根據實際的利用情況，這一界線值可能高一些或低一些。由於風力機製造成本降低以及一般能源價格的提高，或者考慮生態環境，這一界線值有可能會下降。圖 1.2 為全世界風速分佈圖。從圖 1.2 可見，高風速從海面向陸地吹，由於地面

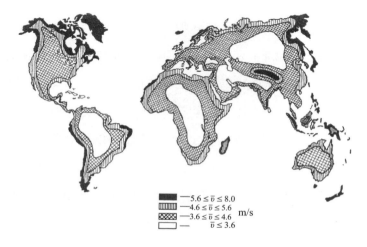

圖 1.2　全世界風速分佈圖

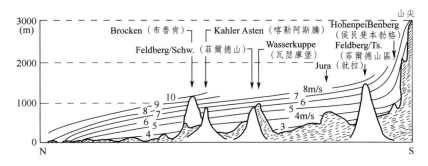

圖 1.3　德國北－南地區等風速線圖

的粗糙度，使風速逐步降低。在沿海地區，風能資源很豐富，向陸地不斷延伸。相等的年平均風速隨高度變化，其趨勢總是向上移動。

　　德國北－南地區等風速線圖見圖 1.3，風能最好的地方是大西洋西海岸，特別是英國和愛爾蘭地區，風更大一些。德國地區的較好風資源地區在北海岸，其次是中高山區的山上。

　　歐洲風能分佈見圖 1.4。

　　風能圖是風力機選點最必需的風資源特性資料。圖 1.4 是由 50 個氣象站的資料得出的簡圖，主要是由蒲田風級表用誤差修正法對風速的估計值。而且風能圖上的風速值是在 10 m 高處測得的資料，年平均風速不是每年相同的，但偏差不大。通過對不同氣象站資料的計算得出，在相當長時間裡的年平均風速的最大偏差，小風車時為 1 m/s，大風車時為 1.3 m/s，其中 50% 的氣象站的這種誤差在 0.2 m/s 以下。圖 1.5 是前西德 4 m/s 以上風資源圖。

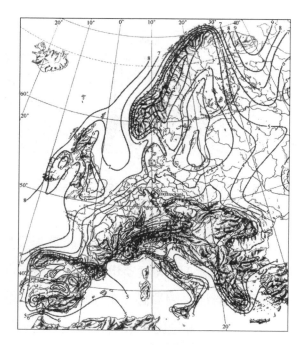

圖 1.4　歐洲風能分佈圖（等風速線圖）

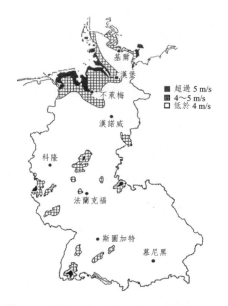

圖 1.5　前西德 4 m/s 以上風資源圖

1.2.5　中國風能資源分區

　　中國風能資源可劃分為如下幾個區域。

⑴最大風能資源區東南沿海及其島嶼。這一地區，有效風能密度大於等於 200 W/m² 的等值線平行於海岸線，沿海島嶼的風能密度在 300 W/m² 以上，有效風力出現時間百分率達 80%～90%，大於等於 3 m/s 的風速全年出現時間約 7000～8000 h，大於等於 6 m/s 的風速也有 4000 h 左右。但從這一地區向內陸，則丘陵連綿，冬半年強大冷空氣南下，很難長驅直下，夏半年颱風在離海岸 50 km 時風速便減小到 68%。所以，東南沿海僅在由海岸向內陸幾十公里的地方有較大的風能，再向內陸則風能銳減。在不到 100 km 的地帶，風能密度降至 50 W/m² 以下，反為全國風能最小區。但在福建的臺山、平潭和浙江的南麂、大陳、嵊泗等沿海島嶼上，風能卻都很大。其中，臺山風能密度為 534.4 W/m²，有效風力出現時間百分率為 90%，大於等於 3 m/s 的風速全年累積出現 7905 小時。換言之，平均每天大於等於 3 m/s 的風速有 21.3 h，是我國平地上有記錄的風能資源最大的地方之一。

⑵次最大風能資源區內蒙古和甘肅北部。這一地區終年在西風帶控制之下，而且又是冷空氣入侵首當其衝的地方，風能密度為 200～300 W/m²，有效風力出現時間百分率為 70% 左右，大於等於 3 m/s 的風速全年有 5000 小時以上，大於等於 6 m/s 的風速有 2000 小時以上，從北向南逐漸減少，但不像東南沿海梯度那麼大。風能資源最大的虎勒蓋地區，大於等於 3 m/s 和大於等於 6 m/s 的風速的累積時數分別可達 7659 小時和 4095 小時。這一地區的風能密度雖較

東南沿海為小，但其分佈範圍較廣，是中國連成一片的最大風能資源區。

⑶大風能資源區黑龍江和吉林東部以及遼東半島沿海。風能密度在 200 W/m² 以上，大於等於 3 m/s 和 6 m/s 的風速全年累積時數分別為 5000～7000 小時和 3000 小時。

⑷較大風能資源區青藏高原、三北地區的北部和沿海。這個地區（除去上述範圍）風能密度在 150～200 W/m² 之間，大於等於 3 m/s 的風速全年累積為 4000～5000 小時，大於等於 6 m/s 風速全年累積為 3000 小時以上。青藏高原大於等於 3 m/s 的風速全年累積可達 6500 小時，但由於青藏高原海拔高、空氣密度較小，所以風能密度相對較小，在 4000 m 的高度，空氣密度大致為地面的 67%。也就是說，同樣是 8 m/s 的風速，在平地為 313.6 W/m²，而在 4000 m 的高度卻只有 209.3 W/m²。所以，如果僅按大於等於 3 m/s 和大於等於 6 m/s 的風速的出現小時數計算，青藏高原應屬於最大區，而實際上這裡的風能卻遠較東南沿海島嶼為小。從三北北部到沿海，幾乎連成一片，包圍著中國大陸。大陸上的風能可利用區，也基本上同這一地區的界限相一致。

⑸最小風能資源區雲貴川，甘肅、陝西南部，河南、湖南西部，福建、廣東、廣西的山區以及塔里木盆地。有效風能密度在 50 W/m² 以下時，可利用的風力僅有 20% 左右，大於等於 3 m/s 的風速全年累積時數在 2000 小時以下，大於等於 6 m/s 的風速在 150 小時以下。在這一地區中，尤以四川盆地和西雙版納地區風能最小，這裡全年靜風頻率在 60% 以上，如綿陽為 67%、巴中為 60%、阿壩為 67%、恩施為 75%、德格為 63%、耿馬孟定為 72%、景洪為

79%。大於等於 3 m/s 的風速全年累積僅 300 小時，大於等於 6 m/s 的風速僅 20 小時。所以，這一地區除高山頂和峽谷等特殊地形外，風能潛力很低，無利用價值。

(6)可季節利用的風能資源區　(4) 和 (5) 地區以外的廣大地區。有的在冬、春季可以利用，有的在夏、秋季可以利用。這些地區風能密度在 50～100 W/m^2，可利用風力為 30%～40%，大於等於 3m/s 的風速全年累積在 2000～4000 小時，大於等於 6 m/s 的風速在 1000 小時左右。

1.2.6　風能的三級區劃指標體系

國家氣象局發佈的中國風能三級區劃指標體系如下所示。

(1)第一級區劃指標

①風能豐富區　主要考慮有效風能密度的大小和全年有效累積小時數。將年平均有效風能密度大於 200 W/m^2、3～20 m/s 風速的年累積小時數大於 5000 小時的劃為風能豐富區，用「Ⅰ」表示。

②風能較豐富區　將 150～200 W/m^2、3～20 m/s 風速的年累積小時數在 3000～5000 小時的劃為風能較豐富區，用「Ⅱ」表示。

③風能可利用區　將 50～150 W/m^2、3～20 m/s 風速的年累積小時數在 2000～3000 小時的劃為風能可利用區，用「Ⅲ」表示。

④風能貧乏區　將 50 W/m^2 以下、3～20 m/s 風速的年累積小時數在 2000 小時以下的劃為風能貧乏區，用「Ⅳ」表示。代表這四個區的羅馬數字後面的英文字母表示各個地理區域。

(2)第二級區劃指標　主要考慮一年四季中各季風能密度和有效風力出

現小時數的分配情況。利用 1961～1970 年間每日 4 次定時觀測的風速資料，先將 483 個站風速大於等於 3 m/s 的有效風速小時數點成年變化曲線。然後，將變化趨勢一致的歸在一起，作為一個區。再將各季有效風速累積小時數相加，按大小次序排列。這裡，春季指 3～5 月，夏季指 6～8 月，秋季指 9～11 月，冬季指 12 月、1 月、2 月。分別以 1、2、3、4 表示春、夏、秋、冬四季。如果春季有效風速（包括有效風能）出現小時數最多，冬季次多，則用「14」表示；如果秋季最多，夏季次多，則用「32」表示；其餘依此類推。

(3)第三級區劃指標　風力機最大設計風速一般取當地最大風速。在此風速下，要求風力機能抵抗垂直於風的平面上所受到的壓強。使風機保持穩定、安全，不致產生傾斜或被破壞。由於風力機壽命一般為 20～30 年，為了安全，我們取 30 年一遇的最大風速值作為最大設計風速。根據中國建築結構規範的規定，「以一般空曠平坦地面、離地 10 m 高、30 年一遇、自記 10 min 平均最大風速」作為進行計算的標準。計算了全國 700 多個氣象臺、測 30 年一遇的最大風速。按照風速將全國劃分為 4 級：風速為 35～40 m/s 以上（暫態風速為 50～60 m/s）為特強最大設計風速，稱特強壓型；風速為 30～35 m/s（暫態風速為 40～50 m/s）為強設計風速，稱強壓型；風速為 25～30 m/s（暫態風速為 30～40 m/s）為中等最大設計風速，稱中壓型；風速為 25 m/s 以下為弱最大設計風速，稱弱壓型。4 個等級分別以字母 a、b、c、d 表示。

　　根據上述原則，可將全國風能資源劃分為 4 個大區、30 個小區。

①Ⅰ區　風能豐富區。ⅠA34a- 東南沿海及臺灣島嶼和南海群島秋冬特強壓型。ⅠA21b- 海南島南部夏春強壓型。ⅠA14b- 山東、

遼東沿海春冬強壓型。ⅠB12b- 內蒙古北部西端和錫林郭勒盟春夏強壓型。ⅠB14b- 內蒙古陰山到大興安嶺以北春冬強壓型。ⅠC13b-c- 松花江下游春秋強中壓型。

②Ⅱ區　風能較豐富區。ⅡD34b- 東南沿海（離海岸 20～50 km）秋冬強壓型。ⅡD14a- 海南島東部春冬特強壓型。ⅡD14b- 渤海沿海春冬強壓型。ⅡD34a- 臺灣東部秋冬特強壓型。ⅡE13b- 東北平原春秋強壓型。ⅡE14b- 內蒙古南部春冬強壓型。ⅡE12b- 河西走廊及其鄰近春夏強壓型。ⅡE21b- 新疆北部夏春強壓型。ⅡF12b- 青藏高原春夏強壓型。

③Ⅲ區　風能可利用區。ⅢG43b- 福建沿海（離海岸 50～100 km）和廣東沿海冬秋強壓型。ⅢG14a- 廣西沿海及雷州半島春冬特強壓型。ⅢH13b- 大小興安嶺山地春秋強壓型。ⅢI12c- 遼河流域和蘇北春夏中壓型。ⅢI14c- 黃河、長江中下游春冬中壓型。ⅢI31c- 湖南、湖北和江西秋春中壓型。ⅢI12c- 西北五省的一部分以及青藏的東部和南部春夏中壓型。ⅢI14c- 川西南和雲貴的北部春冬中壓型。

④Ⅳ區　風能欠缺區。ⅣJ12d- 四川、甘南、陝西、鄂西、湘西和貴北春夏弱壓型。ⅣJl4d- 南嶺山地以北冬春弱壓型。ⅣJ43d- 南嶺山地以南冬秋弱壓型。ⅣJ14d- 雲貴南部春冬弱壓型。ⅣK14d- 雅魯藏布江河谷春冬弱壓型。ⅣK12c- 昌都地區春夏中壓型。ⅣL12c- 塔里木盆地西部春夏中壓型。

中國風能分區及占全國面積的百分比見表 1.1。

中國風能潛力的估算如下：全國風能的理論可開發總量（R）為 32.26 億千瓦；實際可開發利用量（R'）估計為總量的 1/10，並考慮到

表 1.1　中國風能分區及占全國面積的百分比

風能指標	豐富區	較豐富區	可利用區	欠缺區
年有效風能密度 / （W/m²）	>200	200～150	<150～50	<50
當量風速（m/s）	6.91	6.91～6.28	<6.28～4.36	<4.36
≥3m/s年累計小時數 / h	>5000	5000～4000	<4000～2000	<2000
≥6m/s年累計小時數 / h	>2200	2200～1500	<1500～350	<350
占全國面積的百分比 / %	8	18	50	24

風輪實際掃掠面積為計算氣流正方形面積的 0.785 倍$\left[1\text{m 直徑風輪面}\right.$ 積為$\left.\left(\dfrac{\pi}{4} \times 1^2 = 0.785\text{m}^2\right)\right]$，故實際可開發量為 $R' = 0.785 \times \text{R} \times \dfrac{1}{10} =$ 2.53（億千瓦）。

1.2.7　風資源描述的基本理論

　　由於風的脈動，對於風資源的描述，人們常常採用風速平均值，然後把這些平均值再進行累加平均。氣象上常採用 10 min 的平均風速，在風能利用中主要也採用這一時間平均值，用於風力機的功率計算以及經濟性分析。

⑴風廓線　由於地面的摩擦力，風速隨地面高度的變化而變化，地面粗糙度越大，這種變化就越大。不同粗糙度長度的風廓線見圖 1.6。

　　粗糙度長度 z_0 是用來定義粗糙度的尺度，並用自然對數來描述風廓線

$$\frac{u_2}{u_1} = \frac{\ln(h_2 - d) - \ln z_0}{\ln(h_1 - d) - \ln z_0}$$

（1.6）

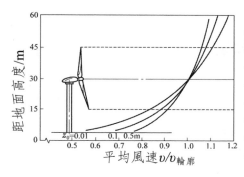

表 1.2　典型粗糙度長度

表面	粗糙度長度z_0/m
水或冰	10^{-4}
低草	10^{-2}
高草或岩石表面	0.05
牧場	0.20
建築物前	0.60
森林、城市	1～5

圖 1.6　不同粗糙度長度的風廓線

　　式中，u_2、u_1 是 h_2、h_1 高度上的風速；長度 d 是某一地面廓線的影響係數。當地面上障礙物比較離散及有低矮植物時，d 選為零。在有很密的障礙物時，如森林、城市，d 應採用障礙物高度的 70%～80% 估算。

　　風速是相對於風力機輪轂中心高的風速。近似公式計算的資料可以用到很高的高度（例如 100 m 以上）。表 1.2 所列的是各種粗糙度下的典型粗糙度長度。

　　某一大的障礙影響，如房屋、倉庫，應用下式來考慮粗糙度長度。

$$z_{OH} = \frac{1}{2} h \frac{A_S}{A_V} \tag{1.7}$$

式中　　z_{OH} ——增加的粗糙度長度；

　　　　h ——障礙物高度；

　　　　A_S ——障礙物相對風的垂直投影面積；

　　　　A_V ——障礙物的占地面積。

比如，20 個障礙物投影面積 A_S = 400 m^2，某一障礙物高度為 25 m，在 1 km^2 的面積上，分下來每一障礙物的面積 $A_V = \dfrac{1\text{km}^2}{20} = 50000$ m^2，那麼，增加的粗糙度長度為

$$z_{OH} = 0.5 \times 25\text{m} \times \frac{400\text{m}^2}{5000\text{m}^2} = 0.1\text{m}$$

當地面粗糙度為 0.05 m 時，總的粗糙度長度為 z_0 = 0.15 m。
風廓線常用指數公式（Hellmann）表示

$$\frac{u_2}{u_1} = \left(\frac{h_2}{h_1}\right)^a \tag{1.8}$$

指數風廓線關係式是一種近似的運算式，其中冪指數 a 可由下式確定

$$a = \frac{1}{\ln(z/z_0)} \tag{1.9}$$

這一公式適用於風廓線係數 d 等於零時，且 z 是平均高度，在這一高度上常用這一方程式。當粗糙度長度為 1 m 時，且 10 m 高度時，冪指數為 1/7。所以人們稱它為 1/7 冪法則，它表達了真實的風廓線，儘管它還不夠準確。

當然，最好在某些高度上測風最為合理，可以推算粗糙度長度 z_0，而且通過測定的風梯度試驗，計算得到冪 a（粗糙度長度 z_0 可以透過測試某一高度的擾動來估算）。

(2)風頻分佈　設計一台風力機，安裝地點的風資源很重要。年平均

　　風速是最重要的資料，風頻分佈規律對於風資源評估也十分重要（圖 1.7）。

　　在風頻分佈理論計算時，常把風速的間隔定為 1 m/s。風速在某一時間內的平均，按風速間隔的歸屬劃區，落到哪一區間，哪一區間的累加值加 1。區間的風速由中值表示，測試結束時，再把各間隔出現的次數除以總次數，就是風頻分佈。這一方法也就是國際IEA組織推薦的所謂比恩法（Bins Method）。

　　根據經驗，可利用形狀參數 C 和尺度參數 A 二參數的威布林（Weibull Distribution）分佈來理論計算擬合描述風頻分佈規律。

$$f(v) = \frac{C}{A}\left(\frac{v}{A}\right)^{(C-1)} e^{-\left(\frac{v}{A}\right)^{C}} \qquad (1.10)$$

通過式（1.10），由 A、C 參數近似計算平均風速

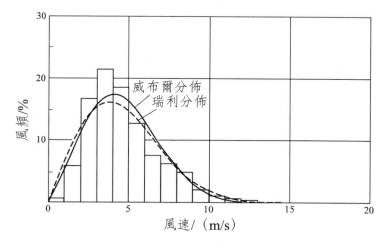

圖 1.7　風頻曲線

$$v_m = A\left(0.568 + \frac{0.434}{C}\right)^{\frac{1}{C}} \tag{1.11}$$

形狀參數 C 一般在 1～3 之間變化，當 $C = 2$ 時的威布林分佈就變成了瑞利分佈（RayLeigh Distribution）

$$f(v) = \frac{\pi}{2}\left(\frac{v}{v_{m^2}}\right)e^{-\frac{\pi}{4}\left(\frac{v}{v_m}\right)^2} \tag{1.12}$$

尺度參數 A 與平均風速 v_m 的關係為

$$A = v_m\left(\frac{2}{\sqrt{\pi}}\right) \tag{1.13}$$

像高斯正態分佈（Gauso Normal Distribution）那樣，瑞利分佈的標準差根據瑞利分佈的公式可得

$$\sigma_v = v_m\sqrt{2/\pi} \tag{1.14}$$

正態分佈中，3σ 以內的積分近似取 ≈ 0.99，也就是 99% 時間的平均風速落在 3σ 以內。且 $3\sigma_v = 2.4\sigma_m$，實際的風速分佈適合瑞利分佈。

當知道了年平均風速，可通過瑞利分佈計算年能量產出。對於已測得的風頻分佈可用威布林分佈來擬合。威布林參數 A、C 可用式（1.15）代法計算

$$nAC - \sum_{i=1}^{n}(v_i)v = 0 \tag{1.15}$$

$$\frac{n}{C} + \frac{1}{v_m} \sqrt{\frac{1}{N-1} \sum_{i=1}^{n} (v_i - v_m)^2} = 0 \qquad (1.16)$$

式中，n＝ 所有測驗資料點，即 10 min 的平均值；v_i＝ 第 i 個 10 min 平均風速，集合 $i = 1 \sim n$。

估計威布林分佈的 C、A 兩參數有多種方法，常採用的方法還有幾種：a. 最小二乘法；b.平均風速 v 和標準差 S_i 法；c. 平均風速和最大風速估計法。採用的方法不同，估計出來的威布林參數並不完全相同，因此用這些參數計算出來的風能量也會有差別。究竟採用哪一種方法，要看實際情況決定。

對不同高度的風頻分佈換算比較複雜。根據前面所講風速可按風廓線指數關係換算，那麼某一區間的風速也就可以在這一區間內換算，而間隔（bin 區間）的頻次應除以換算係數，間隔寬度（bin 寬度）的量與頻次的乘積保持不變。瑞利和威布林的換算是完全不同的。威布林分佈尺度參數 A 的換算要比形狀參數 C 的換算更為重要。C 的變化特別是粗糙度長度很小時，它的變化可忽略不計。而 A 與平均風速成比例變化，那麼常需把 A 向不同高度上換算，而瑞利分佈的換算則必須按平均風速進行新的計算。

評價一台風力機在現場的運行特性，除風速變化外，還有風向的變化情況，特別在有地形影響時（圖 1.8）。

⑶日變化及無風期（靜風）由於溫度的變化，常引起風速的平均日變化（圖 1.9）。如果知道了日變化，就可以與負荷變化曲線對比，看是否匹配，並在電力系統設計時加以考慮。

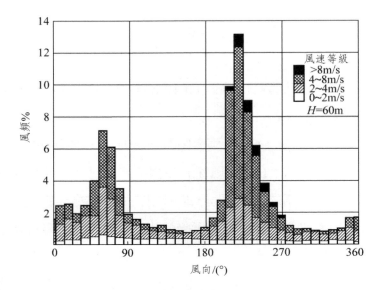

圖 1.8 不同風向下的風頻圖

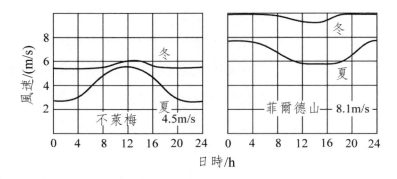

圖 1.9 典型的夏季、冬季不同地點的風速日變化曲線

由圖 1.9 表示的風速日變化可看出，夏天中午風速最大，它是由於空氣熱對流效應造成的。受近地層影響，白天由於地層風較大，空氣受熱對流對風速影響減弱。夜間近地層影響小，風速明顯增強，在平原地區 100～150 m 以上高空就出現類似的情況。

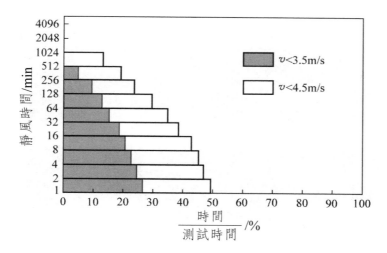

圖 1.10　德國南部某地測試的累計靜風時間

　　從風速日變化也可以看出無風期（靜風）情況。無風指的是風力機切入風速以下的風速，切入風速的高低直接影響無風期的長短。圖 1.10 是德國南部某地測試的累計靜風時間，表示的是兩個切入風速下測得的總的無風期。4.5 m/s 的切入風速、4 min 以上的無風期約占 45% 的時間，而 512 min 以上的無風期約占 13%。它明顯地對應於白天風速最大，夜裡風速最小的情況。

⑷紊流與陣風　平均風速是對暫態風速的數字濾波，圖 1.11 表示的是 8 min 內風速風向隨時間的暫態變化過程。對於一台風力機，載荷計算、功率調節系統設計、偏航設計等都需要準確了解暫態風速的變化。

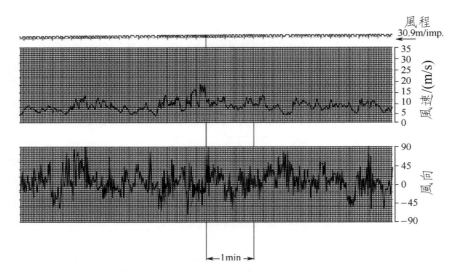

圖 1.11　8 min 內風速風向隨時間的暫態變化過程

　　對於紊流脈動變化，常用標準差與某一測試時間內的平均值的關係來計算。應有足夠快的採樣速度（最小 1 Hz），從下式 n 個 v 值來計算

$$\frac{\sigma_v}{v_m} = \frac{1}{v_m} \sqrt{\frac{1}{N-1} \sum_{i=1}^{n} (v_i - v_m)^2} \tag{1.17}$$

典型的紊流特性是在平均風速的上下 10%～20% 內變化。

在一平均時間內，最大風速的估算用下面的理論公式表示

$$v_{max} = v_m \left(1 + \frac{3}{\ln(z/z_0)}\right) \tag{1.18}$$

式中　v_m——平均風速；

　　　z——離地面某一高度的粗糙度長度；

　　　z_0——地面粗糙度長度。

對於風速標準差可用近似值表示

$$\sigma = \frac{1}{\ln(z/z_0)} \tag{1.19}$$

圖 1.12 是實際測試的情況，點表示的是暫態的最大、最小風速及平均標準差 10 min 平均值，是在丹麥的西海岸 20 m 高度上測試的，包括約 1500 個 10 min 平均風速值。

一些資料顯示了測到的最大風速。如德國北部最大風速，離地面 10 m 高處為 44 m/s。有的地區 10 m 高峰值風速可達 44.4～62.5 m/s。英國曾出現過 59 m/s 的最大風速。在南極測到的最大風速為 94.5 m/s。

風向變化也是很重要的，這裡提出一個近似公式

$$\theta = \frac{145}{\ln(z/z_0)} \tag{1.20}$$

當 $z = 10$ m，$z_0 = 1$ cm 時，風向變化約為 ±21°。

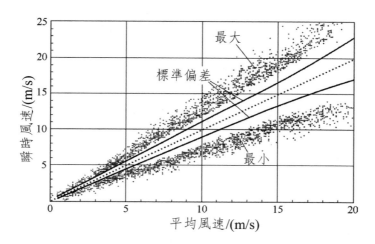

圖 1.12　10 min 平均風速值的最大、最小和標準差

　　這一近似公式適於大風以及靜態或中性層（指溫度隨高度的變化很小，約每增高 100 m，溫度變化 10 ℃ 時），根據經驗，對不同氣候條件的平均變化情況也是適合的。

　　圖 1.13 表示的是風向穩定性與風向頻次的關係。當方位寬度為 40°（即 ±20°）時，12 min 內 90% 的時間比較穩定。當方位寬度為 20°（即 ±10°）時，同樣時間就只有 80% 的時間穩定了。

　　風力機對風系統設計時，對風的速度可以很慢，此時要求選擇風力機允許對風誤差很小。

　　風向變化也有突變的時候，例如在暴風雨前的風速風向突變。表 1.3 是表示這種突變的一些資料。這種情況出現的時間大約是 2 年次，所以風力機設計時，必須計算幾分鐘內 180° 的風向突變及相應的風速突變。對風裝置就必須相應設計，比如避免風力機反方向的轉動。

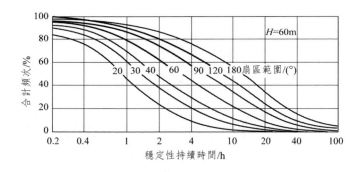

圖 1.13　風向穩定性與風向頻次的關系

表 1.3　風向隨風速變化突變的情況

風速 / (m/s)	風向變化 / (°)	變化時間 / min	風速 / (m/s)	風向變化 / (°)	變化時間 / min
29.0	160	6	15.6	90	8
14.8	65	7	17.0	80	7
19.2	190	3	−7.2	130	1
15.2	190	1.5～2.0			

　　對於風速，不僅要考慮最大、最小數值的統計，還要考慮隨時間的變化或陣風的變化。在氣象學中，常用陣風係數來表示陣風的變化，即最大風速對於平均風速的比值，以及陣風時間來描述。陣風大小取決於平均時間、採樣速率、採樣頻率、平滑性、風杯常數或預平均值等（表 1.4）。

表 1.4　不同平均時間的陣風係數

t/s	G	t/s	G	t/s	G
60	1.24	20	1.36	5	1.47
30	1.33	10	1.43	0.5	1.59

　　在風能計算中，陣風的考慮只限於風速的最大值，對於載荷計算和控制設計時，則主要考慮陣風隨時間的變化過程。陣風係數必須在陣風之前確定下來，平均時間的長短取決於陣風的大小，陣風對風力機影響還考慮風力機的大小。

　　陣風係數用於對陣風變化過程的分析，風能梯度用來定義陣風能量的變化速率。圖 1.14 表示丹麥海岸風速與所有陣風的風能梯度值的統計平均值關係。

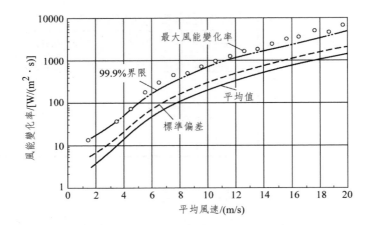

圖 1.14 丹麥海岸風速與風能變化率

典型陣風的延伸性要大於 10 m，如圖 1.14 所示，風能變化率的最大值要超過平均值。對於 19 m/s 和 20 m/s 平均風速的陣風，5000 W/($m^2 \cdot$ s) 的風能變化率，陣風係數為 1.4，加速度為 5.8 m/s^2，那麼這個陣風的典型延伸性為 54 m。這也就是說，25m直徑的風力機遇到這樣的陣風，在 1 s 內要把 2450 kW 多餘功率調節掉。

表 1.5 列出一些其他地方的陣風資料。圖 1.15 表示的是在某一特定時間內的陣風變化情況。

表 1.5 歐洲不同地點測得的極端陣風

編號	V_{10max} /(m/s)	V 開始 /(m/s)	V_{max} /(m/s)	陣風係數 (G_{v10})	陣風係數 (G)	WLG/[W/ ($m^2 \cdot$ s)]	高度 / m	加速度 / (m/s^2)	能 量 / (kW · h)
1	15.5	12.2	23.4	1.5	1.9	3529	40	5.6	3.5
2	20.8	24.8	30.4	1.5	1.2	8591	29	5.6	2.1
3	20.7	21.9	29.6	1.4	1.4	5993	53	3.9	8.1
4	17.3	20.7	27.0	1.6	1.3	3624	69	3.1	19.4
5	18.5	23.6	32.8	1.8	1.4	14456	23	9.3	3.1
6	19.5	15.1	26.2	1.3	1.7	9331	26	11.1	2.2
7	13.5	14.5	18.7	1.4	1.3	2118	72	2.0	12.0

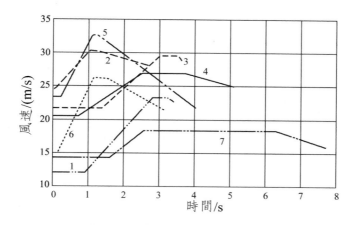

圖 1.15 陣風隨時間的變化過程（編號與表 1.5 一致）

　　還有一個要涉及的問題是陣風出現的頻次。圖 1.16 所示的是沿海測試的陣風係數頻率分佈，此圖選取的是 1s 和 1min 平均值的陣風時間。從資料中可以看出，這一分佈存在著很大的不相關性。這個曲線可以這樣解釋，如一天時間內（=1440 min）1min 平均時間週期，19% 出現陣風係數超過 1.2 的風速主峰為 274 次。這種情況是由近地層熱穩定性影響造成的。圖 1.17 表示的是歐洲不同地區測得的典型實例以及荷蘭ECN的風能變化率的分佈規律，曲線提出的是所有陣風上升階段所確定的 WLG 等級與總持續時間的相互關係。平均風速為 13～14 m/s 上升，陣風為 15% 的時間，風能變化率為 500～600 W/(m² · s)，平均上升時間為 1.4s，相對應每小時出現 385 次這樣大的陣風。

　　對於提出的瑞利分佈，年平均風速為 6m/s 的地方，陣風出現次數與風能變化率的對應情況如表 1.6 所示。

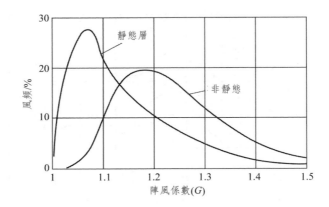

圖 1.16　1s 和 1 min 的陣風係數頻率分佈圖

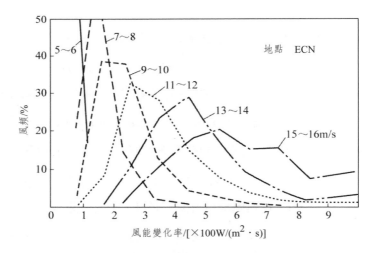

圖 1.17　不同風速等級陣風的風能變化率的分佈規律

表 1.6　陣風出現次數與風能變化率的關係

陣風出現次數	風能變化率 / [W/(m^2·s)]	陣風出現次數	風能變化率 / [W/(m^2·s)]
2.5×10^5	200～400	2000	1400～1600
3.7×10^5	600～800	1900	大於 1800
7500	1000～1200		

　　這樣的陣風密度要仔細分析測試，它對風力機零組件的影響很大，特別要注意避免材料的疲勞破壞。

　　陣風在某一時間內隨高度變化的等值線如圖 1.18 所示。高空中和陣風向下擠壓，陣風沿空間延伸，可以從等值線中估算。圖 1.18 是不同高度上的等風速線。

　　紊流很大程度上取決於環境的粗糙度及地層穩定性，某一地點約 50～100 年的時間內，世紀陣風可達到 60 m/s、±30° 的風向變化。在寒流或暴風雨前，風速可能在 2～20 s 內 2～3 倍地發生變化，同時風向在 90°～180° 間變化，陣風範圍可達 500 m 的直徑地區。

(5)地面影響　障礙物和地形變化影響地面粗糙度，風速的平均擾動及風廓線等對風的結構都有很大的影響。這種影響有可能是好的作用（如山谷風被加速），也有可能是壞的作用（尾流，通過障礙物有很大的風擾動）。所以在風電選點時，要充分考慮這些因素。

①障礙物影響　一個障礙物（如樹、房屋等）在它附近產生很強的渦流，然後逐漸在下風向遠處減弱。產生渦流的延伸長度與相對於風的障礙物寬度有關。作為法則，寬度 b 與高度 z_H 的比值為

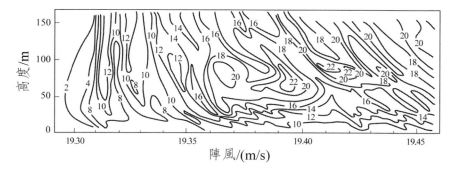

圖 1.18　不同高度上的等風速線

$$b / z_H \leq 5 \qquad\qquad\qquad (1.21)$$

縈流區可達其高度的 20 倍，寬度比越小，減弱得越快。寬度越大，渦流區越長。極端情況 $b \gg z_H$，那麼渦流區長度可達 35 倍的 z_H。

渦流區高度上的影響約為障礙物高度的 2 倍。當風力機葉片掃風最低點是 3 倍的 z_H 時，障礙物在高度上的影響可忽略。如風力機前有較多的障礙物，地面影響就必須加以考慮（圖 1.19）。平均風速由於障礙物的多少和大小而相應變化，這種情況可以修正地面粗糙度 z_0。

②山區風　很明顯，當自然地形提高，風速可能提高很多。它不只是由於周圍高度的變化，使風的流層向更高的地區流動，也由於擠壓而產生加速作用。

電腦程式（如 WASP）可對多種複雜的地形進行分析計算。

對於來流，風速的提高可根據勢能理論來估算。很長展寬的山脊，理想中風速的提高是山前風速的兩倍。而圓形山包則可能只有 1.5 倍，這一點可用風圖中流體力學和散射實驗所適應的數學模型得

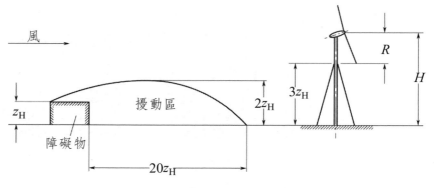

圖 1.19　障礙物對風力發電機的影響

以認證。

對於風廓線的指數律，指數 $a = 0.14$ 時，紊流特性的產生與三角形截面山脊的特性有關，應進行試驗分析。圖 1.20 表示的是這種試驗結果。

在山前，通過山脊紊流提高，風速由於角度的不斷增大，廓線向右推移，也就是說風速隨高度變化不大。紊流變化很小，氣流在緊貼山面流過，很快開始斷裂，當斜度越過 1：3 時，紊流發生變化。

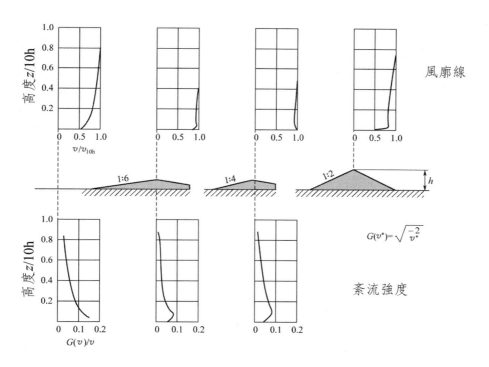

圖 1.20　不同坡度上風速的變化

1.3 風電場選址

　　風電場選址的好壞對風力發電預期出力能否達到有著關鍵的作用。風能的供應受著多種自然因素的複雜支配,特別是大的氣候背景及地形和海陸的影響。由於風能在空間分佈上是分散的,在時間分佈上它也是不穩定和不連續的,也就是說,風速對氣候非常敏感,時有時無,時大時小。但風能在時間和空間分佈上有很強的地域性,所以選擇品位較高的位址,除了利用已有的氣象資料外,還要利用流體力學原理,研究大氣流動的規律,因為大氣是一種流體,它具有流體的基本特性,所以首先選擇有利的地形,進行分析篩選,判斷可能建風電場的地點,再進行短期(至少 1 年)的觀測。並結合電網、交通、居民點等因素進行社會和經濟效益的計算。最後確定最佳風電場的地址。

　　風電場場址還直接關係到風力機的設計或風力機型選擇。一般要在充分了解和評價特定場地的風特性後,再選擇或設計相匹配的風力機。

1.3.1 風電場選址

⑴選址的基本方法　從風能公式 $\left(E = \dfrac{1}{2}\rho V_W^3 AC_p\right)$ 可以看出,增加風輪掃掠面積 A 和提高來流風速 V_W 都可增大所獲的風能。加長葉片可增大掃掠面積,但卻帶來設計與製造的複雜性,降低了經濟效益。選擇含能高的風電場提高來流風速 V_W 是較經濟可行的。

　　選址一般分預選和定點兩個步驟。預選是從 $10 \times 10^4 \ km^2$ 的大面

積上進行分析，篩選出 1×10^4 km² 較合適的中尺度區域，再進行考察選出 100 km² 的小尺度區域，該區域滿足在經驗上看是可以利用的，且有一定的可用面積。然後收集氣象資料，並設幾個點觀測風速。定點是在風速資料觀測的基礎上進行風能潛力的估計，作出可行性的評價，最後確定風力機的最佳佈局。

大面積分析時，首先應粗略按可以形成較大風速的天氣氣候背景和氣流具有加速效應的有利地形的地區，再按地形、電網、經濟、技術、道路、環境和生活等特徵綜合調查。

對於短期現場的風速觀測資料，應修正到長期風速資料，因為在觀測的年份，可能是大風年或小風年，若不修正，有產生風能估計偏大或偏小的可能。修正方法採用以經驗正交函數展開為基礎的多元回歸方法。

⑵選址的技術標準

①風能資源豐富區　反映風能資源豐富與否的主要指標有年平均風速、有效風能功率密度、有效風能利用小時數、容量係數等，這些要素越大，則風能越豐富。

根據中國風能資源的實際情況，風能資源豐富區定義為：年平均風速為 6 m/s 以上，年平均有效風能功率密度大於 300 W/m²，風速為 3～25 m/s 的小時數在 5000 小時以上的地區。

②容量係數較大地區　風力機容量係數是指，一個地點風力機實際能夠得到的平均輸出功率與風力機額定功率之比。容量係數越大，風力機實際輸出功率越大。風電場選在容量係數大於 30% 的地區，有較明顯的經濟效益。

③風向穩定地區　表示風向穩定可以利用風玫瑰圖，其主導風向頻

率在 30% 以上的地區可以認為是風向穩定地區。

④風速年變化較小地區 中國屬季風氣候,冬季風大,夏季風小。但是在中國北部和沿海,由於天氣和海陸的關係,風速年變化較小,在最小的月份只有 4～5 m/s。

⑤氣象災害較少地區 在沿海地區,選址要避開颱風經常登陸的地點和雷暴易發生的地區。

⑥湍流強度小地區 湍流強度受大氣穩定性和地面粗糙度的影響。所以在建風電場時,要避開上風方向地形有起伏和障礙物較大的地區。

1.3.2 風電場現場位置選擇

知道了風能資源和風況勘測結果後,便可根據風電場選址的技術原則粗略地定點,然後分析地形特點,充分利用有利於加大風速的地形,再來確定風力機的安裝位置。首先確定盛行風向,地形分類可以分為平坦地形和複雜地形。在平坦地形中,主要是地面粗糙度的影響;複雜地形除了地面粗糙度外,還要考慮地形特徵。

⑴地面粗糙度對風速的影響描寫大氣低層風廓線時常用指數公式

$$\frac{U_n}{U_1} = \left(\frac{z_n}{z_1}\right)^a \qquad (1.22)$$

式中,U_n 為在高度 z_n 的風速,U_1 為在高度 z_1 的已知風速,a 為指數。

根據武漢陽邏跨江鐵塔風速梯度觀測,大風時 a 為 0.16,平均風速時 a 為 0.19;廣州電視塔觀測的 a 為 0.22;上海電視塔觀測的 a 為

0.33；南京跨江鐵塔觀測的 a 為 0.21；北京八達嶺氣象鐵塔觀測的 a 為 0.19；錫林浩特鐵塔觀測的 a 為 0.23。

　　中國常用的 a 值分為三類：a 分別為 0.12、0.16 和 0.20。按公式（1.9）計算如表 1.7。

表 1.7　不同高度的相對風速（與 10 m 處風速的比值）

粗糙度 ＼ 離地面的高度／m	5	10	15	20	30	40	50	60	70	80	90	100
a=01.2	0.78	1.00	1.16	1.28	1.49	1.65	1.78	1.91	2.01	2.11	2.21	2.29
a=0.16	0.72	1.00	1.21	1.39	1.69	1.95	2.17	2.36	2.54	2.71	2.87	3.02
a=0.20	0.66	1.00	12.8	1.57	1.93	2.30	2.63	2.93	3.21	3.48	3.74	3.98

(2)障礙物的影響　氣流流過障礙物時，在其下游會形成尾流擾動區。在尾流區不但降低風速，而且還有強的湍流，對風力機運行非常不利。因此，在選風電場時必須避開障礙物的尾流區。

　　Ⅰ區為穩定氣流，即氣流不受障礙物干擾的氣流，其風速垂直變化呈指數關係。Ⅱ區為正壓區，障礙物迎風面上由於氣流的撞擊作用而使靜壓高於大氣壓力，其風向與來向風相反。Ⅲ區為空氣動力陰影區，氣流遇上障礙物，在其後部形成繞流現象，即在該陰影區內空氣迴圈流動而與周圍大氣進行少量交換。Ⅳ區為尾流區，是以穩定氣流速度的 95% 的等速曲線為邊界區域，尾流區的長度約為 17 H（H 為障礙物高度）。所以，選風電場時，儘量避開障礙物至少在 10 H 以上。

(3)地形的影響　當氣流通過丘陵或山地時，會受到地形阻礙的影響。在山的向風面下部，風速減弱，且有上升氣流；在山的頂部和兩側，流線加密，風速加強；在山的背風面，流線發散，風速急劇減

弱，且有下沉氣流。由於重力和慣性力作用，山脊的背風面氣流往往成波狀流動。

①山地影響　山地對風速影響的水平距離，在向風面為山高的 5～10 倍，背風面為山高的 15 倍。山脊越高，坡度越緩，在背風面影響的距離就越遠。背風面地形對風速影響的水平距離 L 大致是與山高 h 和山的平均坡度 α 半角餘切的乘積成比例，即

$$L = h \cot \frac{a}{2} \tag{1.23}$$

②谷地風速的變化　封閉的谷地風速比平地小。長而平直的谷地，當風沿谷地吹時，其風速比平地加強，即產生狹管效應，風速增大；但當風垂直谷地吹時，風速亦較平地為小，類似封閉山谷。根據實際觀測，封閉谷地（$y1$）和峽谷山口（$y2$）與平地風速（x）關係式為

$$y1 = 0.712x + 1.10 \tag{1.24}$$
$$y2 = 1.16x + 0.42 \tag{1.25}$$

③海拔高度對風速的影響　風速隨著離地高度的抬升而增大。山頂風速隨海拔高度的變化可用下式計算

$$\frac{U}{U_0} = 3.6 - 2.2e^{-0.00113H} \tag{1.26}$$

$$\frac{U}{U_0} = 2 - e^{-0.01H} \tag{1.27}$$

式中　　$\dfrac{U}{U_0}$——山頂與山麓風速比；

　　　　　H——海拔高度。

第二章

風能發電

2.1 風力機的型式

2.2 風能發電

2.3 並網風力發電的價值分析

2.4 風力發電裝置

2.5 大中型風電場設計

2.6 風力發電設備的優化分析

2.7 風輪機與航空安全

2.8 風力機安全運行

　　風能利用就是將風的動能轉換為機械能，再轉換成其他能量形式。風能利用有很多種形式，最直接的用途是風車磨坊、風車提水、風車供熱，但最主要的用途是風能發電。風的動能透過風輪機轉換成機械能，再帶動發電機發電，轉換成電能。風輪機有多種形式，大體可分為水平軸式風力機和垂直軸式風力機。

　　本章主要介紹發電用風力機的各種形式、風能發電的基本原理和主要設備以及風電設備的優化設計等。

2.1　風力機的型式

　　風力機的種類和式樣雖然很多，但按風輪結構和其在氣流中的位置，大體可分為兩大類：水平軸式風力機和垂直軸式風力機。

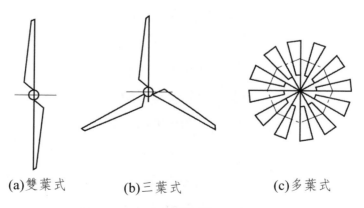

(a)雙葉式　　　　　(b)三葉式　　　　　(c)多葉式

圖 2.1　水平軸式翼式風輪機槳葉

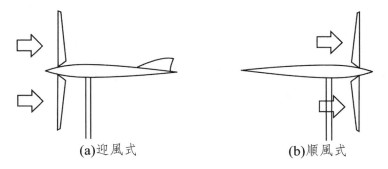

(a)迎風式　　　　　　　　(b)順風式

圖 2.2　水平軸式翼式風輪機槳葉方案

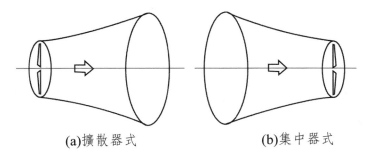

(a)擴散器式　　　　　　　　(b)集中器式

圖 2.3　水平軸式風輪機

　　水平軸式風輪機有雙葉、三葉、多葉式，順風式和迎風式，擴散器式和集中器式（圖 2.1～圖 2.3）。

　　垂直軸式風輪機有「S」型單葉片式、「S」型多葉片式、Darrieus 透平、太陽能風力透平（Turbine）、偏導器式（圖 2.4）。目前主要用水平軸式風輪機。

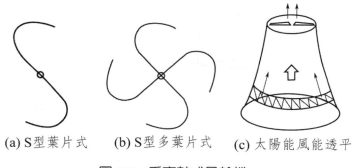

(a) S 型葉片式　　(b) S 型多葉片式　　(c) 太陽能風能透平

圖 2.4　垂直軸式風輪機

2.1.1　水平軸式風力發電裝置

　　水平軸式風力機的風輪圍繞一根水平軸旋轉，工作時，風輪的旋轉平面與風向垂直，如圖 2.5 所示。

　　風輪上的葉片是徑向安置的，垂直於旋轉軸，與風輪的旋轉平面成一角度 ϕ（安裝角）。風輪葉片數目的多少視風力機的用途而定，用於風力發電的大型風力機葉片數一般取 1～4 片（大多為 2 片或 3 片），而用於風力提水的小型、微型風力機葉片數一般取 12～24 片。這是與風輪的高速特性數 λ 曲線有關。

　　葉片數多的風力機通常稱為低速風力機，它在低速運行時，有較高的風能利用係數和較大的轉矩。它的啟動力矩大，啟動風速低，因而適用於提水。

　　葉片數少的風力機通常稱為高速風力機，它在高速運行時有較高的風能利用係數，但啟動風速較高。由於其葉片數很少，在輸出同樣功率的條件下，比低速風輪要輕得多，因此適用於發電。

　　水平軸式風力機隨風輪與塔架相對位置的不同而有逆風向式與

順風向式兩種。風輪在塔架的前面迎風旋轉，叫做逆風向風力機；風輪安裝在塔架的下風位置則稱為順風向風力機。逆風向風力機必須有某種調向裝置來保持風輪總是迎風向，而順風向風力機則能夠自動對準風向，不需要調向裝置。缺點是順風向風力機的部分空氣先通過塔架，後吹向風輪，塔架會干擾流向葉片的空氣流，造成塔影效應，使風力機性能降低。

　　水平軸式風力發電機的塔架主要分為管柱型和桁架型兩類。管柱型塔架可用木桿、大型鋼管和混凝土管柱。小型風力機塔架為了增加抗風壓彎矩的能力，可以用纜線來加強；中、大型風力機塔架為了運輸方便，可以將鋼管分成幾段。一般圓柱形塔架對風的阻力較小，特別是對於順風向風力機，產生紊流的影響要比桁架式塔架小。桁架式塔架常用於中、小型風力機上，其優點是造價不高，運輸也方便，但這種塔架會對順風向風力機的槳葉片產生很大的紊流，影響經濟性。

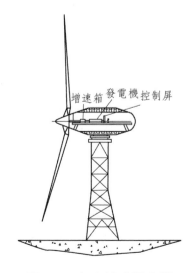

增速箱 發電機 控制屏

圖 2.5　水平軸式風力機

2.1.2 垂直軸式風力機

　　垂直軸式風力機的風輪圍繞一個垂直軸旋轉，如圖 2.6 所示。其主要優點是可以接受來自任何方向的風，因而當風向改變時，無需對準風向。由於不需要調向裝置，它們的結構設計得以簡化。垂直軸式風力機的另一個突出優點是齒輪箱和發電機可以安裝在地面上，運行維修簡便。

　　垂直軸式風力機可有兩個主要類別，一類是利用空氣動力的阻力做功，典型的結構是 S 型風輪。它由兩個軸線錯開的半圓柱形葉片組成，其優點是啟動轉矩較大，缺點是由於圍繞著風輪產生不對稱氣流，從而對它產生側向推力。對於較大型的風力機，因為受偏轉與安全極限應力的限制，採用這種結構形式比較困難。S 型風力機風能利用係數低於高速垂直軸式風力機或水平軸式風力機，在風輪尺寸、質量和成本一定的情況下，提供的功率較低，因而不宜用於發電。

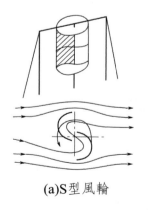 

(a)S型風輪　　　　　　(b)達里厄型風力機

圖 2.6　垂直軸式風力機

另一類是利用翼形的升力做功，最典型的是達里厄（Darrieus）型風力機。它是法國人 Darrieus 1925 年發明的，1931 年取得專利權。當時這種風力機並沒有受到注意，直到 20 世紀 70 年代石油危機後，才得到加拿大國家科學研究委員會和美國聖地亞國家實驗室的重視，進行了大量的研究。現在是水平軸式風力機的主要競爭者。達里厄風力機有多種形式，如圖 2.7 所示的H型、△型、菱型、Y 型和 Φ 型等。基本上是直葉片和彎葉片兩種，以H型風輪和 Φ 型風輪為典型。葉片具翼形剖面，空氣繞葉片流動產生的合力形成轉矩。

H 型風輪結構簡單，但這種結構造成的離心力使葉片在其連接點處產生嚴重的彎曲應力。另外，直葉片需要採用橫桿或拉索支撐，這些支撐將產生氣動阻力，降低效率。

Φ型風輪所採用的彎葉片只承受張力，不承受離心力載荷，從而使彎曲應力減至最小。由於材料可承受的張力比彎曲應力要強，所以對於相同的總強度，Φ型葉片比較輕，運行速度比直葉片高。但Φ型葉片不便採用變槳距方法實現自啟動和控制轉速。另外，對於高度和直徑相同的風輪，Φ型轉子比 H 型轉子的掃掠面積要小一些。

目前，主要的兩種類型發電風力機中，水平軸式高速風力機占絕大多數，國外還提出了一些新概念型的風能轉換裝置，還在研究試驗

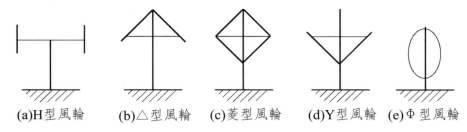

(a)H型風輪　(b)△型風輪　(c)菱型風輪　(d)Y型風輪　(e)Φ型風輪

圖 2.7　達里厄型風力機的風輪結構形式

階段。

2.2　風能發電

　　風能是一種取之不盡、無處不在的清潔能源，全年平均風速較高的地區，都可建風力發電場。風能發電有兩種方式。

①小型家用分散型風力發電裝置　工作風速適應範圍大，幾米/秒～十幾米/秒，可工作於各種惡劣的氣候環境，能防沙、防水，維修簡便，壽命長，技術已成熟，美國 Jacobs 公司生產的 2.5～3.0 kW 的家用風力發電機組已在世界各地運行，德國、瑞典、法國也生產這種小型風力發電裝置。

②並網的大型風力發電裝置　功率在 100～1000 kW。德國、丹麥、法國的風力機技術優於美國，目前運行的最大風力機是德國 Repower 公司的 5 MW 機組。

　　風力發電裝置主要包括風輪機、傳動變速裝置、發電機，見圖 2.8。

　　風力機發電成本取決於效率、容量和年平均風速。年平均風速為 4.5 m/s 的風力機發電成本為年平均風速 11 m/s 的風力機發電成本的 3 倍。風速越高、發電成本越低；容量越大，發電成本越低，但都比火力發電成本高。

　　發電設備的投資也與風輪大小密切相關，風輪直徑越大，投資就越低，越經濟；風速越高投資也越低，越經濟，見圖 2.9。

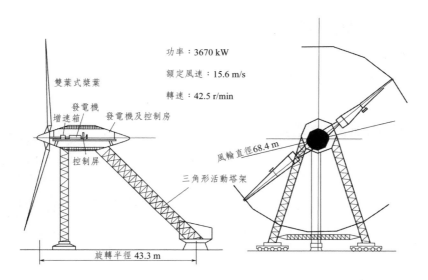

功率：3670 kW

額定風速：15.6 m/s

轉速：42.5 r/min

雙葉式漿葉

發電機
增速箱　發電機及控制房

控制屏

三角形活動塔架

風輪直徑68.4 m

旋轉半徑 43.3 m

圖 2.8　英國設計中的一台大容量水平軸式風輪機發電裝置

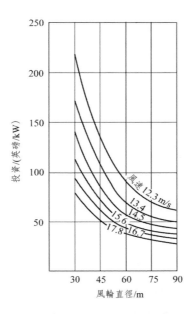

投資/（英磅/kW）

風速12.3 m/s
13.4
14.5
15.6
16.7
17.8

30　45　60　75　90

風輪直徑/m

圖 2.9　設備投資與風輪直徑的關係

2.3　並網風力發電的價值分析

2.3.1　並網風力發電的價值分析

　　風能的價值取決於應用風能和利用其他能源來完成同一任務所要付出代價的差異。從經濟效益角度來理解，這個價值可被定義為利用風能時所節省的燃料費、容量費和排放費。從社會效益角度來考慮，這個價值相當於所節省的純社會費用。

⑴節省燃料　當風能加入到某一發電系統中後，由於風力發電提供的電能，發電系統中其他發電裝置則可少發一些電，這樣就可以節省燃料。節省多少礦物燃料和哪一種礦物燃料，現在和將來都將取決於發電設備的構成成分，也取決於發電裝置的性能，特別是發電裝置的熱耗率。不利的是，風能的引入將有可能使燃燒礦物性燃料的發電設備在低負荷狀態下運行，從而導致熱耗較高，甚至有可能導致某些設備在近乎於它的最低負荷點運行。節省燃料的多少還取決於風力發電的普及水準，為了計算燃料消耗的節省情況，必須把發電系統當作是一個整體來分析。荷蘭已完成了這種綜合分析，分析指出，在未來的 10 年裡，由於風力發電能力的增加和更有效的礦物燃料發電站的建立，將降低單位發電的燃料消耗。

⑵容量的節省　鑒於風速的多變性，因此風力發電常被認為是一種無容量價值的能源。但實際上風力發電對整個發電系統可靠性的貢獻並不是零，現實生活中存在著這樣的可能，即有時得不到一般發電

設備，但卻有可能得到風力發電系統。當然，得到風力發電裝置的可能性少於得到一般發電裝置的可能性，但它表明風力發電有一定的容量儲備。這種容量儲備可以被計算出來，方法是利用統計學方法分析整個系統的可靠性和計算出有風機和沒有風機的發電系統其最小的必須一般發電能力。研究人員已弄清了各種風力發電系統的風力容量儲備。以荷蘭為例，通過計算表明，在 2000 年，1000 MW 的風力發電能力可以取代 165～186 MW 的一般發電容量，也就是說，它的相對容量儲備為 16.5%～18.4%。對於其他國家，這個指標介於極小值和 80% 之間。在加利福尼亞的某些地區，這個值相對較高，這些地區的能耗與現實的風力發電能力之間具有很好的相關性。圖 2.10 是相對容量儲備值與裝機容量的關係圖，其清楚地顯示出，如果風力發電的普及水準（裝機容量）增加，則其相對容量儲備值將降低。

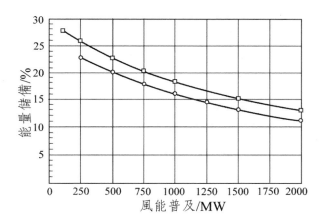

圖 2.10　相對容量儲備值與裝機容量關係圖

(3)減少廢物排放　風機正常工作時，不會向空氣、土壤排放廢氣和
廢棄物。礦物性燃料的燃燒過程則要產生大量的廢氣和廢棄物，
因此幾乎所有的以礦物燃料為動力的發電系統，都要產生大量的
排放物。

　　排放量的減少程度取決於當地發電設備的構成成分和所採取的
減少排放物的措施。為了計算出所減少的排放量，研究人員已做過許
多努力，如丹麥的風機可使污染減少 60%。1989 年，丹麥的 2800 台
風力發電機總發電量估計為 500 GW·h，這相當於減少了大約 40000
噸的污染排放物（主要是二氧化碳）。荷蘭的兩項研究結果還估算了
2000 年計劃的發電系統中，因風力發電所減少的排放量（表 2.1）。

　　從表 2.1 可以明顯看出，每 GW·h 所減少的排放物並不是常
數，很大程度上取決於發電裝置的組成成分和每個裝置的假設排放
量。在荷蘭，至少有一半的電力是由燃燒天然氣的設備發出的，它造
成的污染低於燃煤發電設備。荷蘭計劃將減少二氧化硫和 NO_x 排放
量的技術到 2000 年幾乎應用在所有的發電設備上。因此表 2.1 中荷
蘭的數字遠遠低於 1989 年丹麥的同類數字。

表 2.1　煤電、風電排放比較

排放物成分	1989 年丹麥的燃煤發電站 / [t/(GW·h)]	2000 年荷蘭的全部發電系統 / [t/(GW·h)]
二氧化硫	5～8	0.25～0.40
氮的氧化物	3～6	0.8～1.1
二氧化碳	750～1250	650～700
粉塵	0.4～0.9	
爐灰渣	40～70	

國際上目前普遍關注全球氣候變化和環境污染問題，在這種環境的影響下，預計在以後幾年，以礦物燃料為動力的發電廠所產生的排放物將會減少，並且因風力發電所減少的單位排放量屆時也將減少。

(4)節省的燃料、容量、運轉、維修和排放費用　根據節省的燃料、容量和排放物的多少，可以計算出利用風能所節省的費用，由此便可算出了風能的利用價值指標。一般情況下，往往只分析節省的燃料費和能力費，但減少的排放物也可以轉換成節省的費用。在一些研究中，節省的這些費用是通過研究因酸雨和日益增強的溫室效應對動植物、材料和人類造成的損害估計出來的。在其他研究中，則是通過評估將燃燒礦物燃料的發電廠的排放量降低到引進風力發電後的排放標準所需的技術改造費來計算所節約的排放費。圖 2.11所示的情況是荷蘭利用後一種方法所算排放費、容量費和燃料費逐年變化的結果。

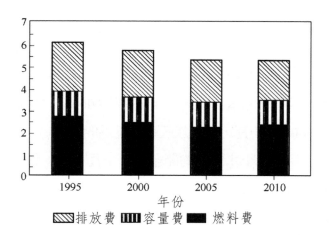

圖 2.11　排放費、容量費和燃料費的逐年變化

　　圖 2.11 的結果只適用於荷蘭，因為節省經費的多少很大程度上要取決於該地區發電設備的構成情況及每種發電設備的性能、燃料費和容量費。從圖 2.11 中可以清楚地看出，隨著時間的推移，因利用風能而節省的費用呈逐漸下降趨勢。造成這種情況的因素是多方面的，節省的容量費下降是由於這期間風能利用得到了普及。節省的燃料費下降是因為發電設備的構成成分得到了改進，越來越多的發電站採用煤炭作燃料和採用效率更高的發電設備。

2.3.2　風電專案可行性研究

　　目前中國年耗電能12000億千瓦時（度），其中火電為 20180 億千瓦時，約占 81.5%；水電為 3952 億千瓦時，約占 16%；核電為 523 億千瓦時，約占 2.1%。當地的能源結構不平衡，西電東送，西煤東運，在輸送過程中也消耗、浪費了大量的能源，並污染了環境。

　　中國東南沿海風力資源豐富，年均 6 m/s 風速的時間可達4000 h，每平方米的風能可達到 300 W，具備可開發利用的價值。每一公里的海岸線可開發能源達到 1 萬千瓦。中國 6000 km 的海岸線，可開發利用達到 6000 萬千瓦，是長江三峽水電站的 4 倍。

⑴投資回報　目前，小水電站的開發在每千瓦 5000 元以上，年利用小時數 $(4\sim5)\times10^3$ h。如果風力發電每千瓦投資也在 3000 千元左右，年利用小時數在 $(3\sim4)\times10^3$ h，投資回報率是相當的，而風力發電運行費用還比水電運行費用低，稅收也比水電低一半。

　　一個 3000 W 的風力發電機的可行性分析表明，它的投資回報期

約為 3～4 年。專案可行性分析時，投資者應先搜集本地區的氣象原始資料，如年平均風速，6 m/s 風速的年小時數等。因為一般以 6 m/s 為設計標準，如果本地區 6 m/s 風速只有 2000 h，就不宜選取 3000 W 的風機，那樣資金利用率低。如果本地區 4 m/s 風速有 4000 h，則應選取 1000 W 的風機，葉片選取 6.8 m 長，風力功率與風速的 3 次方成正比。同時安裝幾台 800～4000 W 風機，每台要相距 20～30 m，支架安裝高度大約使風葉頂徑離地最少 4～5 m。塔越高風越大，風機功率越大，但塔高造價高，可能不如多加一台風力發電機更經濟。要通過可行性分析出合理的結論。

(2)投資回報率標準　建議每度電的投資不高於 1 元，收購電價取 0.34 元，年運行小時數為 3000 h。如果設計一個發電能力為 400 kW 的風電場，需要 500 kV · A、400 V 升到 10 kV 的變壓器一台，1 km 的 400 V 架空線造價 10 萬元，這樣專案每千瓦投資在 3000 元左右。用每台出廠價在 1 萬元，功率為 4000 W 的小型風力發電機組 108 台，組成 400 kW 的風電場是合適的。

　　由於風力變化無常，所以風力發電機要求自動化程度很高。採用微電腦控制系統控制風力發電機的轉速、電機的電流和自動對風向、自動調整葉片角度，測量電網電壓頻率，經電腦計算判斷自動投入並網。在小風、無風及電網電機異常時自動切除。

2.4　風力發電裝置

　　水平軸式風力發電裝置主要由以下幾部分組成：風輪、停車制動

器、傳動機構（增速箱）、發電機、機座、塔架、調速器或限速器、
調向器等，如圖 2.12 所示。

⑴風輪　風力機也是一種流體渦輪機械，與別的流體渦輪機械如燃氣
　　輪機、汽輪機的主要區別是風輪。高速風力機的風輪葉片特別少，
　　一般由 2～3 個葉片和輪轂組成。風輪葉片的功能與燃氣輪機、汽
　　輪機的葉片功能相同，是將風的動能轉換為機械能並帶動發電機發
　　電。風力機葉片的典型構造如圖 2.13 所示。

　　　小型風力機葉片常用整塊優質木材加工製成，表面塗上保護漆，
根部通過金屬接頭用螺栓與輪轂相連。有的採用玻璃纖維或其他複合
材料作蒙皮，效果更好。

　　　大、中型風力機葉片如果用木質時，不用整塊木料製作，而是用
很多縱向木條膠接在一起〔圖 2.13(a)〕，以便於選用優質木料，保證
質量。為減輕質量，有些木質葉片在翼型後緣部分填塞質地很輕的發
泡塑膠，表面用玻璃纖維作蒙皮〔圖 2.13(b)〕。採用發泡塑膠的優

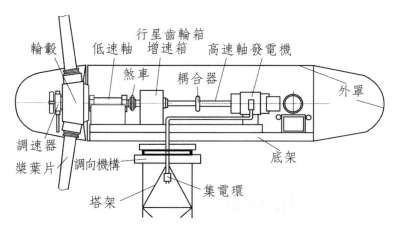

圖 2.12　水平軸式風力發電裝置結構簡圖

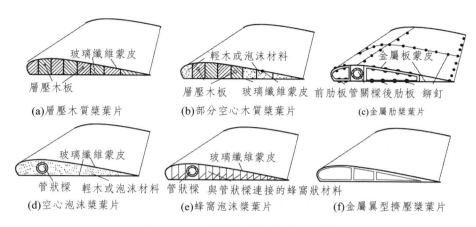

(a)層壓木質槳葉片　　(b)部分空心木質槳葉片　　(c)金屬肋槳葉片

(d)空心泡沫槳葉片　　(e)蜂窩泡沫槳葉片　　(f)金屬翼型擠壓槳葉片

圖 2.13　風輪機葉片的典型構造

點不僅可以減輕質量，而且能使翼型重心前移（重心設計在近前緣1/4 弦長處為最佳）。這樣可以減少葉片轉動時的有害振動，這點對於大、中型風力機葉片特別重要。為了減輕葉片的質量，有的葉片用一根金屬管作為受力樑，以蜂窩結構、發泡塑膠或輕木材作中間填充物，外面再包上一層玻璃纖維〔圖 2.13(c)、(d)、(e)〕。為了降低成本，有些中型風力機的葉片採用金屬擠壓件，或者利用玻璃纖維或環氧樹脂擠壓成型〔圖 2.11(f)〕，這種方式無法擠壓成變寬、變厚的扭曲葉片，難以得到高的風能利用率。除了小型風力機的葉片部分採用木質材料外，大、中型風力機的葉片都採用玻璃纖維或高強度的複合材料。

　　風力機葉片都要裝在輪轂上，通過輪轂與主軸連接，並將葉片力傳到風力機驅動的物件（發電機、磨機或水車等）。同時輪轂也實現葉片槳距角控制，故需有足夠的強度。有些風力機採用定槳距角葉片結構，可以簡化結構、提高壽命和降低成本。典型風輪葉片及風力機葉型迭合圖見圖 2.14。

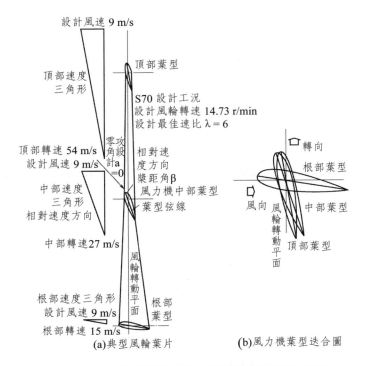

設計風速 9 m/s

頂部速度
三角形

頂部葉型

S70 設計工況
設計風輪轉速 14.73 r/min
設計最佳速比 λ = 6

頂部轉速 54 m/s
設計風速 9 m/s

零攻角設計a=0

相對速度方向
槳距角β
風力機中部葉型
葉型弦線

中部速度
三角形
相對速度方向

中部轉速27 m/s

風輪轉動平面

根部速度三角形
設計風速 9 m/s
根部轉速 15 m/s

根部葉型

轉向

根部葉型

風向

中部葉型

風輪轉動平面

頂部葉型

(a)典型風輪葉片

(b)風力機葉型迭合圖

圖 2.14　典型風輪葉片及風力機葉型迭合圖

(2)調速器和限速裝置　用調速器和限速裝置實現風力機在不同風速時，轉速恆定和不超過某一最高轉速限值。當風速過高時，這些裝置還可用來限制功率，並減小作用在葉片上的力。調速器和限速裝置有三類：偏航式、氣動阻力式和變槳距角式。

①偏航式　小型風力機的葉片一般固定在輪轂上，不能改變槳距角。為了避免在超過設計風速太多的強風時，風輪超速甚至摧毀葉片，常採用使整個風輪水平或垂直轉角的辦法，以便偏離風向，達到超速保護的目的。這種裝置的關鍵是把風輪軸設計成偏離軸心一個水平或垂直的距離，從而產生一個偏心距。相對的一

側安裝一副彈簧，一端系在與風輪成一體的偏轉體上，另一端固定在機座底盤或尾桿上。預調彈簧力，使在設計風速內風輪偏轉力矩小於或等於彈簧力矩。當風速超過設計風速時，風輪偏轉力矩大於彈簧力矩，使風輪向偏心距一側水平或垂直旋轉，直到風輪受的力矩與彈簧力矩相平衡。在遇到強風時，可使風輪轉到與風向相平行，以達到風輪停轉。

②氣動阻力式　將減速板鉸接在葉片端部，與彈簧相連。在正常情況下，減速板保持在與風輪軸同心的位置；當風輪超速時，減速板因所受的離心力對鉸接軸的力矩大於彈簧張力的力矩，從而繞軸轉動成為擾流器，增加風輪阻力，起到減速作用。風速降低後，它們又回到原來位置。利用空氣動力制動的另一種結構，是將葉片端部（約為葉片總面積的 1/10）設計成可繞徑向軸轉動的活動零組件。正常運行時，葉尖與其他部分方向一致，正常做功。當風輪超速時，葉尖可繞控制軸轉 60° 或 90°，從而產生空氣阻力，對風輪起制動作用。葉尖的旋轉可利用螺旋槽和彈簧機構來完成，也可由伺服電動機驅動。

③變槳距角式　採用變槳距角除可控制轉速外，還可減小轉子和驅動鏈中各零組件的壓力，並允許風力機在很大的風速下還能運行，因而應用相當廣泛。在中、小型風力機中，採用離心調速方式比較普遍，利用槳葉或安裝在風輪上的配重所受的離心力來進行控制。風輪轉速增加時，旋轉配重或槳葉的離心力隨之增加並壓縮彈簧，使葉片的槳距角改變，從而使受到的風力減小，以降低轉速。當離心力等於彈簧張力時，即達到平衡位置。在大型風力機中，常採用電子控制的液壓機構來控制葉片的槳距。例如，

美國MOD20 型風力發電機利用兩個裝在輪轂上的液壓調節器來控制轉動主齒輪，帶動葉片根部的斜齒輪來進行槳距角調節；美國MOD21 型風力發電機則採用液壓調節器推動連接葉片根部的連桿來轉動葉片。這種葉片槳距角控制還可改善風力機的啟動特性、發電機聯網前的速度調節（減少聯網時的衝擊電流）、按發電機額定功率來限制轉子氣動功率，以及在事故情況下（電網故障、轉子超速、振動等）使風力發電機組安全停車等。

(3)調向裝置　風力機可設計成順風向和逆風向兩種形式，一般大多為逆風向式。順風向風力機的風輪能自然地對準風向，因此一般不需要進行調向控制（對大型的順風向風力機，為減輕結構上的振動，往往也採用對風控制系統）。逆風向風力機則必須採用調向裝置，常用的有以下幾種。

①尾舵調向　主要用於小型風力發電裝置。它的優點是能自然地對準風向，不需要特殊控制。尾舵面積 A' 與風輪掃掠面積 A 之間應符合下列關係

$$A' = 0.16 A \frac{e}{l} \hspace{3cm} （2.1）$$

式中　e──轉向軸與風輪旋轉平面間的距離；

　　　l──尾舵中心到轉向軸的距離（圖 2.15）。

尾舵調向裝置結構笨重，因此很少用於中型以上的風力機。

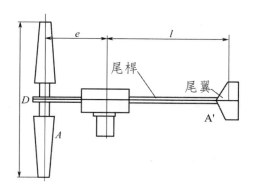

圖 2.15　尾舵調向原理

①側風輪調向　在機艙的側面安裝一個小風輪，其旋轉軸與風輪主軸垂直。如果主風輪沒有對準風向，則側風輪會被風吹動，產生偏向力，通過蝸輪蝸桿機構使主風輪轉到對準風向為止。

②風向跟蹤裝置調向　對大型風力發電機組，一般採用電動機驅動的風向跟蹤裝置來調向。整個偏航系統由電動機及減速機構、偏航調節系統和扭纜保護裝置等部分組成。偏航調節系統包括風向標和偏航系統調節軟體。風向標對應每一個風向都有一個相應的脈衝輸出信號，通過偏航系統軟體確定其偏航方向和偏航角度，然後將偏航信號放大傳送給電動機，通過減速機構轉動風力機平臺，直到對準風向為止。如機艙在同一方向偏航超過3圈以上時，則扭纜保護裝置動作，執行解纜。當回到中心位置時解纜停止。

⑷傳動機構　風力機的傳動機構一般包括低速軸、高速軸、增速齒輪箱、聯軸節和制動器等（圖2.12）。但不是每一種風力機都必須具備所有這些環節，有些風力機的輪轂直接連接到齒輪箱上，就不需

要低速傳動軸。也有一些風力機（特別是小型風力機）設計成無齒輪箱的，風輪直接驅動發電機。

　　風力機所採用的齒輪箱一般都是增速的，大致可以分為兩類，即定軸線齒輪傳動和行星齒輪傳動。定軸線齒輪傳動結構簡單，維護容易，造價低廉。行星齒輪傳動具有傳動比大、體積小、質量小、承載能力大、工作平穩和在某些情況下效率高等優點，缺點是結構相對較複雜，造價較高。

(5)塔架　風力機的塔架除了要支撐風力機的質量外，還要承受吹向風力機和塔架的風壓，以及風力機運行中的動載荷。它的剛度和風力機的振動特性有密切關係，特別對大、中型風力機的影響更大。

2.5　大中型風電場設計

2.5.1　風力資源評估

　　風是風力發電的源動力，風況資料是風力發電場設計的第一要素。設計規程對風況資料要求也很高，規定一般應收集有關氣象站風速風向 30 年的系列資料，風電場場址實測的風速風向資料應至少連續 1 年。

　　為了滿足規範要求，風力資源普查時，首先以風能資源區劃為依據，配以 1：10000～1：50000 的地形圖。擬定若干個風電場，收集

有關氣象臺、站或港口、哨所 30 年以上實測的多年平均風速、風向和一般氣象實測資料。一般要求年平均風速在 6 m/s 以上，經實地踏勘，綜合地形、地質、交通、電網等其他因素，提出近期工程場址位置。在有代表性的候選風電場位置上，安裝若干台測風儀，其數量應根據風電場大小和地形複雜程度來定。對較複雜的地形，每 3～5 台風力機應佈置 1 根測風桿，同一測風桿在不同高度可安裝 1～3 台測風儀；對平坦的地形，可佈置稀疏一些。測風儀安裝高度一般為 10 m、30 m 或 40 m，前者為氣象站測風儀的標準高度，後者為風力機輪轂的大致高度，以查明風電場風況的時空分佈情況。實測 1 年以上，就具備了進行可行性研究所需的風況資料。

風況資料與其他氣象資料一樣，大小有隨機性。為避免風能計算時出現大的偏差，風電場實測資料應與附近氣象臺站同期實測資料進行相關分析，以修正並完善風電場的測風資料，使短期資料有代表性。值得注意的是，由於風的方向性，在進行風速相關分析時，應分不同方向進行風速相關。相關方程一般可以下式表示

$$Y = C_1 X + C_2 X_2 \tag{2.2}$$

$$或 \ Y = C_1 (X + C_2)^{C_3} + C_4 \tag{2.3}$$

2.5.2 風力發電場址的選擇

風力發電場場址的選擇必須從以下幾方面綜合考慮。

(1)年平均風速較大　從經濟角度考慮，即使在經濟較發達，一般能源缺乏的東部沿海地區，建議擬建風電場的年平均風速應大於

6m/s（濱海地區）和 5.8 m/s（山區）。在這樣的風況條件下，如選用單機容量 500～600 kW 級風力發電機，等效年利用小時數有 2000～2600 h，上網電價達到 0.80～1.00 元／（kW·h），專案就具有良好的經濟效益和社會效益。

各地實測風速資料表明，在同一地區，高山山脊的風速明顯大於平原和低丘陵地區。以臨海市括蒼山為例，臨海市氣象站海拔高度約為 30 m，年平均風速僅 2.3 m/s，其西側30 km 的括蒼山氣象站，主峰海拔為 1382 m，由於山坡的加速效應，年平均風速高達 6.3m/s。外海的風速又遠高於內陸和濱海地區。

以浙江省玉環縣為例，該縣為半島，位於本島的坎門氣象站測的年平均風速為 5.4 m/s。其東部 3 km 的雞山島，年平均風速為 6.3 m/s，再往東 15 km 的築山島，年平均風速高達 8.7 m/s。

⑵風電場場地開闊，地質條件好，四面臨風　風電場場地開闊，不僅便於大規模開發，還便於運輸、安裝和管理，減少配套工程投資，形成規模效益。地基基礎最好為岩石、密實的土壤或黏土，地下水位低，地震強度小。風電場四面臨風，無陡壁，山坡坡度最好小於 30°，紊流度小。

⑶交通運輸方便　單機容量為 500～600 kW 級的風力機，最重運輸件為主機機艙，重約 21 噸。主機裝入 13 m 長的集裝箱後，需打開頂蓋；最長件為風力機葉片，長約 19～21 m，運葉片的 13 m 集裝箱也要打開後蓋板。故運輸風力機的公路應達到三、四級標準。海島上安裝風力機則要有裝卸風力機的碼頭，或適合登陸艇登陸的港灣，島上還應有建設四級公路的良好條件。

⑷並網條件良好　首先，要求風電場離電網近，一般應小於 20 km。

因為離電網近，不但可降低並網投資，減少線損，而且易滿足壓降要求。

其次，由於風力發電出力有較大的隨機性，電網應有足夠的容量，以免因風電場並網出力隨機變化，或停機解列對電網產生破壞作用。一般來說，風電場總容量不宜大於電網總容量的 5%，否則應採取特殊措施，滿足電網穩定要求。

(5)不利氣象和環境條件影響小　風電場儘可能選在不利氣象和環境條件影響小的地方。如因自然條件限制，不得不選在氣象和環境條件不利的地點建風電場時，要十分重視不利氣象和環境條件對風電場正常運行可能產生的危害。

在海島上建風電場，要特別重視颱風侵襲。要求風力機葉片、塔架、基礎均有足夠的強度和抗傾覆能力；鹽霧有強腐蝕性，要求風力機和塔架等金屬結構有可靠的防腐措施。

在高山上建風電場，要特別重視高山嚴寒地區冰凍、雷暴、高濕度等不利氣象條件，對風電場正常運行可能產生的影響。風力機一般測風儀中的風杯如被凍結成冰球，導致測風資料不準，將影響風力機正常發電；如風標被凍結則將影響風力機主動偏航；葉片表面結冰，也會影響風力機發電量；架空線因「霧凇」結冰，電線負重增加，可能導致電線斷裂，影響電力送出，應加密桿距；高濕度對電器設備的絕緣不利，應提出嚴格的要求；多雷地區要加強防雷接地措施等。

在空氣污染嚴重的地區，葉片表面結塵，影響風力機出力；沙暴地區，風沙磨損作用，使葉片表面出現凹凸不平的坑洞，也會影響風力機出力。

這些不利的氣象和環境條件，在風電場場址選擇時都應給予重

視，綜合考慮各種影響因素。

⑹土地徵用和環境保護　建設風電場的地區一般氣候條件較差，以荒
　　山荒地為主。有些地方種植有防風林、灌木或旱地作物等。風電場
　　單位千瓦的土地徵用面積僅 2～3 m²/kW，與中小型火電站相當，
　　一般來說，土地徵用較方便，但如果擬建的風電場有軍事基地或國
　　家重要設施，則應儘量避開。

　　　風力發電是無污染的可再生新能源，國家支援大力開發，但有些
環保問題還應考慮，如風力機的雜訊可能會對附近 300 m 範圍內的
居民產生影響，選址時應儘量避開居民區；如要新修山地公路，設計
中應注意挖填平衡，防止水土流失；風力機旋轉可能會對候鳥產生影
響，選址時應儘量避開候鳥遷移路線和棲息地等。

2.5.3　風力發電機組選型和佈置

⑴單機容量選擇　風電場工程經驗表明，對於平坦地形，在技術可
　　行、價格合理的條件下，單機容量越大，越有利於充分利用土地，
　　越經濟。表 2.2 列舉了某風電場單機容量經濟性比較。

　　　由表 2.2 可見，在相同裝機容量條件下，單機容量越大，機組安
裝的輪轂高度越高，發電量越大，而分項投資和總投資均降低，效益
越好。

　　　並網運行的風電場，應選用適合本風電場風況、運輸、吊裝等條
件，商業運行 1 年以上，技術上成熟，單機容量和生產批量較大，質
優價廉的風力發電機組。

表2.2　某風電場單機容量經濟性比較

序號	項目	方案1	方案2
1	單機容量 / kW	300	600
2	風力機台數 / 台	18	9
3	裝機容量 / kW	5400	5400
4	設計年供電量 / ×10⁴kW・h	1302	1330
5	工程靜態投資 / 萬元	7125	6028
5.1	機電設備及安裝工程 / 萬元	6255	5240
5.2	建築工程 / 萬元	297	256
5.3	臨時工程 / 萬元	43	34
5.4	其他費用 / 萬元	390	371
5.5	基本預備費 / 萬元	140	118
6	單位電度靜態投資 /〔元 / (kW・h)〕	5.47	4.53

　　由於風力發電機市場前景被一些發達國家一致看好，風力機技術隨高科技進步發展很快。以風力機生產大國丹麥的內外銷情況為例，20世紀80年代初期，主要生產單機容量為50 kW左右的風力機；20世紀80年代中期，主要生產單機容量為100 kW左右的風力機；20世紀80年代末～90年代初，主要生產單機容量為150～450 kW的風力機。從1995年起，已大量生產單機容量為500～600 kW的風力機。

　　近幾年來，世界各個風力機主要生產廠商還相繼開發了單機容量為750～1500 kW的風力機，並陸續投入了試運行。

⑵機型選擇　在單機容量為300～600 kW的風力機中，具有代表性的為水平軸、上風向、三葉片、電腦自動控制、達到無人值守水平的機型。

　　功率調節方式分為定槳距失速調節和變槳距調節兩類。兩種功率調節方式比較見表2.3。

表 2.3　兩種功率調節方式比較

項目	定槳距		變槳距
	無氣動煞車	有氣動煞車	
功率調節	失速調節	失速調節	變槳距
刹車方式	盤式煞車	氣動煞車	氣動刹車
第一節	低速軸	可轉動葉尖	全順槳
第二節	高速軸	高速軸	高速軸
安全保障	失效安全	失效安全	失效安全
優點	結構最簡單 運行可靠性高 維護簡單		結構受力最小 主機及塔架質量輕 運輸及吊裝難度小 高風速時風力機滿出力
缺點	煞車時結構受力大 機械煞車盤龐大 機艙、塔架重 運輸及吊裝難度大 基礎大、成本高		變槳距液壓系統結構複雜，故障率稍高 要求運行、管理人員素質高

　　定槳距風力機有的機型採用可變極非同步發電機（4/6 極），其轉速可根據風速大小自動切換。因其切入風速小，低風速時效率也較高，故對平均風速較小，風頻曲線靠左的風電場有較好的適用性。

　　變槳距風力機能主動以全順槳方式來減少轉輪所承受的風壓力，具有結構輕巧和良好的高風速性能等優點，是兆瓦級風力發電機發展的方向。

2.5.4　風力發電機佈置和風能計算

⑴風力發電機佈置　風力發電機佈置要綜合考慮地形、地質、運輸、
　安裝和聯網等條件。

①應根據風電場風向玫瑰圖和風能密度玫瑰圖顯示的盛行風向、年平均風速等條件確定主導風向，風力機排列應與主導風向垂直。對平坦、開闊的場地，風力機可佈置成單列型、雙列型和多列型。多列佈置時應呈「梅花型」，以儘量減少風力機之間尾流的影響。

②多種佈置方案計算表明，當風電場平均風速為 6.0～7.0 m/s 時，單列型風力機的列距約為 3D（D 為風輪直徑）；雙列型佈置的行距約為 6D，列距約為 4.5D；多列型佈置的行列距約為 7D。風電場平均風速越大，佈置風力機的間距可以越小。

③在複雜地形條件下，風力機定位要特別慎重，設計難度也大。一般應選擇在四面臨風的山脊上，也可佈置在迎風坡上，同時必須注意複雜地形條件下可能存在的紊流情況。

④風經風力發電機組轉輪後，將部分動能轉化為機械能，排氣尾流區的風速減小約 1/3，尾流流態也受擾動，尤以葉尖部位擾動最大。故前後排風力發電機之間應有 5D 以上的間隔，由周圍自由空氣來補充被前排風力機所吸收的動能，並恢復均勻的流場。也就是說，前排風力機是後排風力機的障礙物，應用 WAsP 軟體或其他方法可計算風力機間尾流的相互影響，優化佈置方案。

⑤風力機最優佈置方案需經多方案經濟比較確定。

(2)風能計算　目前，風能計算方法以風頻曲線法計算精度較高，應用廣泛。該方法將實測或其他方法得到的每天 24 h、共 1～5 年的風速資料按其風速大小進行分段統計，可求出風頻曲線。

　　研究結果顯示，風速分佈一般符合瑞利（Rayleigh）分佈或威布林（Weibull）分佈規律，尤以雙參數的威布林分佈應用最廣，其運

算式為

$$P(X) = (K/C)(X/C)^{K-1} \exp[-(X/C)^K] \; X \geq 0 \qquad （2.4）$$

式中，K 為形狀參數，$K > 0$；C 為尺度參數，$C > 0$。

如用最小二乘法將風頻曲線擬合成雙參數的威布林曲線，求出參數 K、C 值，可很方便地表達風速分佈規律，並據此進行理論分析計算。

在初選風力機機型後，依據其功率曲線和輪轂高度處的風頻曲線，可求出該台機的年發電量。

風速是地理位置的三維函數，為簡化計算，以風力機輪轂中心的風速來代表整個掃風面積上的平均風速。但是要將測風點的風況精確地轉換成每台風力機輪轂中心的風況，仍是十分困難的，尤其是在複雜的地形條件下。目前設計中普遍採用丹麥國家實驗室（RISΦ）開發的風資源分析及應用程式（Wind Atlas Analysis and Application Program），簡稱 WAsP。其基本步驟為：

①分 12 個磁區，把具有時間連續性測量的氣象資料轉換成風速直方圖；

②輸入風電場地形圖，輸入測風點的位置、高度、周圍地表粗糙度和附近障礙物；

③將各磁區的每級風速從附近障礙物、粗糙度不均勻和地形影響中還原，求出這個磁區地表固有的風況資料；

④根據測風儀所在地的風況，按上述步驟逆向運算，求出指定風力機位置輪轂中心的風頻曲線，結合預選風力機的功率曲線，可求

出該台機的年發電量；

⑤把全場預定風力機的位置、統一的輪轂高度和功率曲線都一起輸入程式，用 PARK 模組進行逐台風力機和全場發電量估算。

計算時將每一台風力機作為其他風力機的障礙物，求出每台機各個磁區的年發電量和影響係數，從中可分析各個方向相鄰的風力機對本機的影響程度，據此調整風力機佈置方案，經反復迭代，得到較理想的佈置方案。

必須指出，任何軟體都是以特定的數學模型為基礎的。事實證明，在複雜地形條件下，由於許多邊界條件限制，WAsP 程式計算的成果只能作參考。為了慎重，風電場建設前，需儘可能預選多處風力機位置安裝測風儀，實測風況資料，作為選址的主要依據。

2.5.5 風力發電機基礎

⑴基礎荷載　在陸地上建造風電場，風力機的基礎一般為現澆鋼筋混凝土獨立基礎。其型式主要取決於風電場工程地質條件、風力機機型和安裝高度、設計安全風速等。表 2.4 列出了幾種風力機的基礎荷載。

⑵地質勘探　基礎設計前，必須做整個風電場工程地質和水文地質條件詳細踏勘，對風力機基礎進行重點的地質勘探工作。

①在岩石地基上，應查明基礎覆蓋層厚度、地層岩性、地質構造、岩石單軸抗壓強度及其允許承載能力。

②在砂壤土或黏土地基上，應查明土層厚度、土壤的級配、幹容重、砂壤土的內摩擦角、黏土的黏結力、地下水埋藏深度，允許

表 2.4　幾種風力機的基礎荷載

製造廠	單機容量 / kW	轉輪直徑 / m	正壓力 / kN	剪力 / kN	彎矩 / (kN・m)	扭矩 / (kN・m)	氣動煞車方式
Bonus	300	31～33	315	207	5449	—	可轉動葉尖
Nordtank	300	31	285	220	7300	150	可轉動葉尖
Bonus	450	37	466	311	8722	—	可轉動葉尖
Nordtank	500	37	450	298	9400	280	可轉動葉尖
Vestas	500	39	510	377	10424	364	全順槳
Notdtank	500	41	600	370	13000	570	可轉動葉尖
Vestas	600	42	625	452	17921	390	全順槳

承載能力等。

③在海相沉積的海岸、湖泊、沙灘等地下水位高、結構鬆散的軟土地基上建設風電場，由於軟土具有強度低、壓縮性大等不利的工程特性，故對這種地基土質進行詳細的地質勘探工作尤為重要。一般應查明土層埋深、含水量、容重、空隙比、液限、塑限、塑性指數、滲透係數、壓縮係數、黏結力、摩擦角等。

應選擇適宜的基礎形式，作細緻的地基計算，並在建築物施工時採取相應的工程措施。

⑶結構形式　根據基礎不同的地質條件，從結構形式上常可分為實體重力式基礎和框架式基礎。

實體重力式基礎主要適用於地質條件良好的岩石、結構密實的砂壤土和黏土地基。因其基礎淺、結構簡單、施工方便、質量易控制、造價低，應用最廣泛。從平面上看，實體重力式基礎可進一步分為四邊形、六邊形和圓錐形。後面兩種抗震性能好，但施工難度稍大於前者，主要適用於有抗震要求的地區。

框架式基礎由樁台和樁基群組成，主要適用於工程地質條件差、

軟土覆蓋層很深的地基上。框架式基礎按樁基在土中傳力作用分為端承樁和摩擦樁。端承樁主要靠樁尖處硬土層支承,樁側摩擦阻力很小,可以忽略不計;摩擦樁的樁端未達硬土層,樁的荷載主要靠樁身與土的摩擦力來支承。實際的樁基是既有摩擦力又有樁端支承力共同作用的半支承樁。框架式基礎比實體重力式基礎施工難度大、造價高、工期長,在同等風況條件下,應優先選擇地質條件良好的風電場。

2.5.6 風力發電場的經濟效益和社會效益評價

⑴工程投資和經濟效益　大中型風電場工程投資中,風力機設備約占總投資的 70%。隨著風力機製造技術的不斷進步,單機容量不斷增大,每度電的成本在逐年下降。近幾年來,風力機市場被國際大公司、大財團一致看好,競爭十分激烈,風力機價格以每年約 3%～5% 的速度降價。華東勘測設計院設計的幾個風電場,在不考慮風力機進口關稅前,單位度電靜態投資約 4.0 元/(kW·h),單位千瓦靜態投資約 10,000～11,000 元,度電成本電價約 0.42 元/(kW·h),還貸期上網電價約 0.80元/(kW·h),可以與水電、核電和考慮脫硫設備的火電站競爭。

如風力機進口稅為 6%,增值稅為 8.5%,則總投資和度電成本相應增加約 10%。因此,風力機進口關稅是風電場上網電價高低的槓桿之一。

國家經貿委和電力部均在大力推進風力機國產化,國產化後風力機的價格可下降約 20%,既可降低風電成本,又能促進機電工業的

發展。

(2)財務評價　風電場財務評價尚無規範，目前參照水電專案進行計
算。由於風力機主要零組件，如葉片、輪轂、變速箱、發電機、
塔架等使用壽命均按 20 年設計，故財務評價中計算期一般也取 20
年。採用進口風力機時，大修理費率建議取 1%。

　　為降低還貸期上網電價，應加速折舊，綜合折舊率可取 7.5%～
10%。

(3)環境與社會效益　風力發電是一種可再生的乾淨能源，無論和火
電、核電還是和水電相比，其環境效益和社會效益均十分顯著。

①節煤效益和環境效益　按火力發電標煤耗 350 g／（kW・h）計
算，風電場每年如發電 $1×10^8$ kW・h，則每年可為國家節省標煤
$3.5×10^4$ t。相應減少廢氣排放量為：SO_2 為 672 t，NO_x 為382 t，
CO 為 9.7 t，C_nH_n 為 3.9 t，減少溫室效應氣體 CO_2 為 8022 t，減
少灰渣為 10,500 t。可見風電場建設有十分顯著的環境效益。

②社會效益　大力發展風力發電可緩解地區電力供需矛盾，改善當
地居民用電狀況和生產生活條件，促進區域經濟發展。

　　風力發電作為一種新能源，從實驗室走向偏遠的山區、海島等未
與大電網聯網的地區，再踏上並網運行的征途，快速發展，不是偶然
的。它伴隨著現代科技進步、石油危機、環境污染等機遇和挑戰，有
很強的生命力。

　　風電場設計工作的好壞，直接影響到風電場的效益、安全和穩定
運行。總結前階段設計工作經驗，使風電場設計更先進、更合理，是
當前風電發展的關鍵之一。

2.6 風力發電設備的優化分析

2.6.1 優化選型因素分析

2.6.1.1 性能價格比原則

風力機性能價格比最優原則永遠是專案設備選擇決策的重要原則。

⑴風力發電機單機容量大小的影響　從單機容量為 0.25 MW 到2.5 MW 的各種機型中，單位千瓦造價隨單機容量的變化呈 U 形變化趨勢，目前 600 kW 風機的單位千瓦造價正處在 U 形曲線的最低點。隨著單機容量的增加或減少，單位千瓦的造價都會有一定程度上的增加。如 600 kW 以上，風輪直徑、塔架的高度、設備的質量都會增加。風輪直徑和塔架高度的增加會引起風機疲勞載荷和極限載荷的增加，要有專門加強型的設計，在風機的控制方式上也要做相應的調整，從而引起單位千瓦造價上升。據了解，目前的 1.3 MW 風力發電機還不十分成熟，某風場在選擇了 1.3 MW 風機後，僅調試就用了長達 4 個多月的時間，投運後發電量和設備可利用率情況並不理想，故障較多。

⑵選擇機型需考慮的相關因素

①考慮運輸與吊裝的條件和成本　1.3 MW 風機需使用 3 MN 標稱負荷的吊車，葉片長度達 29 m，運輸成本相當高。相關資料見表 2.5。

表 2.5　選擇機型需考慮的相關要素

機組功率 / kW	單價 / （元／kW）	塔筒重 / kN	基礎體積 / m³	吊車負荷 / MN
600	4000	340	135	1.35
750	4500	570	210	1.56
1300	5000	930	344	3.00

注：塔筒高 40 m 時，重力為 340 kN；塔筒高 50～55 m 時，重力為 570 kN；塔筒高 68 m 時，重力為 930 kN。

　　由於運輸轉彎半徑要求較大，對專案現場的道路寬度、周圍的障礙物均有較高要求。起吊質量越大的吊車本身移動時對橋樑道路要求也越高，租金較貴。

②兆瓦級風機維修成本高　一旦發生零組件損壞，需要較強的專業安裝隊伍及吊裝設備，更換零組件、聯繫吊車，會造成較長的停電時間。單機容量越大，機組停電所造成的影響也越大。

③目前情況下選擇兆瓦級風機所需要的運行維護人員的技術條件及裝備相應也高，有一定的難度。

④目前中國尚未形成兆瓦級主流機型，選擇兆瓦級風機所需要的零組件供應難度也較大，將來備品備件問題很難解決。

⑶某風電場 1.3 MW 機組綜合分析

①運行　塔架大量油漬，機組漏油嚴重，機組在大風時由於電機、齒輪箱溫度過高，頻繁停機，機組可利用率不高，經濟效益不理想。

②安裝　從專案一開始安裝至並網發電歷經數月，問題較多，機組安裝完全依靠外方，中國還沒有此經驗的運行維護和安裝人員。

③運輸　葉片長度近 30 m，葉片依靠兩輛平板車抬著運到現場，

難度很大。

(4)背景差異

歐洲土地面積有限，政府有明確的政策支援，鼓勵單機容量大的風機專案。國外風力發電市場的趨勢是發展海上風力發電場，因此鼓勵大型風機的研製。歐洲工業製造基礎、風力發電技術服務基礎和資金環境能夠支援大型風機的長期穩定運行。運輸、吊裝能力能夠支援大型風力發電機組的市場運作。歐洲的製造商都十分清楚兆瓦級風機的性能價格比是不如 600 kW 級風力發電機的。600 kW 以上的機型並不會由於單機容量的增加而引起單位千瓦造價的降低，但是由於它不同的背景情況，大型風機仍然發展得很快，所以在不同情況、不同時間，注意背景的差異是必要的。

2.6.1.2　發電成本因素

單位發電成本 C 是建設投資成本 C_1 與運行維修費用 C_2 之和，即

$$C = C_1 + C_2 = \frac{r(1+r)^t}{(1+r)^t - 1} + m\frac{Q}{87.6F} \qquad (2.5)$$

式中　F——風機容量係數；

　　　Q——單位投資；

　　　t——投資回收時間；

　　　r——貸款年利率；

　　　m——年運行維修費與風場投資比。

風力發電機的工作受到自然條件制約，不可能實現全運轉，即

容量係數始終小於 1。所以在選型過程中力求在同樣風資源情況下，發電最多的機型為最佳。風力發電的一次能源費用可視為零，因此得出結論，發電成本就是建場投資（含維護費用）與發電量之比。節省建場投資又多發電，無疑是降低上網電價的有利手段之一。與火力和核能發電相比，風力發電有以下特點：a. 風機的輸出受風力發電場的風速分佈影響；b. 風力發電雖然運行費用較低、建設工期短，但建風場的一次性投資大，明顯表現出風力發電專案需要相對較長的資本回收期，風險較大。因此，在風機選型時，可按發電成本最小原則作為指標，因為它考慮了風力發電的投入和效益。同時，在某些特殊情況下，如果風力發電間的相差不大，則風力機選型時發電成本最小原則就可轉化為容量係數最大原則。

綜上所述，業主在投資發展風力發電專案時，考慮風力發電場的設計，對風力機的選型就有非常重要的意義。以上這些因素影響整個專案投資效益、運行成本和運行風險，因為風力機設備同時決定了建場投資和發電量。良好的風力機選型就是要在這兩者之間選擇一個最佳配合，這也是風機與風力發電場的優化匹配。

2.6.1.3　財務預測結果

針對中國境內各風力發電場資源狀況不同，可選擇的風機性能、工程造價及經營成本也不同。按中國風力發電發展的現狀統計資料，電價一直是制約中國風力發電發展的最關鍵因素。要鼓勵風力發電發展，應保證風力發電專案投資的合理利潤，依據國家現行規範，風力發電專案利潤水準的主要標準有投資利潤率、財務內部收益率、財務淨現值。

⑴案例　現以裝機容量為 24 MW 的風力發電專案為例，分析風電電價與專案可行性之間的關係，其經濟指標見表 2.6。

表 2.6　裝機容量為 24 MW 的風電場經濟指標

電價／〔元／(kW · h)〕	淨現值／萬元	內部收益率／%	電價／〔元／(kW · h)〕	淨現值／萬元	內部收益率／%
0.50	−1566	8.57	0.56	877	10.78
0.52	−752	9.32	0.58	1691	11.49
0.54	63	10.06			

　　該風力發電場裝機容量為 24 MW，設備年利用小時數為 2400 h，建設期為 1 a，生產期為 20 a，單位造價為 0.8 萬元／kW，總投資為 19200 萬元（其中，資本金 30%、貸款 70%、年利率 7%），年運行管理費用為 140 萬元，增值稅率為 8.5%，城建稅率為 7%，教育附加費為 3%。

⑵敏感性分析　當電價為 0.57 元／（kW · h）以上時，在 ± 5% 時不會出現內部收益率小於 10% 和淨現值小於 0 的情況。

　　如果電價過於偏低，在 ±5% 時內部收益率小於 10% 及淨現值小於 0，專案抗風險能力差。

2.6.2　綜合與展望

　　風力發電電價問題不是電價高低問題，而是合理電價與具有競爭力的風力發電生存電價的問題。關係到投資者的切身利益，關係到風力發電是否順利發展的大問題。為了提高風力發電的競爭力，促進風

力發電的發展，還需要爭取一定的寬鬆環境，因此建議：

①政府頒佈支援風力發電政策，並確保政策的完整性與連續性；

②風機設備走國產化，降低設備價格和售後服務，減少風電場運營
成本；

③做好前期工作，準確掌握風能資源，為工程的順利開展創造可靠
基礎；

④加快審批程式，縮短建設週期。

2.7 風輪機與航空安全

20 世紀 90 年代，英國發生風力發電廠因雜訊擾民和干擾電視信
號而引起一場官司。最近，英國國防部又提出，風力發電干擾航空雷
達，影響空中安全。

英國風力發電學會計劃在全國建立 18 個風力發電廠，以便在
2010 年實現可再生能源占英國總電力 10% 的目標。但這一計劃遭到
英國國防部的反對，並試圖阻止其中 5 個風力發電廠的建立。理由是
這 5 個風力發電廠都靠近英國皇家空軍基地。國防部的官員說，風力
發電的渦輪機可能干擾空中管制，並為敵人的飛機提供掩護。英國國
防部認為，渦輪機葉片可能在跟蹤敵方飛機的雷達顯示幕上出現，影
響雷達探測靠近渦輪機的敵機。風力發電學會顧問指出，空中交通管
理人員在工作中經常要對付各種物體的干擾，如高大的樹木和各種飛
行物，國防部應該拿出風力發電對雷達構成干擾的實據。

高大的渦輪機可能構成雷達的盲區，但影響面非常小，即 100 m

高、延伸 500～700 m 的空域。而解決這個問題也不難,如德國和丹麥就解決了這個問題。丹麥米德爾格魯登近海的風力發電廠離哥本哈根飛機場僅 8 km,他們在雷達系統中裝上一種軟體,就能過濾掉渦輪機的干擾信號。

利用吸波材料製造渦輪機並調整好渦輪機之間的距離,也是降低風力發電場干擾雷達的辦法。在某些條件下(如有敵機入侵),還可停止渦輪機的運轉。因此,風力發電場不會威脅空中安全。

2.8 風力機安全運行

風力機的運行是完全自動的,在故障時能處於保護狀態,並能指出故障原因。小型風力機運行可使風力機在緊急情況下處於安全狀態,或故障時使運行停止,並達到不可逆轉的保護狀態。而機組容量越大,運行監控系統越複雜,要求也越高,造價就越高。在正常運行中的風力機的監控和保護應有兩個功能,一種是隨時可以手動停機;另一種是運行操作控制系統誤操作時,沒有誤控制或非允許的運行情況發生,不允許由於極限值操作臺外力造成參數變化,或開關過程變化而產生機器動作。這一極限值尤為重要的是風輪超速極限,在故障時用來設計並保護不超過容許值。

2.8.1　風力機運行流程

圖 2.16 表示的是 DEBRA-25 型風力機的運行流程。該機是雙葉輪轉速，粗線表示的是靜態情況，虛線表示的是過渡過程。

①系統檢測　運行檢測，自動測試風力機各種實際功能。

②靜止狀態　風輪處於順槳狀態，機械煞車未投入。風輪慢慢轉動，以便使葉片中貯存的水流出，避免冬季結冰、葉片脹裂。由操作臺手動，可以使葉輪煞住。

③啟動　按動正常運行按鈕，葉片達到 70°攻角的啟動位置，葉輪轉動加快。

④等待狀態　測試葉片啟動位置時的風輪轉速，當風輪轉速超過（平均）3 r/min 時，風力機達到發電狀態，開始進入運行狀態。風輪轉速在等待時超過了允許的最高值時，風力機仍處於等待狀態。

⑤高速運行　控制槳距角，使風輪加速到額定轉速以下，在超過某一確定轉速時和電網頻率同步。

⑥負荷運行Ⅰ　風力機發電。通過變距使發電機額定功率在允許值以下，在部分負荷範圍下，葉片角度恆定在 2°（最佳運行角）平均超過 1 min。在額定功率下運行，說明風足夠使運行達到第 2 級。而超過 1 min 平均輸出功率只有 0.5 kW，則說明風太小，風力發電機從電網吸收功率。

⑦負荷變化運行Ⅰ→Ⅱ或Ⅱ→Ⅰ　風力機由低向高風輪轉速（Ⅰ→Ⅱ）加速，而從電網的解列，或相反（Ⅱ→Ⅰ）達到新的同步並網。

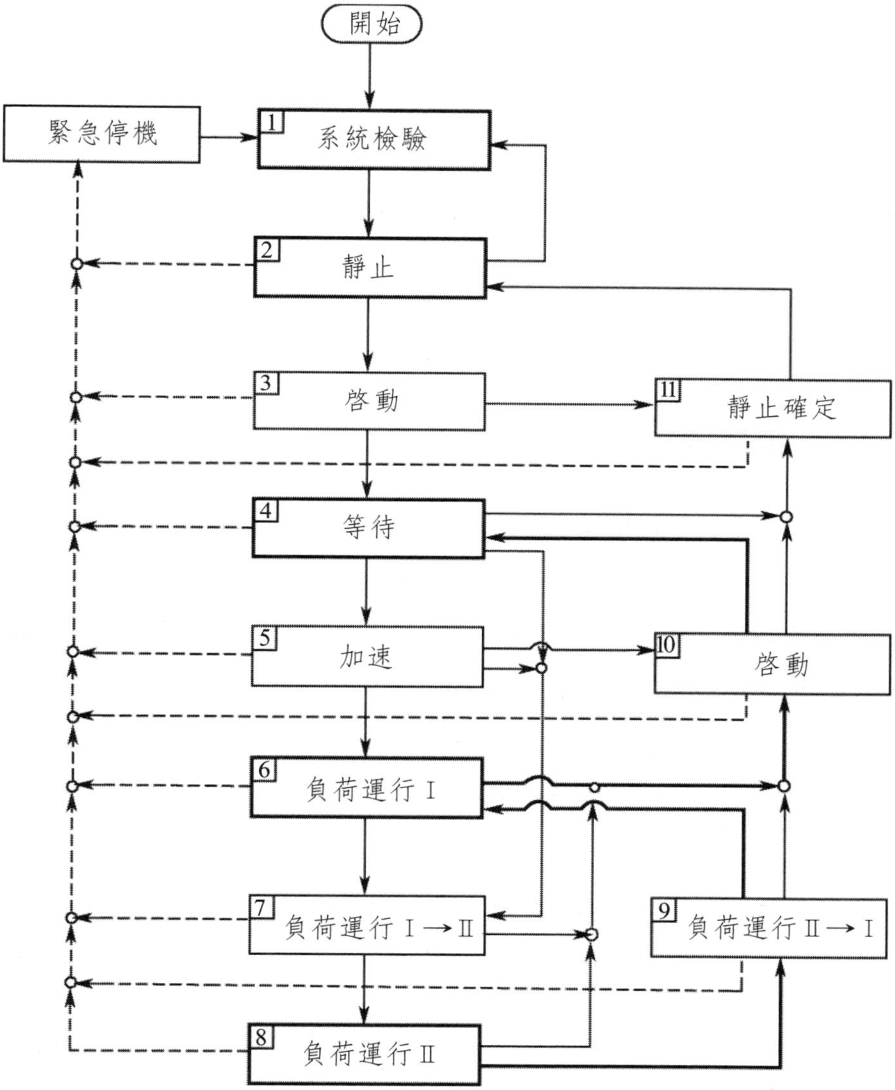

圖 2.16　DEBRA-25 風力機運行流程圖

⑧負荷運行Ⅱ　風力機輸出功率。大風時，調整到額定功率，部分
　　負荷時，葉片角度恆定在 2°（最佳運行角）。額定功率以上，

葉片角度由測風來控制平均值超過 1 min。葉片角度超過 30°，
說明風速超過 20 m/s，風力機回到等待狀態直到風小為止。

⑨停機　風力機處於等待狀態。

⑩靜止狀態　風力機在運行狀態下的靜止狀態。

運行應自動進行，當故障時允許自動停機。這有賴於運行這一時刻是穩定還是不穩定的。

2.8.2　正常運行過程

風力機組的工作應適應氣象的變化，同時還要考慮到用戶情況。對於正常運行過程有以下幾點：a. 維護時風太小，太大時停機；b. 風力機達到額定轉速；c. 並網（同步）；d. 最佳的 C_P 匹配的風輪轉速；e. 根據用戶情況，輸出功率與 C_P 相適應；f. 在小風或大風時離網；g. 維修時風機剎車；h. 電網故障時風機煞車，電網倒流，重新同步和發電運行；i. 發電運行的返回，雙向切換過程。

所有運行狀態應根據風速變化、相應的載荷分佈來考慮。必須準確地測出某過程的重複性。但當電網故障出現時，風力機必須切出。自動同步發電機不僅能向有故障的電網送電，並配有無功系統，當相對容量存在時，應能提供好的勵磁功率。當電網故障時，電網電壓發生變化，為此，風力機應停機。在停機過程中，應使載荷衝擊最小，這就要求具有良好的感測器對信號進行檢測。

圖 2.17 所示是一台風力機的運行統計圖，年平均風速為 4.2 m/s，風力機加速到電機的額定轉速時帶上一級負荷，在風輪加速過程中又降低了。額定轉速常達不到造成了斷續的加速過程，那麼這時的風力

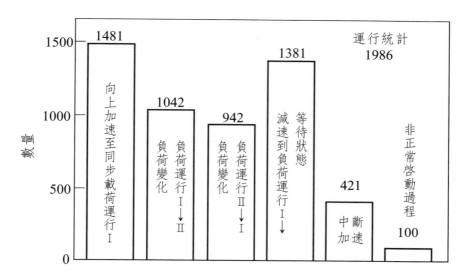

圖 2.17 DEBRA-25 風力機運行統計圖

發電機轉速就不要控制，塔架的自振頻率就要提高。

　因發電機過熱過載時應及時地切出。風力發電機啟動偏航，一般偏航離開風向 180°，控制使風輪能從偏航位置返回，再加速到電網同步轉速。

　當風力機出現故障時，如超過了設計的允許值，應當及時切出，而且是不可逆轉的。運行中要求檢測、分析故障情況，並作出相應的判斷，避免不必要載荷的出現。

　下面是 DEBRA-25 風力機的故障控制內容。

⑴故障控制停機

　①超過允許的電纜纏繞。

　②運行時系統電瓶電壓偏低。

　③液壓系統故障。

　④發電機單相保護。

⑤變距速度偏低。

⑥過載。

⑦發電機過熱。

(2)緊急切出

①超速。

②葉片槳距角超過允許值5°。

③轉速測量錯誤。

④減速過程持續時間超過允許值。

(3)高速時

①機械飛車拋出。

②機艙塔架振動。

③運行錯誤。

　　前兩種都是在微處理器控制下進行，往往是在故障出現後開關延時再控制，控制停機一般是在正常運行和在靜止時進行。故障排除後，經手動可以恢復運行。而緊急停機是很快地使機組停下，以避免機組受損害。此時主球閥處於液壓溢流狀態，打開液壓閥，在大風時，葉片順槳，達到空氣動力煞車。由於主球閥打開，葉輪變槳不會失靈，煞車會馬上起作用。附加緊急停車系統用在微處理器出現故障時的緊急停機，由離心開關監測轉速是否正常，當測速電機測得的轉速超過極限值時，使機組停止運行。上述控制停機不再起作用，而是像緊急停機那樣，主閥打開，立即停機。

2.8.3　運行安全性

　　安全性在一台風力機的設計中是至關重要的，有以下幾點應加以注意。

⑴設計缺陷

　　①負荷考慮不足。

　　②出現了沒有考慮到的風力機特性。

　　③結構上的缺陷。

⑵安全和保護系統的不完善

　　①安全系統設計缺陷。

　　②運行人員發生錯誤。

　　③感測器發生故障。

　　④環境的影響。

⑶製造、維護和安裝時存在的缺陷

　　①缺乏關鍵的技術。

　　②組裝質量不好。

　　③安裝問題。

　　④維修時出現的問題。

2.8.4　安全性方針

　　在風力機運行中還有一些情況對安全性有很大影響。

⑴出力過高　尤其是失速機在空氣密度大時，功率超過允許值，可產生發電機的過熱而停機。當機組煞車時，發電機冷卻，機組重新

並網，若反覆出現上面的情況，就會損害風力機零組件，縮短機組壽命。

(2)振動　機組出現振動時，會使機械零組件很快疲勞，從而出現故障或飛車。若當激振力與某些零組件產生共振時，對機組的運行將是十分危險的。

(3)電網故障　當電網出現經常性故障時，機組反覆停機、開機，機組的機械材料會出現磨損和疲勞，諸如葉片變槳的損害，葉輪齒輪箱過載及煞車失靈等。

(4)特殊氣候　如冬、夏季節氣溫的差異對於潤滑油的影響，複雜地形產生的氣流造成偏航力矩而產生零組件疲勞，雷、電、雨及鹽霧、冰雹等都會對機組造成損害。

在安全設計中應遵循的原則有：

①風力機組必須有兩套以上的煞車系統；

②每套系統必須保證風力機在安全運行範圍內工作；

③兩套系統的工作方式必須不同，應當利用不同的動力源；

④至少一套系統保護風輪在外部不正常情況下，能處於容許範圍內工作；

⑤至少一套系統保護風輪轉動在故障時能停止下來；

⑥當安全系統進行停止或減速時，不允許手動產生影響；

⑦無空氣動力煞車的風力機用於超速時停機的機械煞車，和轉速感測器應佈置在風機軸上；

⑧在空氣動力煞車出現故障時，風輪應離開風向；

⑨電纜纏繞問題；

⑩機艙對風偏航速度應有一定限制，避免出現陀螺力矩；

⑪電網故障，允許風力機在電網恢復正常時自動並網；

⑫安全系統應保證在出現故障後不再運行並網，而是處於靜止狀態；

⑬電器、液壓、氣動系統在故障時的動力源應能得到保證，以便安全系統投入。

2.8.5　基本情況的綜合

　　風力機是旋轉式動力機器，風是不斷變化的動力，在風力機的壽命期中，各種負荷來源於風及風輪的旋轉。在設計中要考慮各種載荷的性質，如運行時、維修時、安裝時以及風的情況和天氣條件，各種器件受力情況及失靈的情況。風力機的設計和計算目前在國際上還無法精確進行，一些國家進行了這方面的試驗，但試驗結果還有很大的侷限性，負載的確定關係只適於一定範圍。

　　下面就載荷設計中需要考慮的內容列舉如下。

⑴一般外部條件　氣象條件包括風頻、風廓線、陣風、氣流、氣溫、濕度、結冰、鹽霧、飛砂。

⑵不正常外部條件　特殊氣候條件包括極限大風（世紀陣風）、特殊的邊界層流動、特殊陣風過程、最大的結冰、極限氣溫、冰雹、雷擊、電網故障、單相電壓損失、電壓波動、頻率波動、電網短路、對電網的雷擊。

⑶其他環境影響　人為錯誤、漏水（雨、蓄水）、牲畜的影響、鳥類的影響、振動。

(4)一般內部條件

　　①運行狀態　超停機與電網同步、功率與轉速調節、正常運行、負載脫離（定載）、機艙對風調整、靜止（風輪允許緩慢轉動）、風輪卡住、對風、傾斜、塔架阻力或塔影效應。

　　②力和力矩　自重、質量加速度（剎車、調節）、離心力、陀螺力矩、質量不平衡、氣動不平衡產生的扭矩。

(5)特殊內部條件

　　①零組件故障　變距振動和機械系統、傳遞環節、發電機短路、機艙對風、機械煞車、氣動煞車、運行、感測器、發電（電流）。

　　②運行情況　超速、超功率、自振和振動、由於控制而產生的受迫振動、緊急關機、風矩回往轉動。

(6)其他　運輸、安裝、調整、維修。

　　以上各種情況在設計中未必都要同時考慮，要根據具體情況分析。要根據安裝地點的特殊條件來選取安全係數。

第三章

風力發電技術

3.1　功率調節

3.2　變轉速運行

3.3　發電機變轉速／恆頻技術

3.4　風輪機迎風技術

3.5　風電品質

3.6　風力機結構和空氣動力學

3.7　風力機控制技術

3.8　風電場優化

3.9　影響風電發展的其他因素

　　風的特性是隨機的，風向、風速大小都是隨時隨機在變化，因此風能發電就有區別於化石燃料發電的不同特點。例如，功率調節、變速運行、變速／恆頻問題、對風調節問題、變槳距問題等。本章專門介紹風力發電機的這些結構和運行特點，主要是與化石燃料發電機組的不同點。

3.1　功率調節

　　功率調節是風力發電機組的關鍵技術之一。風力發電機組在超過額定風速（一般為 12～16 m/s）以後，由於機械強度和發電機、電力電子容量等物理性能的限制，必須降低風輪的能量捕獲，使功率輸出仍保持在額定值附近。這樣也同時限制了葉片承受的負荷和整個風力機受到的衝擊，從而保證風力機安全不受損害。功率調節方式主要有定槳距失速調節、變槳距角調節和混合調節三種方式，調節原理如圖 3.1 所示。

⑴定槳距失速調節　定槳距是指風輪的槳葉與輪轂是剛性連接，葉片的槳距角不變。當氣流流經上下翼面形狀不同的葉片時，葉片彎曲面的氣流加速，壓力降低，凹面的氣流減速，壓力升高，壓差在葉片上產生由凹面指向彎曲面的升力。如果槳距角 β 不變〔圖 3.1(a)〕，隨著風速 v_w 增加，攻角 α 相應增大，開始升力會增大，到一定攻角後，尾緣氣流分離區增大形成大的渦流，上下翼面壓力差減小，升力迅速減少，造成葉片失速（與飛機的機翼失速機制一樣）（圖 3.2），自動限制了功率的增加。

因此，定槳距失速控制沒有功率反饋系統和變槳距角伺服執行機構，整機結構簡單、零組件少、造價低，並具有較高的安全係數。缺點是這種失速控制方式依賴於葉片獨特的翼型結構，葉片本身結構較複雜，成型技術難度也較大。隨著功率增大，葉片加長，所承受的氣動推力大，使得葉片的剛度減弱，失速動態特性不易控制，所以很少應用在兆瓦級以上的大型風力發電機組的功率控制上。

⑵變槳距角調節　變槳距角型風力發電機能使風輪葉片的安裝角隨風速而變化，如圖 3.1(b) 所示。風速增大時，槳距角向迎風面積減小的方向轉動一個角度，相當於增大槳距角 β，從而減小攻角 α，風力機功率相應增大。

　　變槳距角機組啟動時可對轉速進行控制，並網後可對功率進行控制，使風力機的啟動性能和功率輸出特性都有顯著改善。變槳距角調節的風力發電機在陣風時，塔架、葉片、基座受到的衝擊，較失速調節型風力發電機組要小得多，可減少材料，降低整機質量。它的缺點是需要有一套比較複雜的變槳距角調節機構，要求風力機的變槳距角系統對陣風的回應速度足夠快，才能減輕由於風的波動引起的功率脈動。

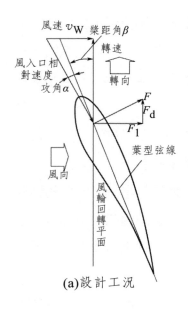

(a)設計工況

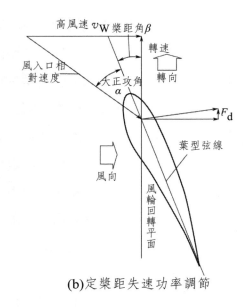

(b)定槳距失速功率調節

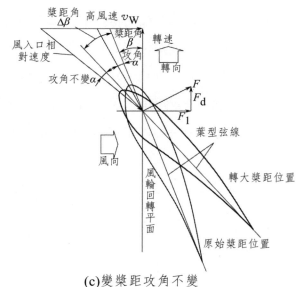

(c)變槳距攻角不變

圖 3.1 功率調節方式原理圖

(F為作用在槳葉上的氣動合力,該力可以分解為 F_d、F_1 兩部分:F_d 與風速 v_W 垂直,稱為驅動力,使槳葉旋轉做功;F_1 與風速 v_W 平行,稱為軸向推力,通過塔架作用在地面上)

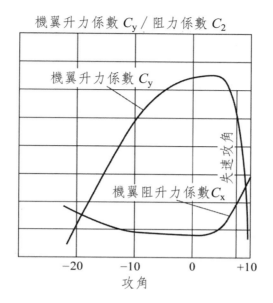

機翼升力係數 C_y / 阻力係數 C_2

機翼升力係數 C_y

失速攻角

機翼阻升力係數 C_x

−20　　−10　　　0　　　+10

攻角

圖3.2　槳葉片升力曲線

(3)混合調節　這種調節方式是前兩種功率調節方式的組合。在低風速時，採用變槳距角調節，可達到更高的氣動效率；當風機達到額定功率後，使槳距角 β 向減小的方向轉過一個角度，相應的攻角 α 增大，使葉片的失速效應加深，從而限制風能的捕獲。這種方式變槳距角調節不需要很靈敏的調節速度，執行機構的功率相對可以較小。

3.2　變轉速運行

風力發電機組的輸出功率主要受三個因素的影響：風速 v_w、槳距角 β 和高速特性數 $\lambda\left(\lambda = \dfrac{u}{v_w} = \dfrac{2\pi rn}{60 v_w}\right.$，與風輪轉速 n 有關$\bigg)$。

風力機功率 P_r 為

$$P_r = \frac{1}{2} C_P\,(\beta,\lambda)\rho\pi r^2\,v_W^3 \qquad (3.1)$$

$$\lambda = \frac{\omega r}{v_W} = \frac{2\pi rn}{60 v_W} \qquad (3.2)$$

式中 P_r——風輪吸收功率，W；

ρ——空氣密度，kg/m^3；

r——風輪半徑，m；

λ——速比，是葉尖速度與風速之比。

ω——風輪角速度，rad/s，$\omega = \dfrac{2\pi n}{60}$； $\qquad (3.3)$

$C_P(\beta,\lambda)$——風能利用係數，最大值是貝茲極限 59.3%，C_P 曲線如圖
3.3 所示。

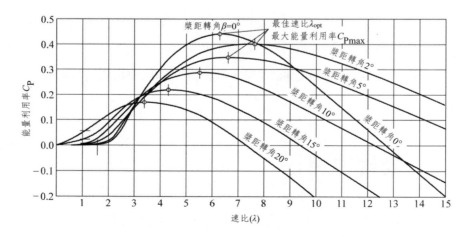

圖 3.3 $\quad C_P(\beta,\lambda)$ 曲線

$C_P(\beta, \lambda)$ 曲線是保持槳距角 β 不變的風力機性能變化。根據圖 3.3，只要使得風輪的速比 $\lambda = \dfrac{u}{v_W} = \lambda_{opt}$ 不變，即風輪葉尖速度 u（相應的轉速 n）與風速 v_W 同步增減，就可維持機組在最佳效率 C_{Pmax} 下運行。

變轉速控制就是使風輪跟隨風速的變化相應改變其旋轉速度，以保持基本恆定的最佳速比 λ_{opt}（圖 3.4）。

相對於恆轉速運行，變轉速運行有以下優點：

⑴具有較好的效率，可使槳距角調節簡單化　變轉速運行放寬對槳距角控制回應速度的要求，降低槳距角控制系統的複雜性，減小峰值功率要求。低風速時，槳距角固定，高風速時，調節槳距角限制最大輸出功率。

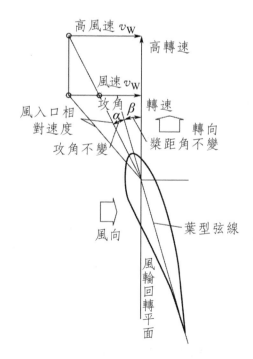

圖 3.4　變轉速控制

⑵能吸收陣風能量　陣風時風輪轉速增加,把陣風風能餘量儲存在風輪機轉動慣量中,減少陣風衝擊對風力發電機組帶來的疲勞損壞,減少機械應力和轉矩脈動,延長機組壽命。當風速下降時,高速運轉的風輪動能便釋放出來變為電能送給電網。

⑶系統效率高　變轉速運行風力機可以在最佳速比、最大功率點運行,提高了風力機的運行效率,與恆速／恆頻風電系統相比,年發電量一般可提高 10% 以上。

⑷改善功率品質　由於風輪系統的柔性,減少了轉矩脈動,從而減少了輸出功率的波動。

⑸減小運行雜訊　低風速時,風輪處於低轉速運行狀態,使雜訊降低。

風輪機和發電機共同工作的特性曲線見圖 3.5。

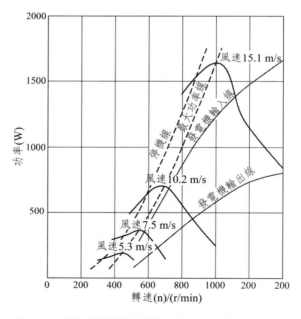

圖 3.5　風輪機和發電機共同工作的特性曲線

由圖 3.5 可見，對於某設計風速有一最佳的轉速，風速越高，最佳的轉速越高，這是風輪機設計的關鍵點。

3.3 發電機變轉速／恆頻技術

並網運行的風力發電機組，要求發電機的輸出頻率必須與電網頻率一致。保持發電機輸出頻率恆定的方法有兩種：a. 恆轉速／恆頻系統，採取失速調節或者混合調節的風力發電機，以恆轉速運行時，主要採用非同步感應發電機；b. 變轉速／恆頻系統，用電力電子變頻器將發電機發出的頻率變化的電能轉化成頻率恆定的電能。

大型並網風力發電機組的典型配置如圖 3.6 所示，箭頭為功率流動方向。圖 3.6 中頻率變換器包括各種不同類型的電力電子裝置，如軟並網裝置、整流器和逆變器等。

⑴非同步感應發電機　通過晶閘管控制的軟並網裝置接入電網。在同步速度附近合閘並網，衝擊電流較大，另外需要電容無功補償裝置。這種機型比較普遍，各大風力發電製造商如 Vestas、NEG Micon、Nordex 都有此類產品。

⑵繞線轉子非同步發電機　外接可變轉子電阻，使發電機的轉差率增大至 10%，通過一組電力電子器件來調整轉子回路的電阻，從而調節發電機的轉差率。如 Vestas 公司的 V47 機組。

⑶雙饋感應發電機　轉子通過雙向變頻器與電網連接，可實現功率的雙向流動。根據風速的變化和發電機轉速的變化，調整轉子電流頻率的變化，實現恆頻控制。流過轉子電路的功率僅為額定功率的

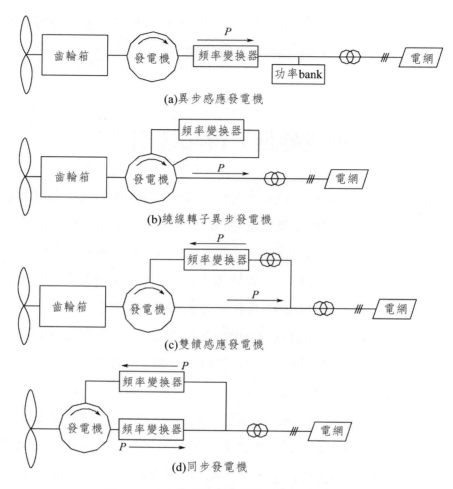

(a)異步感應發電機

(b)繞線轉子異步發電機

(c)雙饋感應發電機

(d)同步發電機

圖 3.6　大型並網風力發電機組典型配置

10%～25%，只需要較小容量的變頻器，並且可實現有功、無功的靈活控制。如 DeWind 公司的 D6 機組。

⑷同步發電機　本配置方案的顯著特點是取消了增速齒輪箱，採用風力機對同步發電機的直接驅動方式。齒輪傳動不僅降低了風電轉換效率和產生雜訊，也是造成系統機械故障的主要原因，而且為了減

少機械磨損還需要潤滑清洗等定期維護。如 Enercon 公司的 E266
機組。

3.4　風輪機迎風技術

　　風輪機的出力與風速立方成正比$\left[P^* = 12\rho\pi r^2 v_\mathrm{W}^3 C_\mathrm{P} = \left(\dfrac{1}{2}\rho v_\mathrm{W}^3\right)AC_\mathrm{P}\right]$，

轉速與風速一次方成正比$\left(n = \dfrac{30 v_\mathrm{W}\lambda}{\pi r}\right)$。因此，風速變化將引起出力和

轉速的變化（圖 3.7）。

　　風速的大小、方向隨時間總是在不斷變化，為保證風輪機穩定工
作，必須有一個裝置跟蹤風向變化，使風輪隨風向變化自動相應轉動，
保持風輪與風向始終垂直。這種裝置就是風輪機迎風裝置，見圖 3.8。

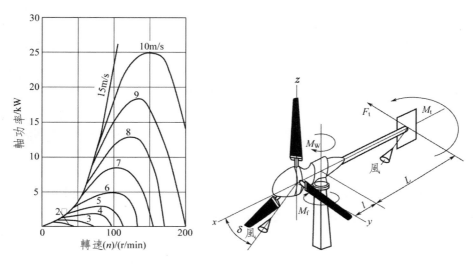

圖 3.7　風輪機風速─轉速曲線　　圖3.8　風輪機尾舵迎風裝置

　　風輪機迎風裝置有兩種方法：尾舵法和舵輪法，圖 3.8 所示的是尾舵法。風向變化時，機身上受三個扭力矩作用，機頭轉動的摩擦力矩 M_f，斜向風作用於裝軸上的扭力矩 M_W，尾舵輪扭力矩 M_t。M_f 與機頭質量、支援軸承有關，M_W 決定於風斜角 δ、距離 l，尾舵力矩由下式近似計算

$$M_t \approx C_R \, A_t \, \frac{\rho u^2}{2} K^2 L \tag{3.4}$$

式中　C_R——尾舵升力、阻力合力係數（$C_R = \sqrt{C_L^2 + C_D^2}$）由試驗曲線查得；

　　　　A_t——尾舵面積；

　　　　u——風輪的圓周速率，m/s；

　　　　K——風速損失係數約0.75；

　　　　L——尾舵距離，m。

機頭轉動條件　　　　　$M_t = M_f + M_W$　　　　　(3.5)

尾舵面積　　　　　　$A_t = \dfrac{2(M_f + M_W)}{C_R \, \rho u^2 \, K^2 \, L}$　　　　(3.6)

　　按式（3.6）設計的尾舵面積就可以保證風輪機槳葉永遠對準風向。

　　用自動測風裝置測定風向，按風向偏差信號控制同步電動機轉動風輪，也可以保證風輪機槳葉永遠對準風向。

3.5　風電品質

　　自然風的速度和方向是隨機變化的，風能具有不穩定性特點，如何使風力發電機的輸出功率穩定，是風力發電技術的一個重要課題。迄今為止，已提出了多種改善風電品質的方法，例如採用變轉速控制技術，可以利用風輪的轉動慣量平滑輸出功率。由於變轉速風力發電機組採用的是電力電子裝置，當它將電能輸送給電網時，會產生變化的電力諧波，並使功率因素惡化。

　　因此，為了滿足在變轉速控制過程中良好的動態特性，並能使發電機向電網提供高品質的電能，發電機和電網之間的電力電子介面應實現以下功能：a. 在發電機和電網上產生儘可能低的諧波電流；b. 具有單位功率因素或可控的功率因素；c. 使發電機輸出電壓適應電網電壓的變化；d. 向電網輸出穩定的功率；e. 發電機電磁轉矩可控。

　　此外，當電網中並入的風力電量達到一定程度，會引起電壓不穩定（一般建議不大於 10%）。特別是當電網發生短時故障時，電壓突降，風力發電機組就無法向電網輸送能量，最終由於保護動作而從電網解列。在風能占較大比例的電網中，風力發電機組的突然解列，會導致電網的不穩定。因此，用合理的方法使風力發電機組的電功率平穩具有非常重要的意義。

　　風力發電對電網的不利影響可以用儲能技術來改善。例如，用超導儲能技術使風力發電機組輸出電壓和頻率穩定。超導儲能系統 SMES（Superconducting Magnetic Energy Storage Systems）代表了柔性交流輸電的新技術方向，能吸收或者放出有功和無功功率，來快速回應電力系統需要。另外，飛輪儲能技術發展較為成熟，具有使用壽

命長、功率密度和儲能密度高、基本上不受充、放電次數的限制、安
裝維護方便、對環境無危害等優點。

3.6　風力機結構和空氣動力學

在機械結構方面，改進設計、避免或減少由於風的波動引起的有
害機械負荷，減少零組件所受的應力，從而減輕有關零組件及機組整
體的質量，進一步降低成本。改進機械結構的另一個動向是採用新型
整體式驅動系統，集主傳動軸、齒輪箱和偏航系統為一體。這樣就減
少了零組件數目，同時增強了傳動系統的剛性和強度，降低了安裝、
維護和保養的費用。

目前，風力機的槳葉葉型大多採用美國空軍的標準系列葉型：
NACA 系列或 63 系列，此種葉型具有很好的空氣動力性能。在實際
設計葉型時，應根據以下規則選擇：低速風力機多葉片，不需特殊葉
型升阻比（如葉片為彎板形狀）。高速風力機可採用較少葉片，應當
選用較高的葉型升阻比，以便得到很高的功率係數。風輪的工況與飛
機機翼的工況不同，風輪上風速分佈不均勻，造成風輪徑向受力不
均；風輪在旋轉過程中，當轉到上方與下方時，受力也不同，週期交
變；以及風速、風向的不穩定等，將引起風力機振動。葉尖處的空氣
擾動會產生雜訊，降低上述因素的不利影響，將是風電界要深入探討
的課題。

在風力機設計時需要確定一些參數，可採用確定風力機額定出力
或選用最大能量輸出來計算設計點。設計中占主導的風速，如果在實

際中這一風速不能得到充分利用，產生損失也就說明設計存在問題，
也就是風力機葉型設計有問題，這也是風力機的動力研究的本質。在
空氣動力方面最重要的發展是，研製新的風力機葉片葉型，以轉化更
多的風能，如美國國家可再生能源實驗室（NREL）開發了一種新型
葉片葉型，實驗證明，新型葉片比早期的風力機葉片轉化的風能要大
20% 以上。目前設計的葉片，最大風能利用係數約為 0.47 左右，而
風能利用係數的極限值是 0.593，可見在葉片葉型的改進上還有較大
的發展空間。採用柔性葉片也是一個發展動向，利用新型材料（如新
型工程塑膠等）進行設計製造，使其在風況變化時能夠相應改變它們
的型面，從而改善空氣動力回應和葉片受力狀況，增加可靠性和對風
能的轉化量。

另外，還在開發新的空氣動力控制裝置，如葉片上的副翼，它能
夠簡單、有效地限制轉子的旋轉速度，比機械煞車更可靠，並且費用
低。

3.7 風力機控制技術

由於空氣動力學的不確定性和發電機、電力電子裝置的複雜性，
風力發電系統模型的描述很困難。可能影響風力發電機組性能的誤差
源和不確定性，包括：雷諾數的變化，會引起 5% 的功率誤差；葉片
上的沉積物和下雨影響，可造成 20% 的功率變化；其他諸如老化、
大氣條件和電網等因素，在機組的能量轉換過程中，都會引起不同程
度的功率變化。因此，風力發電系統模型具有很強的非線性、不確定

性和多干擾等特點。所有基於某些有效系統模型的控制系統也僅適合
於某個特定的系統和一定的工作週期。風力發電機組通常佈置在風力
資源豐富的地區，如海島和邊遠地區，甚至海上，要求能夠無人值守
運行和遠端監控，這就對風力發電機組的控制系統可靠性提出了很高
的要求。

可以採用自適應控制器，以改善風力發電機組在較大運行範圍
中，功率係數的衰減特性。在自適應控制器中，通過測量系統的輸入
輸出值，即時估計出控制過程中的參數，因此控制器中的增益可調
節。在遇到干擾和電網不穩定時，自適應控制器比 PI 控制器有更多
優點。但即時參數的估計是其一個主要的缺點，因為它需要耗費大量
的時間。自適應控制器還需要一個參考模型，而建立一個精確的參考
模型是相當困難的。

模糊控制不需要精確的數學模型，可以高效地綜合專家經驗，具
有較好的動態性能。它基於模糊邏輯的智慧控制技術，最近幾年已被
引入風力發電機組控制領域，並受到重視。基於模糊控制和類神經網
路的智慧控制方案，用模糊控制調節電壓和功率，用類神經網路控制
槳距角及預測風輪氣動特性的細節，可參考有關專門文獻。這種方案
可以較好地滿足最大能量獲取，保證可靠運行和提供良好的發電質量
的控制目標。但是，類神經網路調節器是離線訓練的，當機組老化或
者運行條件變化時，難以較好地實現控制目標。對於高精度的控制問
題，模糊控制的效果也還不理想。

3.8　風電場優化

　　風電場建設應注意解決的主要問題包括：a.加強風能資源的區域勘察及重點風能調查，風力資源的優劣直接影響風力發電量，從而影響發電成本，在同樣條件下，年均風速 6 m/s 的風電場，發電成本比 6.5 m/s 的風電場高 8% 左右，比 7.5 m/s 的風電場高 14% 左右，比 8 m/s 的風電場高近 30% 左右，因此，認真做好風能資源的勘察非常重要；b. 風電場場址選擇，一般需要綜合考慮建設區內風資源類別、交通路況、建設區內有否鳥類遷徙路線或者鳥類遷徙目的地、周邊建築物分佈及電網構成等因素；c. 複雜地形條件下，風流風向的分佈分析及風力機的選點和選型；d. 風電場建設的工程設計和施工。

　　一般要求是，風力機年利用時間高於 2000 小時才有開發價值；年利用時間高於 2500 小時有良好開發價值；年利用時間高於 3000 小時為優秀風電場。

3.9　影響風電發展的其他因素

⑴雜訊、景觀　雜訊、景觀問題是影響部分國家風電發展的一個重要因素，如法國與西班牙風能資源豐富，而法國的風能發電能力還不足 100 MW。主要原因是這些國家對風能發電的宣傳力度不夠，公眾對風能發電破壞風景和產生雜訊的問題不清，產生誤解，從而影響政府決策。

⑵風電成本　1998 年，歐洲風輪直徑為 45 m風電機（額定功率為 600 kW）的滿功率發電小時數約 2500 h，發電成本測算為 0.43 元／(kW · h)。

　　中國風電成本測算得到的風電表態平均財務成本，在還本付息期內（1～7 年），風電平均成本為 0.551 元／(kW · h)。目前風電的使用期，平均總成本費用接近新投資的水電和火電，但為了償還貸款，在還貸期內的上網電價仍比一般電廠高出許多，因此，還需要政府支援和激勵政策。

⑶環境影響　在風電機製造過程或風電場土建施工中，沒有特殊要求的材料或加工技術。丹麥生產的大型風電機，其製造過程中所消耗的能源在投產運行後 3～4 個月內即可補償。現代風電機的設計壽命是 20～30 年。風電機報廢後，可按一般方法處理。風電機在製造和運行過程中不排放任何有害物質，因此對健康和生態沒有不利影響。風電對減排 CO_2 貢獻取決於它所替代的電量是用何種化石燃料生產的。丹麥 BTM 諮詢估計 2005 年當風電占世界總發電裝機的 10% 時，可減排 CO_2 14×10^8 t。

⑷實施障礙　開發風電最主要的是環境效益，需要具體的立法支援，把可再生能源的開發當成為一項國民社會義務。

　①風電上網電價過高問題　中國的實際情況是風電場很難保證投資者的利益及鼓勵風電場建設的積極性，簡單的辦法就是給風電定一個較高的上網價格，確保風電場投資者或開發商能償還貸款及利息。

　②政策問題　稅收方面只實行優惠的關稅政策，以推動風電機進口，而仍沒有任何關於風電增值稅和所得稅方面的優惠措施。風

電沒有火電的燃料進項抵扣，實際交納的增值稅比火電高。銀行方面沒有低息長期貸款，在7年的還貸期內，風電上網電價很高。而風電高於火電的價差，目前規定在省級電網內分攤，造成開發風電越多負擔越重。西部經濟落後地區，如新疆和內蒙古，已難以承受，沒有風能資源的省區卻無需負擔。

③體制問題　在目前體制下，如果缺少當地電管部門的支援，風能很難得到大規模發展。在風力發電行業內部，還沒有建立起有效的市場競爭機制。現在沒有足夠投資的原因，不是由於資金有限造成的，很大程度上是缺乏相應的投資政策和法規。

　　目前，風電的作用主要不是為滿足電量需求，而是提供了一條減排 CO_2 等溫室氣體比較經濟的手段。在一般能源並不短缺的情況下，只有減排壓力加大，風電才能得到更快發展。風電的社會效益比經濟效益更重要，因此，風電高於燃煤發電的價差應由全社會承擔。否則，風能資源豐富的省區開發風電越多負擔越重，而火電排汙嚴重而沒有風能資源的省區，又不承擔相應的清潔電源價差份額。

(5)政府扶持各國發展風電的經驗表明，政府政策扶持是重要的。

　　2000 年，德國制定了《可再生能源促進法》，該法規定，①擁有電網的電力供應公司，必須無條件接受風能、太陽能等各類可再生能源發電設備所生產的電力；②根據電力生產設備的技術條件、生產成本，政府規定各種類型再生能源的發電電價，並每3～4年調整一次；③從法律上規定的可再生能源的發電電價，保證經營者可得到一定的利潤，從而激發了人們開發可再生能源的熱情。

　　這樣投資一座風力發電場只需 7～8 年就可收回成本，而風力發電設備的使用壽命最少有 20 年，投資收益率很高，且沒有任何風

險。

　　法國、義大利等國也以德國的《可再生能源促進法》為藍本，制定了類似的法律。

　　中國方面，對風電已有部分優惠政策，包括以下幾方面。

①風電配額　制定出按一般火電污染排放量分配比例，由全國所有省區共同分攤的政策。

②風電上網電價　落實風電高於火電的價差攤到全省的平均銷售電價中。制定出按一般火電污染排放量分配比例，由全國所有省區共同分攤的政策。按地區具體情況定出風電最高上網電價的限制，並保持 10 年不變，促使業主充分利用資源，降低成本。

③售電增值稅　發電增加了新的稅源，建議參照小水電，核定風電銷售環節增值稅率為 6%。

④銀行貸款　為降低風電電價，減輕還貸壓力，建議適當延長風電還貸期限，還貸期（含建設期）增至 15 年；為風電專案提供貼息貸款。

⑤鼓勵採用國產化風電機　為採用國產化風電機的業主提供補貼和貼息貸款，補償開發商的風險，幫助初期國產化機組進入市場，得到批量生產和改進產品的機會，以利降低成本。

⑥建立市場機制　鼓勵私人投資和引進外資，參照海洋石油開發的方式制定有關風能資源開發特許權的法律法規。

第四章

風輪機設計

4.1　風輪機的基本理論

4.2　風輪機工程設計方法

4.3　風輪機模化設計方法

4.4　風輪機工程設計圖例

4.5　風輪機的設計與製造

4.6　風輪機材料

4.7　風力機優化和設計風速

　　風輪機是一種葉片式機械，風輪機的槳葉與機翼類似，可用機翼升力理論描述。風輪機的風能轉換有效性特性，用風能高速特性曲線來描述，風能利用係數相當葉輪機的效率，葉尖風速比相當葉輪機的速比，是風力機最重要的參數。

　　本章分析風輪機的基本原理，提出風能機工程設計的基本公式和計算實例。本章還提出工程設計的圖解圖，可以方便地依據設計風速，要求的功率計算風輪的直徑和風輪轉速等參數。

4.1　風輪機的基本理論

4.1.1　暫態風速、平均風速、風速頻率和風能玫瑰圖

　　風場的風速資料是設計風輪機最基本的資料。風場的實際風速是隨時間不斷變化的量，因此風速一般用暫態風速和平均風速來描述。暫態風速是短時間發生的實際風速，也稱有效風速，平均風速是一段較長時間內暫態風速的平均值。

　　某地一年內發生同一風速的小時數與全年小時數（8760 h）的比稱為該風速的風速頻率〔圖 4.1(a)〕，它是風能資源和風能電站研究報告的基本資料。風速與地形、地勢、高度、建築物等密切相關，風能槳葉高度處的風速才是風輪機設計風速，因此，設計風輪機電站還要有風速沿高度的變化資料，見圖 4.1(b)。

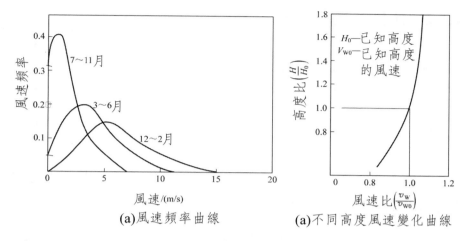

(a)風速頻率曲線　　　(a)不同高度風速變化曲線

圖 4.1　平均風速頻率圖

　　風的變化是隨機的，任一地點的風向、風速隨持續的時間而變動，為定量地衡量風力資源，通常用風能玫瑰圖來表示（圖 4.2）。圖上射線長度是某一方向上風速頻率和平均風速三次方的積，用以評估各方向的風能優勢。

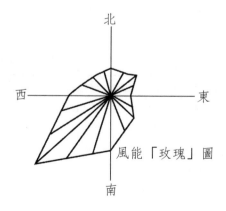

圖 4.2　風能玫瑰圖

4.1.2 風能、風的能量密度

風是空氣，空氣可視為理想氣體，滿足狀態方程式

$$pv = RT \tag{4.1}$$

根據空氣狀態方程可計算風場的空氣密度 ρ。空氣密度 ρ 與風的能量密度、風輪機功率成正比，是風力發電場計算的重要參數。

由狀態方程式 $pv = RT$，可求得空氣比容 $v = \dfrac{RT}{p}$ 及密度 $\rho = \dfrac{1}{v} = \dfrac{p}{RT}$。例如大氣溫度為 15 ℃、大氣壓力為 1 ata（1 ata $= 1.033 \times 10^4$ Pa）的空氣密度為

$$\rho = \frac{p}{RT} = \frac{1.033 \times 10^4}{29.3 \times 288} = 1.224 \ (\text{kg/m}^3)$$

不同海拔高度風場的空氣密度見表 4.1。

表 4.1　海拔高度與大氣壓、大氣密度關係（大氣溫度 15℃ = 288 K）

海拔 / m	大氣壓 / ($\times 10^5$ Pa)	v/(m³/kg)	ρ/(kg/m³)	海拔 / m	大氣壓 / ($\times 10^5$ Pa)	v/(m³/kg)	ρ/(kg/m³)
0	1.013	0.817	1.224	500	0.955	0.866	1.155
100	1.001	0.826	1.211	1000	0.899	0.920	1.087
200	0.989	0.836	1.196	1500	0.847	0.977	1.024
300	0.978	0.846	1.182	2000	0.797	1.038	0.963
400	0.966	0.857	1.167				

設風速為 v_w，$1m^3$ 空氣的動能為

$$E = \frac{1}{2} \rho v_w^2 \qquad (4.2)$$

每一平方米與空氣流速相垂直的截面上流過的空氣量 q 為 v_w，故風速為 v_w 的風其能量密度 E' 為

$$E' = Eq = Ev_w = \frac{1}{2} \rho v_w^3 \qquad (4.3)$$

風的能量密度 E' 是評定風輪機做功能力的關鍵參數（表 4.2）。由式（4.2）可知，風速 v_w 越高，風輪機可能提取的風能越大，且成三次方關係。

表 4.2　風速與能量密度關係

風速（v_w） / (m/s)	能量密度（E'） / (W/m^2)	風速（v_w） / (m/s)	能量密度（E'） / (W/m^2)
5	75	15	2025
10	600	20	4800

　　風能開發的可行性常用平均風能密度E'來評價風場的風能資源，用一天 24 小時的逐時風速資料，按 1 m/s 為間隔：1、2、3、…、20 等級風速（一般 3～20 m/s 的風速為有效風速），和各等級風速全年的累計小時 $N_1, N_2, \cdots, N_{20}$ 來計算。按年平均的風能密度由下式計算得出

$$\overline{E}' = \frac{\sum\limits_{i-1}^{i} \frac{1}{2} N_i \rho v_{wi}^3}{\sum\limits_{1-1}^{i} N} \qquad (4.4)$$

4.1.3 風能利用率

經風輪做功後的風也有一定流速和動能，因此風的能量只能被部分轉化為機械能。風輪前後流場見圖 4.3。

設 $\rho_a = \rho$，$p_C = p$，$v_{Wa} \approx v_{Wb} \approx v_{Wt}$

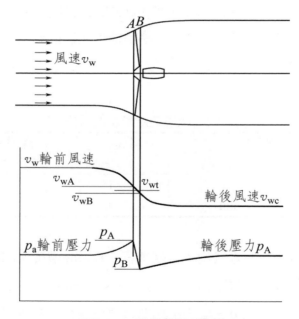

圖 4.3　風輪前後流場

由伯努利方程式 $\qquad \frac{1}{2}\rho\ (v_W^2 - v_{WC}^2) = p_a - p_b$ （4.5）

作用在風輪上的軸向力

$$F = A\ (p_a - p_b) = \frac{1}{2}\rho\ A\ (v_w^2 - v_{WC}^2) \qquad\qquad （4.6）$$

式中　A——槳葉掃過的面積，m^2，$A = \pi r^2$。

　　質量流量 $\qquad\qquad q_\mathrm{m} = \rho A v_\mathrm{Wt}$

由動量定理和上式可導得，槳葉中的平均風速等於輪前、輪後風速的平均值。

$$v_\mathrm{Wt} = \frac{1}{2}\ (v_\mathrm{W} + v_\mathrm{WC}) \qquad\qquad （4.7）$$

從風能中可能提取的能量 E' 是進出口風的動能差，並代入 q_m，v_Wt

$$\begin{aligned} E^* &= \frac{1}{2}q_\mathrm{m}v_\mathrm{W}^2 - \frac{1}{2}q_\mathrm{m}v_\mathrm{WC}^2 = \frac{1}{2}\rho A v_\mathrm{Wt}\ (v_\mathrm{W}^2 - v_\mathrm{WC}^2) \\ &= \frac{1}{4}\rho\ A\ (v_\mathrm{W} + v_\mathrm{WC})(v_\mathrm{W}^2 - v_\mathrm{WC}^2) \end{aligned} \qquad （4.8）$$

已知輸入風輪的能量為

$$E_\mathrm{in}^* = E'A = \frac{1}{2}\rho A v_\mathrm{W}^3 \qquad\qquad （4.9）$$

風能利用係數

$$C_P = \frac{\text{可能提取的風能}}{\text{輸入的風能}} = \frac{E^*}{E_{in}^*} \qquad (4.10)$$

可能提取的能量

$$E^* = C_P \times \frac{1}{2}\rho A v_W^3 \qquad (4.11)$$

代入各值得

$$C_P = \frac{0.25\rho A(v_W + v_{WC})(v_W^2 - v_{WC}^2)}{0.5\rho A v_W^3} \qquad (4.12)$$

令 $\qquad\qquad \dfrac{v_{WC}}{v_W} = a$

代入得風能利用係數

$$C_P = \frac{(1+a)(1-a^2)}{2} = f(v_W, v_{WC}) \qquad (4.13)$$

可由式（4.13）求得風輪機風能利用係數 C_P 的極值。

進口風速 v_w 是已知的，對 v_{wc} 求導，並令為零，$\dfrac{dC_P}{dv_{WC}} = 0$，求得風能利用係數 C_P 為極大值時的輪後風速

$$v_{WC} = \frac{v_W}{3}, \quad a = \frac{1}{3} \qquad (4.14)$$

風能利用係數 C_P 的極大值為

$$C_{P\,max} = 0.593 \qquad (4.15)$$

最大理想可能利用的風能為

$$E_{max}^* = 0.593 E_{in}^* = 0.593 \times \frac{1}{2}\rho A v_W^3 \qquad (4.16)$$

理想風輪機的能量密度

$$E'_{max} = 0.593 \times \frac{1}{2}\rho v_W^3 \qquad (4.17)$$

4.1.4 風輪機的槳葉設計

風輪機也是一種葉片機，風輪機的槳葉與機翼類似，可用機翼理論描述。風作用於槳葉上的力見圖 4.4。

槳葉很長，沿徑向圓周速度不同，在不同的槳葉截面上就有不同的來流相對速度，有不同的進口沖角，作用於槳葉上的力就不同〔圖 4.5(a)〕。為了在各槳葉截面上有最佳的沖角和產生最大的升力，沿高度槳葉做成扭曲的〔圖 4.5(b)〕，與汽輪機採用扭曲葉片相類似。

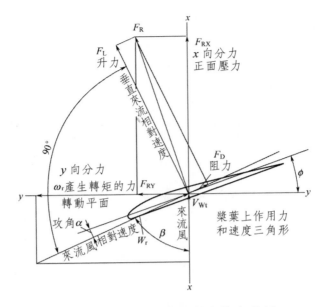

圖 4.4　風作用於槳葉上的力分析

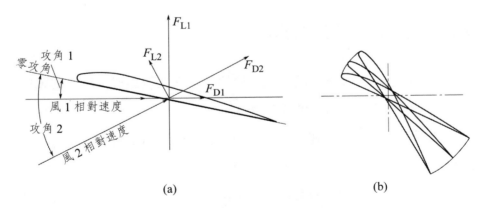

(a)   (b)

圖 4.5　不同的來流相對速度的風作用於槳葉上的力

由圖 4.5 可知，$\beta = 90° - \alpha - \phi$，作用於槳葉片的切向分力

$$F_{RX} = F_L \sin\beta + F_D \cos\beta \qquad (4.18)$$

作用於槳葉片的軸向分力

$$F_{RY} = F_L \cos\beta - F_D \sin\beta \qquad (4.19)$$

令阻力／升力比　　　$\dfrac{F_D}{F_L} = k$

則上兩式可改寫為

$$F_{RX} = F_L \sin\beta(1 + k\cot\beta) \qquad (4.20)$$

$$F_{RY} = F_L \cos\beta(1 - k\tan\beta) \qquad (4.21)$$

作用於槳葉上的有用功 $F_{RY}\omega_r$　　輸入功為 $F_{RX}v_W$

故槳葉效率為

$$\eta = \frac{F_{RY}\omega_r}{F_{RX}v_W} = \frac{F_L \cos\beta(1 - k\tan\beta)\omega_r}{F_L \sin\beta(1 + k\cot\beta)v_W} \qquad (4.22)$$

因 $u\sin\beta = \omega_r\cos\beta$（$v_W$ 一風速）（ω_r 為圓周速度）

$$\eta = \frac{1 - k\tan\beta}{1 + k\cot\beta} = \frac{1 - k\dfrac{\omega_r}{v_W}}{1 + k\dfrac{v_W}{\omega_r}} = f\!\left(k \text{ , } \frac{\omega_r}{v_W}\right) = f \text{ （槳葉型線阻升比，周速}$$

風速比） $\qquad (4.23)$

周速風速比 $\dfrac{\omega_r}{v_W}$ 是風輪機設計的重要參數，就像汽輪機設計中

的速比 $\dfrac{u}{C_0}$ 一樣，$\dfrac{\omega_r}{v_W}$ 增大，效率 η 開始增大，後來減小，有一最佳 $\left(\dfrac{\omega_r}{v_W}\right)_{opt}$ 。

4.1.5 風輪機的空氣動力特性

風輪機功率=轉矩（M）×角速度（ω），風輪機的功率又可表示為 $\dfrac{1}{2}A\rho v_W^3 C_P$ 。

所以有 $\qquad M \times \omega = \dfrac{1}{2}A\rho v_W^3 C_P$ （4.24）

於是有 $\qquad C_P = \dfrac{2M_\omega}{\rho A v_W^3}$ （4.25）

令葉尖速度比為 $\lambda = \dfrac{\omega_r}{v_W}$ （也稱風輪機高速特性數），$\omega = \dfrac{\lambda v_W}{r}$

因 $\omega = \dfrac{2\pi n}{60}$ ，代入

$$\lambda = \dfrac{\omega_r}{v_W} = \dfrac{\pi n r}{30 v_W} \qquad\qquad （4.26）$$

由式（4.25）$C_P = \dfrac{2M_\omega}{\rho A v_W^3}$ ，而 $\omega = \dfrac{\lambda v_W}{r}$ ，$A = \pi r^2$
代入 C_P 運算式

$$C_P = \frac{2M\omega}{\rho A v_W^3} = \frac{2M \dfrac{\lambda v_W}{r}}{\rho \pi r^2 v_W^3} = \frac{2M\lambda}{\pi r^3 \rho v_W^2} \qquad (4.27)$$

或者

$$\frac{C_P}{\lambda} = \frac{2M}{\pi r^3 \rho v_W^2} = \overline{M} \qquad (4.28)$$

式中，$\overline{M}$ 為無量網轉矩。

$C_P = f_1(\lambda)$，$\overline{M} = f_2(\lambda)$ 的關係曲線稱為風輪機空氣動力特性曲線（圖 4.6、圖 4.7），由模型試驗或理論計算得到。由特性曲線可方便比較各種風輪機的空氣動力特性，也是風輪機設計最重要的依據。

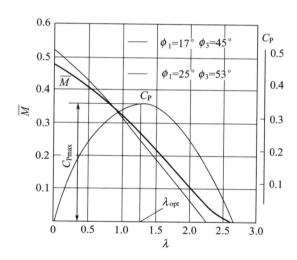

圖 4.6　多葉片風輪機空氣動力特性曲線

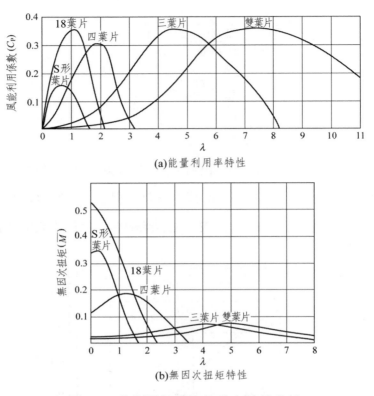

(a)能量利用率特性

(b)無因次扭矩特性

圖 4.7　典型風輪機空氣動力特性曲線

4.2　風輪機工程設計方法

用下列公式進行風輪機工程設計。

風輪機功率　　　　　$P = \dfrac{1}{2}\rho\pi r^2 v_W^3 C_P$　　　　　　　（4.29）

風輪半徑　　　　　　$r = \sqrt{\dfrac{2P}{\rho\pi v_W^3 C_P}}$　　　　　　　（4.30）

$$葉尖速度比 \quad \lambda = \frac{u}{v_W} = \frac{2\pi r n}{60 v_W} \tag{4.31}$$

$$風輪機轉速 \quad n = \frac{30 v_W \lambda}{\pi r} \tag{4.32}$$

式中　ρ ——空氣密度，kg/m^3，不同海拔高度的空氣密度見表 4.1。

(1)設計一台 1500 kW 風輪機已知設計風速為 13 m/s，風輪機高速特
　性曲線（圖 4.8）。風場風密度取 $\rho = 1.21$ kg/m^3。

　　按最佳風能利用係數設計，取三葉片。

由圖查得對應 $\lambda_{opt} = 5.8$ 的風能利用係數 $C_P = 0.44$。

由式（4.30）有

$$風輪半徑 \quad r = \sqrt{\frac{2P}{\rho \pi v_W^3 C_P}} = \sqrt{\frac{2 \times 1500000}{1.21 \times \pi \times 13^3 \times 0.44}} = 28.57 \quad (m)$$

風輪直徑　$D = 57.14$ m

由式（4.32）有風輪機轉速

$$n = \frac{30 v_W \lambda}{\pi r} = \frac{30 \times 13 \times 5.8}{\pi \times 28.57} = 25.2 \quad (r/min)$$

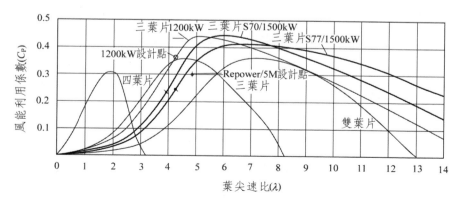

圖 4.8　風輪機高速特性曲線

(2)S70/1500 kW 風輪機優化設計　已知 S70/1500 kW 型風輪機的設計

風速為 13 m/s，額定功率為 1500 kW，轉子直徑 $D = 70$ m，設計轉

速為 14.8 r/min。風場風密度取 $\rho = 1.21$ kg/m³。

核算的高速特性數 $\lambda = 4.17$，風能利用係數 $C_P = 0.29$，小於最佳

$\lambda_{opt} = 5.8$ 和最大風能利用係數 $C_{Pmax} = 0.44$，風能沒有高效利用。

優化設計：根據最佳 $\lambda_{opt} = 5.8$，設計改進風輪轉速。

$$風輪機轉速 \quad n = \frac{30 v_W \lambda_{opt}}{\pi r} = \frac{30 \times 13 \times 5.8}{\pi \times 35} = 20.57 \ （r/min）$$

改進後的風力機功率

$$P^* = \frac{1}{2} \rho \pi r^2 v_W^3 C_P = \frac{1}{2} \times 1.21 \times \pi \times 35^2 \times 13^3 \times 0.44 = 2250 \,（kW）$$

同樣風速下，比原設計方案的功率增大 1.5 倍。

(3)設計一台 2500 kW 風輪機　已知設計風速為 15 m/s，風輪高速特

性曲線見圖 4.8。風場風密度取 $\rho = 1.21$ kg/m³。

按最佳風能利用係數設計，取三葉片。

由圖查得對應 $\lambda_{opt} = 7.0$ 的風能利用係數 $C_P = 0.43$。

$$r^2 = \frac{2P^*}{\rho \pi v_W^3 C_P} = \frac{2 \times 2500000}{1.21 \times \pi \times 15^3 \times 0.45} = 906.3 \ （m^2）$$

風輪機轉子半徑　　　　$r = 30.1$ m，風輪直徑 $D = 60.2$ m

$$風輪機轉速 \quad n = \frac{30 v_W \lambda}{\pi r} = \frac{30 \times 15 \times 7.0}{\pi \times 30.1} = 33.3 \ （r/min）$$

⑷N80/2500 kW 風輪機優化設計　已知 N80/2500 kW 型風輪機設計
風速為 15 m/s，額定功率為 2500 kW，轉子直徑 $D = 80$ m，設計轉
速為 15 r/min。風場風密度取 $\rho = 1.21$ kg/m^3。

核算的高速特性數 $\lambda = 4.19$，風能利用係數 $C_P = 0.241$，小於最
佳 $\lambda_{opt} = 7.0$ 和最大風能利用係數 $C_{Pmax} = 0.43$，風能沒有高效利用。

優化設計：根據最佳 $\lambda_{opt} = 7.0$，設計改進風輪轉速。

$$風輪機轉速 \qquad n = \frac{30 v_W \lambda_{opt}}{\pi r} = \frac{30 \times 15 \times 7.0}{\pi \times 40} = 25.1 \text{（r/min）}$$

改進後的風力機功率

$$P^* = \frac{1}{2} \rho \pi r^2 v_W^3 C_P = \frac{1}{2} \times 1.21 \times \pi \times 40^2 \times 15^3 \times 0.43 = 4413 \text{（kW）}$$

同樣風速下，比原設計方案的功率增大 1.77 倍。

⑸設計一台 5000 kW 風輪機　已知設計風速為 13 m/s，風輪高速特
性曲線見圖 4.8。風場風密度取 $\rho = 1.21$ kg/m^3。

按最佳風能利用係數設計，取三葉片。

由圖查得對應 $\lambda_{opt} = 7.5$ 的風能利用係數 $C_P = 0.43$。

$$r^2 = \frac{2P^*}{\rho \pi v_W^3 C_P} = \frac{2 \times 5000000}{1.21 \times \pi \times 13^3 \times 0.43} = 2785 \text{（m}^2\text{）}$$

風輪機轉子半徑 $r = 52.8$m，風輪直徑 $D = 105.6$m

$$風輪機轉速 \qquad n = \frac{30 v_W \lambda}{\pi r} = \frac{30 \times 13 \times 7.5}{\pi \times 52.8} = 17.6 \text{（r/min）}$$

⑹5M 風輪機優化設計　已知 5M 風輪機設計風速為 13 m/s，額定功

率為 5000 kW，轉子直徑 $D = 126$ m，設計轉速 9.5 r/min。風場風密度取 $\rho = 1.21$ kg/m³。

核算的高速特性數 $\lambda = 4.82$，風能利用係數 $C_P = 0.302$，小於最佳 $\lambda_{opt} = 7.5$ 和最大風能利用係數 $C_{Pmax} = 0.43$，風能沒有高效利用。

優化設計：根據最佳 $\lambda_{opt} = 7.5$，設計改進風輪轉速。

風輪機轉速　　$n = \dfrac{30 v_W \lambda_{opt}}{\pi r} = \dfrac{30 \times 13 \times 7.5}{\pi \times 63} = 14.78$ （r/min）

改進後的風力機功率

$$P^* = \frac{1}{2} \rho \pi r^2 v_W^3 C_P = \frac{1}{2} \times 1.21 \times \pi \times 63^2 \times 13^3 \times 0.43 = 7127 (\text{kW})$$

同樣風速下，比原設計方案的功率增大 1.43 倍。

(7)1000 kW 風力機的各種方案設計（表 4.3）

表 4.3　1000 kW 風力機各種方案

①不同海拔高度方案：三葉式風輪機，風速 15m/s，$\lambda_{opt} = 5.5$，$C_{Pmax} = 0.44$						
h/mm	0	100	300	500	1000	1500	2000
p_d/($\times 10^5$Pa)	1.013	1.001	0.978	0.955	0.899	0.847	0.797
ρ/(kg/m³)	1.224	1.211	1.182	1.155	1.087	1.024	0.963
r/m	18.71	18.82	19.04	19.27	19.86	20.46	21.10
n/(r/min)	42.11	41.86	41.38	40.88	39.67	38.51	37.33
②不同風速方案：h = 100m，15 ℃，$\rho = 1.211$ kg/m³，$\lambda_{opt} = 5.5$，$C_P = 0.44$						
V_W/(m/s)	6	8	10	13	15	17	
r/m	74.4	48.3	34.6	23.3	18.8	15.6	
n/(r/min)	4.24	8.70	15.18	29.30	41.91	57.23	

⑻600 kW 級風力機方案（表4.4）

表4.4　600kW 級風力機方案

h = 100 m，15 ℃，ρ = 1.211 kg/m³							
葉片數	3	3	3	3	3	3	3	3／金風方案
P/W	600000							
V_W/(m/s)	7	8	9	10	13	15	17	14
λ_{opt}	5.5／優化設計							3.60
C_{Pmax}	0.41／優化設計							0.247
r/m	47.36	38.76	32.49	27.74	18.71	15.10	12.51	21.6
n/(r/min)	7.76	10.84	14.55	18.93	36.49	52.17	71.37	22.3

⑼中國小功率風力機方案（表4.5）

表4.5　中國小功率風力機方案

h = 100m，15 ℃，ρ = 1.211 kg/m³						
葉片數	3	3	3	3	2	3	3
P/W	1000	1000	1000	2000	5000	55000	250000
製造	遼寧天峰	優化設計	優化設計	內蒙商都	內蒙商都	青島大華	廣東南澳
V_W/(m/s)	9	8	9	8	9	13	14
λ	6.58	7.20	7.2	4.58	7.94	3.12	3.93
C_P	0.343	0.400	0.400	0.131	0.294	0.219	0.307
r/m	1.45	1.60	1.34	2.8	3.5	7.75	12.5
n/(r/min)	390	344	462	125	195	50	42

4.3 風輪機模化設計方法

4.3.1 風輪機優化設計

風輪機風能利用係數 C_P 與葉尖速比 λ 有關，不同葉片數、不同葉片型的風能利用係數 C_P 曲線（或稱高速特性曲線）將有不同，見圖 4.9。

同一葉片的風能利用係數 C_P 曲線存在一個最佳值$[C_{Pmax}(\lambda_{opt})]$，對應最小進口攻角工況。葉尖速比 $\lambda = u/v_w$ 與汽輪機的速比 u/C_0 類似，λ 相同的速度三角形相似，有相同的氣動性能。

風輪機應按風能利用係數 C_P 曲線進行優化設計，選葉尖速比 $\lambda = \lambda_{opt}$，有最大的風能利用係數 $C_P = C_{Pmax}$。

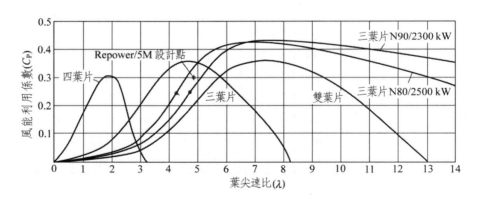

圖 4.9 風輪機高速特性曲線舉例

最優葉尖速比　$\lambda_{opt} = \dfrac{u}{v_{\mathrm{W}}} = \dfrac{2\pi r n}{60 v_{\mathrm{W}}}$ （4.33）

優化設計的風輪機轉速　$n = \dfrac{30 v_{\mathrm{W}} \lambda_{opt}}{\pi r}$ （4.34）

風輪機功率　$P = \dfrac{1}{2} \rho \pi r^2 v_{\mathrm{W}}^3 C_{\mathrm{Pmax}}$ （4.35）

風輪直徑　$D = 2 \times \sqrt{\dfrac{2P}{\rho \pi v_{\mathrm{W}}^3 C_{\mathrm{Pmax}}}}$ （4.36）

4.3.2　風輪機模化設計方法

⑴模型級特性　模化設計應有一系列模型風輪機和相應的風能利用係數 C_{P} 特性曲線如圖 4.10，圖 4.11 所示。

⑵風輪機模化設計　已知設計風速 V_{W} 和風場的空氣密度 ρ，用模化方法設計一台設計功率為 P 的風輪機。

　①選取模型風輪機，得到它的高速特性圖。

　②實物風輪機風輪直徑計算　由風輪機優化方法，選最優工況點

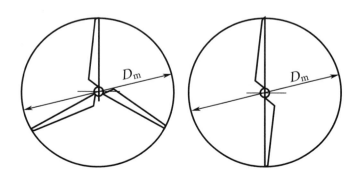

圖 4.10　模型風輪機

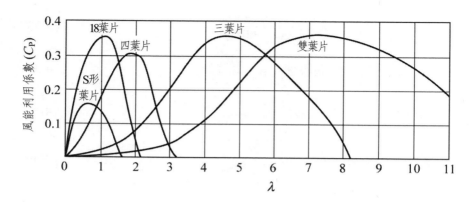

圖 4.11　模型風輪機 C_P 特性曲線

$\lambda = \lambda_{opt}$，$C_P = C_{Pmax}$，得到實物風輪機的風輪直徑 D_S

$$D_S = 2 \times \sqrt{\frac{2P}{\rho \pi v_W^3 C_{Pmax}}}$$

風輪機轉速 n_S

$$n_S = \frac{30 v_W \lambda_{opt}}{\pi r}$$

③實物風輪機尺寸設計　實物風輪機尺寸按幾何模化比 m_L 由模型風輪機尺寸得出（圖 4.12）。

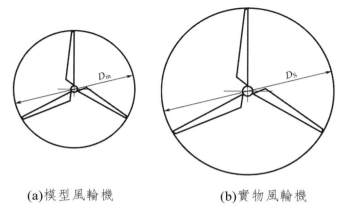

(a)模型風輪機　　　　　(b)實物風輪機

圖 4.12　模型風輪機和實物風輪機幾何相似

幾何模化比　　　　　　$m_L = \dfrac{D_S}{D_M}$　　　　　　（4.37）

實物風輪機尺寸　　　　$L_S = m_L L_m$　　　　　　　（4.38）

4.4　風輪機工程設計圖例

用上面的基本公式繪成圖 4.13，可以方便地對風輪機進行方案優化設計和核算現有風輪機的經濟性。

⑴風輪機方案優化設計　例如，優化設計一台 2500 kW 風輪機。設計風速為 15 m/s，風能利用係數 $C_P = 0.40$，取葉尖速比 $\lambda = 5.8$。

由設計功率 $P = 2500$ kW 在圖 4.13 之圖①，查得風輪機掃掠面積 $A(0.4) = 2552$ m²，再由圖②查得風輪直徑 $D = 57$ m，最後由圖③查得風輪機設計轉速 $n = 32$ r/min。

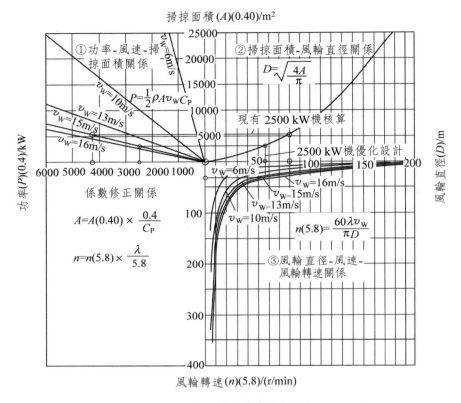

圖 4.13　1000～6000 kW 風輪機工程設計圖

(2)風輪機經濟性核算　例如，已知風輪機 N/80-2500，功率 $P = 2500$ kW，風輪直徑 $D = 80$ m，風輪轉速 $n = 15$ r/min。

由風輪直徑 $D = 80$ m 在圖 4.13 之圖②和圖①查得優化功率為 $P = 4300$ kW，風能利用係數約 $C_P = 0.233$。可見不是經濟設計，風能沒有得到高效利用。

下面是一些不同風輪機功率範圍的工程設計圖例（圖 4.14～圖 4.17），提供不同功率的風輪機進行方案設計用。

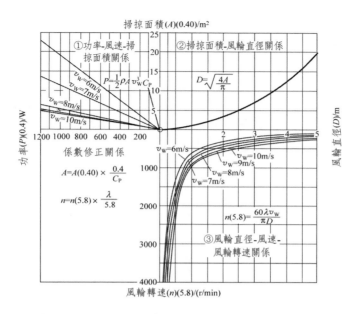

圖 4.14　100～1200 W 功率範圍風輪機設計圖

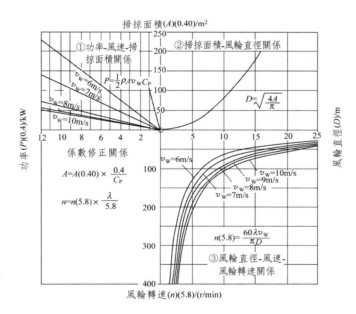

圖 4.15　1～12k W 功率範圍風輪機設計圖

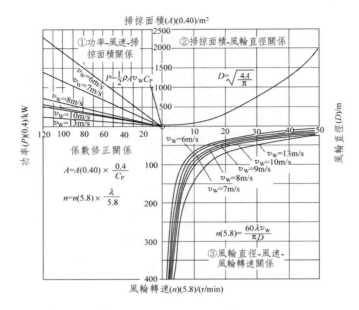

圖 4.16　10～120 kW 功率範圍風輪機設計圖

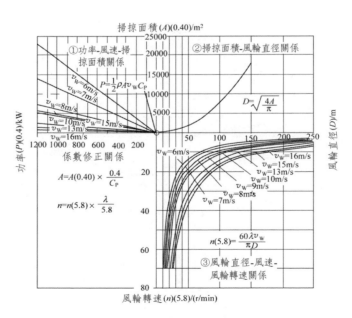

圖 4.17　100～1200 kW 功率範圍風輪機設計圖

4.5 風輪機的設計與製造

　　風輪機把風的動能通過風輪轉換成機械能，這種二次能量可採用不同的方式加以利用，如磨坊、提水、發電或其他可能的能量轉換方式。風輪機應儘可能設計完善，儘可能多地轉換能量，達到良好的經濟效益。

　　風輪機的設計是個多學科的問題，包括空氣動力學、機械學、數學、力學、計算數學、彈塑性力學、電力技術、動態技術、控制技術、測試技術以及風載荷特性等知識。

4.5.1 功率設計

　　目前市場上有多種型式的風力機，它們的功率大小和風速、風輪直徑有關。

　　圖 4.18 表示的是風輪機的輸出特性曲線（功率－轉速曲線），圖中的垂直線是恆轉速發電機特性曲線，隨風速增加功率增大。

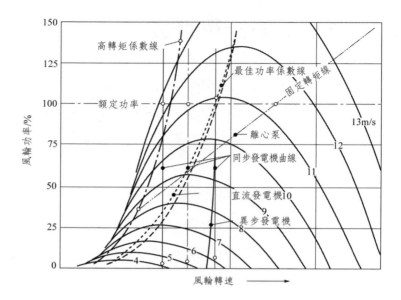

圖 4.18 風輪機功率－轉速曲線

圖 4.19 是風輪的功率與轉速的關係曲線。

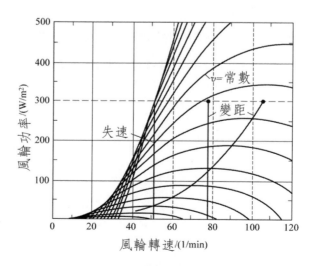

圖 4.19 風輪功率與轉速的關係曲線

變槳距風力發電機可在某一轉速下運行，並與風頻分佈相匹配得到最多的能量產出。而失速風力發電機卻不同，同等功率下，失速機必須是低轉速，從而產生較大的扭矩。變轉速風力機與恆轉速機相比更接近最佳運行情況，它的額定轉速會更高。

應避免葉片在很高的轉速上工作，當葉片速度達到 70～80 m/s 時，會產生很強的雜訊。許可的葉尖速度難於確定，可以用改變葉片空氣動力外形來降低雜訊。加大葉片寬度會降低轉速，使葉尖速度降低。

在實際應用中常以瑞利分佈來計算發電量，如計算風力機的功率等級在 100～1000 W/m^2 之間變化時的定轉速或變轉速運行的年發電量。每一功率下最佳轉速是不同的，瑞利分佈不同則年發電量不同，它既適於恆速運行機也適於變速運行機。當某一特定平均風速下，功率提高，最佳轉速提高，而發電量卻降低。原因是由於高風速區出現風速較少，能量未能得到充分利用。圖 4.20 所示是一台 25 m 輪轂中心高的風力發電機當功率變化時的年發電量變化。

無論變距機還是失速機，設計時都必須考慮年發電量，是設計時的最重要參數。

設計的另外一個問題是考慮轉子轉動慣量。在相同風輪直徑下，改變發電機功率有可能提高發電量。某一發電機功率對應一個最佳的轉速，轉速引起的轉子慣量對傳動力系、旋轉零組件影響大。改變轉速只有改變傳動軸和齒輪的結構。

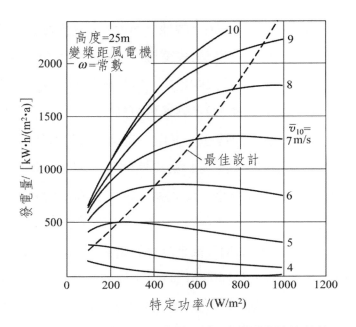

圖 4.20　恆轉速風力發電機功率—發電量特性曲線

對於特定的材料，轉子所受應力不能超出它的許用應力範圍

$$\sigma_{\text{zul}} = M/d^3 = 常數 \tag{4.39}$$

式中，d 是傳動軸直徑；M 是傳動力矩；σ_{zul} 應為常數，根據關係式 $M = P/\omega$，那麼兩個不同的轉速有

$$\frac{\omega_1}{\omega_2} = \frac{M_2}{M_1}\frac{P_1}{P_2} = d_2{}^3 d_1{}^3 \tag{4.40}$$

軸慣性矩隨直徑變化

$$\frac{m_2}{m_1} = \frac{d_2{}^2}{d_1{}^2} = \left[\frac{p_2}{p_1} \times \frac{\omega_1}{\omega_2} \right]^{\frac{2}{3}} \tag{4.41}$$

圖 4.21 是上述公式的圖解。300 W/m² 功率大小的失速風力機，從理論上說其旋轉零組件的質量要比恆速變槳機重 33%，比變速運行的風力機還要再重 13%。

這裡引入一個變數 x，代表風力機質量的變化，相應的公式

$$\frac{m_2}{m_1} = x\,(MF - 1) + 1 = \frac{k_2}{k_1} \tag{4.42}$$

式中，MF 是質量因數；k 是每台風力機造價。質量因數直接影響造價。圖 4.22 表示風力機功率變化，其費用變化的情況。其中風力機質量的大約 30% 是由轉動力矩變化引起的。

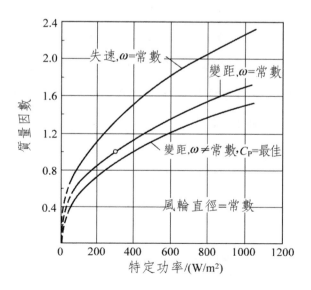

圖 4.21　質量因數與特定功率的關係曲線

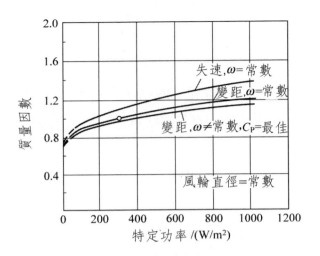

圖 4.22　費用係數與特定功率的關係

綜合圖 4.21 和圖 4.22 可得到每度電的成本，如圖 4.23 所示。

設功率為 300 W/m² 時，發電費用係數為 1，此圖也適於恆速變槳機。由圖 4.23 可看出，由於年平均風速的不同，費用係數將不同。且當風速提高時，最少費用係數的變化越平滑。當安裝地點的年平均風速越小時，就要考慮設計功率對費用的影響。

圖 4.23 表示在特定塔架高，350 W/m² 功率在年平均風速高於 5m/s，低於 7 m/s 時的發電成本。

由圖 4.23 可見，要比可達到的最低成本高 10%。當平均風速在 4～5 m/s 範圍變化時，設計的額定功率不要超過 200 W/m²。超過 7 m/s 時，功率要 600 W/m²。由此可見，4 m/s 年平均風速的風場發電成本要比 7 m/s 風電場高出 3.6 倍。

圖 4.23 所示是一台變槳風力發電機的情況，它也適於其他變槳機。

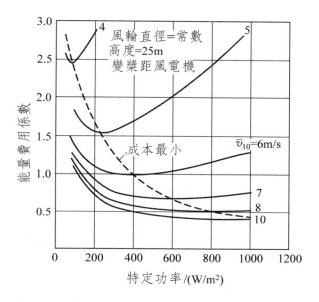

圖 4.23　能量費用係數與特定功率的關係曲線

　　圖 4.24 所示是三種不同型式風力機的對比情況。失速機作為參考機，取每一功率下的成本為 1，其他機以此為標準進行比較。從圖 4.24 中看出，變槳機比失速機費用高。這可以從結構中找出原因，比如變距機構增加的費用、變換器（變速機）的費用等。從風力機最佳設計原則，允許變距機的成本費用比失速機高 20% 也是經濟的。

　　風力機的運行最好是併入大電網。在風能占比例大的電網中，單台風力機有可能輸出功率是很低的，在低風速時已達到額定出力，其輸出功率保持恆定，顯然它很不經濟。所以上述關於風力機最佳功率設計原則，不適用於風能占比例大的電網運行條件。

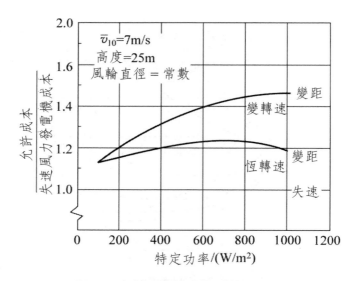

圖 4.24　允許成本隨功率變化曲線

　　在弱網中，最佳設計風力機功率應相應減少。在設計風力機時，要考慮電網的情況，考慮風力機是並入大電網，還是與柴油機聯合運行等情況。

　　理論上講，最佳功率設計還應考慮到概率統計關係。圖 4.25 表示一台風力機的額定功率與輪轂標高（塔架高）的變化關係。塔架高度增加，風速增加，功率也增加。提高風力機的塔架高度可提高發電量，塔架成本的增加與發電量增加相比，其增加幅度不大的設計是可取的。

　　圖 4.25 的曲線適於風速隨高度的增加遵循 1/7 法則的風場。在 10 m 高處的年平均風速為 6 m/s，大部分風力機利用時間為 2100～2500 h，額定功率的利用率是 0.29～0.23。從圖 4.25 中可以得到結論，即應選擇 400～500 W/m² 的功率。

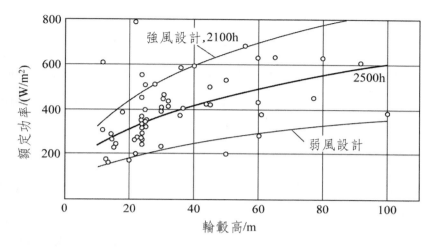

圖 4.25　功率與輪轂高的關係曲線

4.5.2　風輪設計

　　風輪是風力機轉換風能最關鍵的零組件，因此在設計時必須重視。風輪的費用約占風力機總造價的 20%～25%，而且它應該在20～30年的壽命期間內不更換。除了空氣動力設計外，還應確定葉片數、輪轂形式和葉片的結構等要素。

⑴葉片數　葉片數目應根據風力機的用途來確定，要得到很大輸出扭矩的風力機，就需要較大的葉片實度（較多的葉片數）。如美國早年的多葉片提水機，它以恆定的扭矩推動活塞泵，在低風時仍有較高的扭矩輸出。現在的風力機大多用於發電，風輪帶動的是高轉速的發電機。為避免齒輪箱過大，就希望風輪有儘可能高的轉速，葉片寬度、葉片數與轉速成反比。兩方面都應合理選擇，使葉片幾何形式和轉速都能合理。

選擇葉片數首先應考慮下面三個方面。

①提高葉片轉速就要減少葉片數，這樣可使齒輪箱速比減小，齒輪
箱的費用降低。大型風力機如採用 100 m 以上直徑時，如風輪
轉速很低，由於齒輪箱自鎖範圍的限制，就要求發電機是低轉速
的，由此成本提高，質量增加。

②減少葉片數可減少風輪成本。

③兩個或一個葉片的風輪可能產生鉸鏈葉片的懸掛式支撐（如鐘擺
式輪轂）。從結構成本角度看，1～2 個葉片比較合適，而 3 個
葉片的葉輪，葉片數不多，而且動平衡比較簡單，也是可取的。
風輪位於塔架軸支承的外端，在這個軸上相應的質量矩為

$$\theta_T = \theta_R + m_R a_R^2 \tag{4.43}$$

式中，m_R 是質量；a_R 是風輪質量中心到塔架軸支承之間的距
離。下標T是指相對於塔架軸的質量矩。

質量矩 θ_R 定義為

$$\theta_R = \int b^2 dm \tag{4.44}$$

式中，b 是微元質量；dm 是微元質量到相對軸的距離。

兩葉片的優點是葉片寬度小、實度小、轉速高。三葉片風輪也要
達到這樣高的轉速，每個葉片要做得很窄，從結構上可能無法實現。

兩葉片產生的空氣動力不平衡，可能使風輪機艙產生振動等問
題，可以透過改變輪轂結構來減少它們的影響。

　　單葉片將會產生更強的擺動和偏航運動，而且是在整個運行範圍內產生。雖然單葉片節省了材料，齒輪箱發電機的費用降低，但由於為解決上述問題而付出的代價，使得它的優點不突出，而且由於高轉速度會產生很強的雜訊，所以是並不可取的。

⑵輪轂　風輪輪轂用於傳遞風輪的力和力矩到後面的機構中，可採用特殊的葉片結構或葉根彈性連接，如鉸鏈聯軸節，或者直接傳遞給機艙。下面考慮三種結構的輪轂型式。

①固定輪轂　三葉片風輪大部分採用固定輪轂，因為它製造成本低、維護少、沒有磨損，但它要承受所有來自風輪的力和力矩，承受的風輪載荷高，後面的機械承載大。風輪全圓錐角結構如圖4.26 所示，旋轉中產生離心力F和軸向推力 S。風力機風輪一般採用圓錐體型式，在葉輪整個旋轉過程中，離心力和空氣動力產生的軸向推力是週期性變化的。

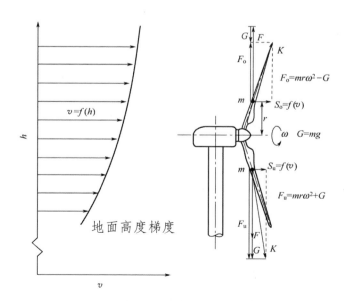

圖 4.26　風輪葉片離心力、軸向推力的關係曲線

②鉸鏈式輪轂　鉸鏈式輪轂常用於兩葉片葉輪，這是種半固定式輪
轂，鉸鏈軸與葉片長度方向及風輪軸垂直。像個半方向聯軸節，
如圖 4.27 所示。

兩葉片之間是固定連接的，可繞聯軸節活動。當來流變化或陣風
時，作用在葉片上的載荷使葉片離開原葉輪面，產生前後方位變化。

鉸鏈兩葉片風輪當葉片處於水平位置時，機艙的偏航並不會產生
葉片平面轉動，葉輪驅動力不起什麼作用。相對於塔架軸長度方向的
風輪推動力矩是由項 $m_R a^2$ 通過風輪質量中心點剛性零組件給出的。在
鉸鏈應用中，當風輪旋轉角變化時，推動力矩 $\theta_{B.Langs}$ 繞葉片軸向疊

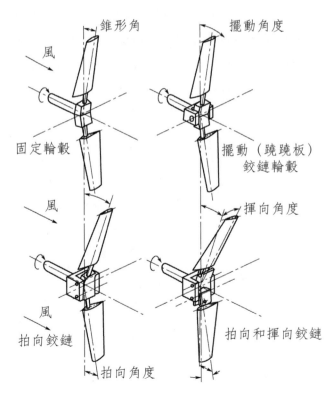

圖 4.27　不同的輪轂形式

加。兩葉片機艙偏航重力矩較小，與同樣質量的三葉片風輪比減少約20%。

鉸鏈軸應在葉輪的重心上，鉸鏈懸掛角度與風輪轉速有關，風輪轉動越慢，角度越大。懸掛角度的調節量$\delta_3\sigma$返回阻尼器起阻尼作用，當葉輪離開旋轉面，偏離懸掛角度，葉片安裝角將變化。部分葉片由於懸掛角度變化而升力降低，部分葉片升力提高，產生返回旋轉的力矩，產生阻尼使葉輪向回運動。

鉸鏈輪轂首先由 U.Hütter 在 20 世紀 50 年代提出，美國生產的91 m 直徑的 Maglarp 風力發電機就採用了這種結構。通過計算，可以得出高速運轉的葉片的臨界運行狀態。通過 Maglarp 風力機可看出，在高速區超過臨界轉速直到切出，鉸鏈被拉出。

③受力鉸鏈　葉輪上每個葉片都獨立地通過一種叫受力鉸鏈的裝置安裝在輪轂上，且與風輪軸方向垂直。由此每個葉片互不相關，在外力作用時自由活動。理論上，採用受力鉸鏈機構的風輪可保持恆速運行，葉片可單獨地運動。葉片在離心力和軸向推力的作用下，沿受力方向產生彎矩。由於受力鉸鏈可自由活動，離心力和轉動力矩必然平衡。

第二種受力鉸鏈輪轂是單個葉片通過一個鉸鏈相互連接，產生同時的扭曲運動，扭曲角度相同。此時，每個葉片不能自由受力矩變化，而是與它的角度及不同的受力有關。比固定輪轂所受力及力矩較小，而且所有的葉片產生一個平均的變動角度，鉸鏈及傳動機構的計算彼此相關。

這兩種鉸鏈輪轂型式相比，帶連桿的機構較好。它可傳遞不同的扭矩，相對設計，只產生很小的彎矩。優點是高速運轉中，離心零組

件很少，葉片可互相支撐，而且不在受力位置。不帶連桿的機構在運轉中，優點是在受力變化中，葉片的重力始終位於軸上。而單獨受力的葉片就不是這樣，葉片受外力隨時變化，受力位置也不同。葉輪質量沿葉輪軸向變化很大，產生週期性質量不平衡問題。

受力鉸鏈機構的缺點是造價高，維護費用高。20 世紀 40 年代在 1250 kV · A 功率、54 m 直徑的 Sminth Putnam（史密斯·普特南）風力機中，採用了活動受力的風輪。這種輪轂目前在多葉片式風輪中已不再採用了，在 MBB 單葉片式風力機設計中採用了受力鉸鏈機構。從原理上，它等同於懸掛輪轂，只有一個葉片，另一半不產生空氣動力。

④受力與活動鉸鏈　有一種叫受力活動鉸鏈機構的輪轂機構，它的活動輪轂的目的是避免葉輪自重產生的葉片合力矩。活動鉸鏈必須在風輪軸外，否則就不會產生旋轉力矩作用。葉片自重力矩與相應減少的離心力矩比要大，表現為很大的偏移，從而提高了葉輪軸向質量重心的變化。對於彈性塔架，由於地面廓線影響可能會產生風力機的破壞，這種兩葉片風輪在這種情況下是非常危險的。在 GROWIAN Ⅱ型風力機上，採用了這種機構。由運行結果看，受力產生了較大的變化，在風輪的整個旋轉過程中質量不平衡。鉸鏈中由軸承或彈簧構成，由球、柱軸承充當鉸鏈有嚴重缺陷，它總是以很小的旋轉角度運轉，並產生軌道和柱體很快的相對運動，彈簧可以在很小的轉角下工作。如懸掛輪轂在±（6°+10°）運動時，彈簧可通過彈性返回改變葉輪動態特性。

(3)風輪　風輪是風力機最關鍵的零組件。它比較大，承受風力載荷，又在地球引力場中運動，重力變化相當複雜。一台轉速為 60 r/min

的風輪，在它的 20 年壽命期內要轉動（3～5）億次，葉片由於自重而產生相同頻次的彎矩變化。每種葉片材料都存在疲勞問題，當載荷超過材料的固有疲勞特性，零件就會出現疲勞斷裂，它取決於受力次數。疲勞斷裂常從材料表面開始出現裂紋，然後深入到截面內部，最後零件徹底斷裂。

　　動態零組件的結構強度設計要充分考慮所用材料的疲勞特性，要了解葉片上產生的力和力矩，以及在運行條件下的風載荷情況。對其他受高載荷的零組件也是一樣，在受力的疊合處最危險。在這些力的集中處，載荷常很容易達到材料承受能力的極限。

　　葉片設計應按規範進行。

①允許變形規範　塔架幾何自由運動，在葉片變矩時產生儘可能微小的變形，避免控制系統的反作用，儘可能高的扭曲強度，避免擺動。

②固有頻率規範　葉片的固有頻率在受力扭矩方向上不得與轉速激振或它的各階諧波重合，葉片數成倍數的圓周頻率臨界共振頻率亦應避開。圖 4.28 是葉片固有頻率與葉輪轉速之間的關係。兩葉片風輪在 2Ω 處，三葉片風輪在 3Ω 處，是必須要避開的激振頻率。對於雙速風力發電機，其低轉速常在臨界轉速以下，高轉速常在臨界轉速以上，轉速的變化要穿過葉輪的固有頻率。

　　固有頻率規範是葉片的固有頻率應與風力機其他構件的固有頻率不同（塔架、拉索、機艙、控制系統等），以避免牽連振動。在計算葉片的固有頻率時，應考慮輪轂的剛性；由於離心力作用，在運行中葉片的彎曲固有頻率會提高。由於葉片柔軟，離心力產生了一個很大的回位力矩，使剛性提高，彎曲固有頻率會提高。

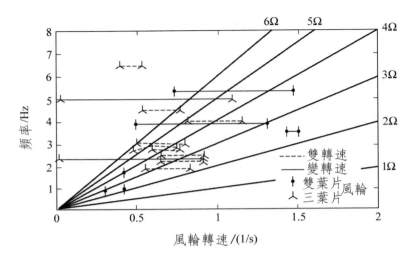

圖 4.28　葉片振動頻率圖

③型面中心點的位置　葉型重心、剛性中心、軸向推力中心的位置
　在變矩風力機中盡可能靠近葉片調整軸（一般在 1/4 位置），以
　避免在控制調節時出現不必要的反作用力（圖 4.29）。在失速風
　力機中，這一條件不重要。

④熱脹　葉片結構中常使用不同的材料，必須考慮材料熱脹係數，
　以避免溫度變化產生附加應力。

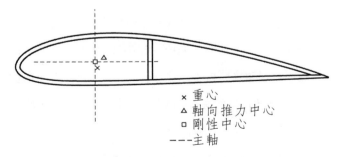

圖 4.29　翼形橫斷面重心、軸心推力中心、剛性中心

⑤積水　儘管葉片有很好的密封，葉片內部仍可能有冷凝水。為避免對葉片產生危害，必須把滲入的水放掉。可在葉尖打小孔，另一個小孔打在葉根頸部，形成葉片內部空間通道。但要注意，小孔一定要小，不然由於氣流從內向外滲流而產生功率損失，還可能產生雜訊。

在霜凍地區，風力機葉輪應不斷旋轉，使水在葉片內表面分散，不會在葉尖聚集而產生冰裂問題。靜風期葉片固定煞車應鬆掉。

⑥雷擊保護　對於導體（金屬）或半導體材料（碳纖維）設計應考慮雷擊，應可靠地將雷電從輪轂上引導下來，以避免由於葉片結構中很高的阻抗而出現破壞。

對於玻璃纖維強化聚酯樹脂複合材料（玻璃鋼）葉片，雷電影響可不必考慮，因為它是非導體。這種材料在加工中採用的是純水，其導電率很低，大多數這樣的葉片很少會受到雷電的影響。

⑦輕型葉片　葉片的質量完全取決於其結構形式，目前有兩種情況。傳統葉片由玻璃鋼製造，很重，而且相對粗糙，組裝技術簡單。某些生產廠尤其飛機製造廠生產的葉片多為輕型葉片，承載最佳而且很可靠。重葉片可能比輕葉片重 2～3 倍。見圖 4.30。

輕型結構葉片對變槳距風力機有很多優點：a. 在變距時驅動質量小，在很小的葉片機構動力下產生很高的調節速度；b. 減少風力機總重；c. 要求的固有頻率容易實現；d. 風輪機械剎車彎矩小；e. 週期振動彎矩力很小；f. 減少材料成本；g. 由於很小的轉動慣量，在 t/4 線上質量平衡容易實現；h. 運費減少；i. 便於安裝。缺點有：a. 葉片結構要求必須可靠，而且組裝費用高；b. 材料成本很高；c. 葉輪推動力小，風輪在陣風時反應很快，那麼要求功率調節也要快（適於失速

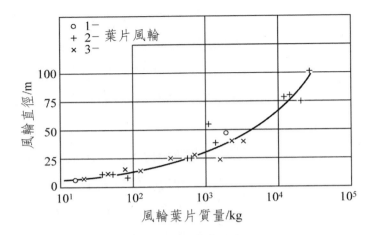

圖 4.30　特定風輪葉片質量

機）；d. 材料特性及載荷特性必須很準確，以免超載。

　　當前葉片多用玻璃纖維強化複合材料（GFRP），基本材料為聚酯樹脂或環氧樹脂。環氧樹脂性能比聚酯樹脂高 5 倍左右，疲勞特性好、收縮變形小。德國飛機製造中採用環氧樹脂，在風輪製造中也多採用環氧樹脂，其技術來源於滑翔機製造工業。其他國家，特別是丹麥、荷蘭的葉片廠家，一般採用較便宜的聚酯樹脂材料，它在固化時收縮大，在葉片的連接處存在潛在危險。由於收縮，在金屬材料與玻璃鋼之間會產生葉片裂紋。

⑧葉片載荷分析　葉片載荷來自運行和陣風，風輪結構承受的最大載荷設計時難於預先準確給出。受力分析對於安全運行十分重要，它有很多種情況，最多的情況是三維載荷。靜態和動態載荷在原理上是完全不同的。

　　a.靜載荷。

　　·最大受力狀態：百年中的最大陣風作為最大靜載荷值，此時

葉輪處於對風狀態,風力機處於緊急狀態,失速時安裝角為90°。變槳距風力機從安裝角處於升力最大時很快順槳。

- 最大彎曲狀態:水平軸風力機葉輪 90°角度,自重和驅動力在同一方向上。

- 最大扭曲狀態:截面來流(90°安裝角)以及最大陣風時,此時,升力中心點從 1/4 弦向葉片向 1/2 弦葉片中心滑動。

b.動載荷。

- 陣風頻譜的受力變形。

- 彎曲變化力矩,由於自重及切向升力產生的彎曲變形。

- 在最大轉速下,機械、空氣動力煞車、風輪煞車情況。

- 電網週期性及同期過程。

所有動態過程都與壽命有關,葉輪煞車無論是不經常的緊急煞車還是經常、正常運行過程的煞車,就像失速機機械煞車一樣,直到葉輪靜止。

圖 4.31 是 DEBRA-25 變槳機載荷測試結果。葉片是在圓錐角 7°的位置上,上面三條曲線由功率、葉片角度和葉輪轉速為縱座標。轉速從低速 33 r/min 變到高轉速 50 r/min 的過渡過程,葉片角度很快變化到最大。下面三條曲線表示的是,連續測試在振動方向上的彎曲力矩。此時,由於自重產生的彎曲力矩約 1400 N·m,葉片推動力矩在額定功率下約只有 7600 N·m。

圖 4.31 右側的曲線表示的是緊急關機時的過程和受力情況,葉輪單獨通過變距來煞車,葉片在這個過程中,通過一個彈簧受壓面順槳,而不是通過控制系統完成。這些測試資料是相對於單一運行過程的頻次統計的。

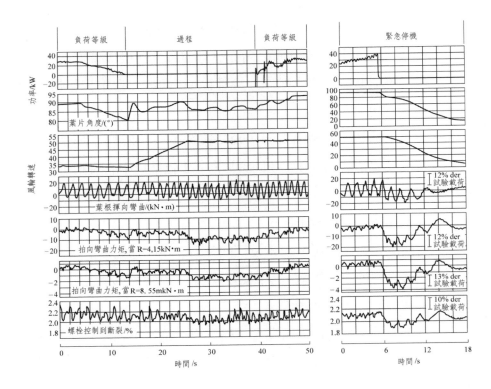

圖 4.31　測試的 DEBRA-25 葉片負荷圖

⑨葉片的結構　立軸風力機常用鋁擠壓葉片（圖 4.32），這種製造技術很適於等寬葉片。多個載面採用一個模具擠壓成型，葉寬最多到約 40 cm。

葉片結構主要有兩種加工方法，第一種是 D 型樑利用纏繞機進行纏繞，樑將兩半黏接起來（圖 4.33）。

另一種方法是樑作為空氣動力翼型的一部分，上下兩半手工製作，利用 C 型樑用兩半片黏接，用一個支撐架支撐，採用層狀結構。在樑上用玻璃纖維包上，使承受拉力和彎曲力矩達到最佳。葉片上下兩片採用編織結構，45° 交叉來承受扭矩。應安排好樑的重心，

圖 4.32　多孔結構鋁拉伸葉片

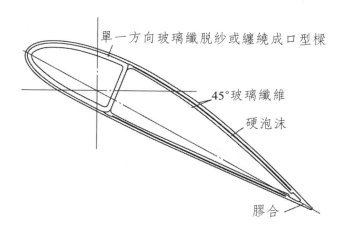

單一方向玻璃纖脫紗或纏繞成口型樑

45°玻璃纖維

硬泡沫

膠合

圖 4.33　帶D型樑的葉片結構

使支撐剛性點與重心占在 1/4 葉寬線上，三個點如不在 1/4 葉寬線上，就需配重。附加配重要小，避免凹凸不平，通過一個層狀結構（結構表面用 45°交叉玻璃纖維－硬泡沫結構）來實現（圖 4.34）。

　　在兩種結構中，C 型樑上下兩半在模具中，變形與纖維長度是相同的。經過收縮，三明治結構作支撐，兩半葉片牢固的黏合在一起。D 型樑變形，外殼同樣收縮，纏繞樑，最後兩個外殼一起黏合起來。

在前緣黏合面常重疊，使黏接面變大。在後緣黏接處，由於黏接角的產生而變堅固。由此在有扭曲變形時，黏接部分不會產生剪切損壞。

關鍵問題是法蘭連接，它將所有的力從葉片向輪轂傳遞。常用的有多種連接方式。如圖 4.35 所示。

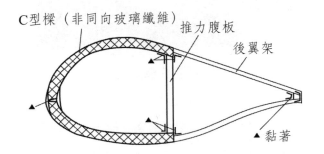

圖 4.34　C 型樑（DEBRA-25）葉片結構

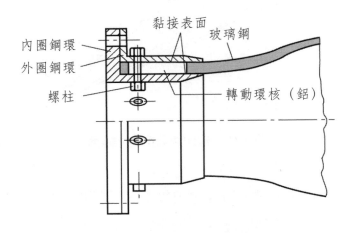

圖 4.35　雙面套連接，連續鋼環

4.5.3　齒輪箱和煞車機構

　　風輪將風的動能轉換成風輪軸上的機械能，然後這個能量要變成所需的其他能量形式。這種二次能量多數是電能，由高速旋轉的發電機轉換。由於葉尖速度的限制，風輪旋轉速度一般都很慢。一般大的風力機（直徑大於 100 m），轉速在 15 r/min 或更低；風輪直徑在 8 m 以下的風力機，轉速約為 200 r/min 或更高。為使發電機不太重，且極對數少，發電機轉速就相當高（1500～3000 r/min），那麼就必須要在風輪與發電機之間設置一個增速齒輪箱，把轉速提高，達到發電機的轉速。

　　煞車機構常用於安全系統，用在靜止或正常運行時，一般常採用機械的、電器的或空氣動力式煞車。形式不同，必須有很高的可靠性，使風輪快速回到靜止位置。

⑴齒輪箱　在風力發電機中，齒輪箱前端低速軸由風輪驅動，輸出端與發電機高速軸連接。一般常採用單級或多級正齒輪或行星齒輪增速箱。正齒輪增速箱對於主軸來說，高速軸要平移一定距離，由此機艙較寬。變距風力機，槳距位置調整要通過主軸到輪轂來實現。行星齒輪箱很緊湊，而且與斜齒齒輪箱相比成本低一些，它的效率在增速比相同時高一些。輸入軸（驅動軸）與輸出軸是同軸的，葉片變距，通過齒輪箱到輪轂就不容易實現。見圖 4.36。

　　齒輪箱以某種型式固定在機艙中。通過螺栓連接不要太緊，以便在靜載或振動時齒輪箱可滑動。

　　齒輪箱中有可能積水，特別是風力機在白天夜晚溫差大的地方。為避免對潤滑油和齒輪箱的影響，可加深齒輪箱，或在排油螺栓上加

圖 4.36　葉片變距從 DEBRA-25 齒輪箱中間穿過

橡皮塞，使積水在必要時能排掉。

　　浸油潤滑齒輪箱聯合縫不要低於油面，以免漏油污染機艙。

(2)機械煞車機構　一般有兩種煞車機構，一種是運行煞車機構，一種是緊急煞車機構。運行煞車機構指的是在正常情況下反覆的煞車，如失速機在切出時，風輪從運行轉速到靜止，需要一個機械煞車。緊急煞車機構一般只用在運行故障時，一般很少使用。兩種煞車機構常用於在維護時的風輪制動。近幾年來，廠家一般採用煞車片，有的設在齒輪箱高速側，有的在低速側。

　　失速機常用機械煞車機構，由於考慮安全性，煞車機構裝在低速軸上；變距機可裝在高速軸上，用於變距之後的緊急情況。

　　煞車系統應該按照保證故障安全的原則來設計。液壓、空氣動力

或電器煞車都要消耗電能，機械煞車機構的散熱以及定期維護也會損失電能。煞車片在運行煞車之前必須由感測器測其厚度，以保證風力機的安全性。

⑶空氣動力煞車機構　空氣動力煞車機構安裝在葉片上，與變距不同主要起限制功率的作用。它常用於失速機超速保護，此時機械煞車不能或不足以煞車時，它屬於機械煞車的補充系統。

　　與機械煞車不同，葉片空氣動力煞車不是使葉片完全靜止下來，而是使轉速限定在允許的範圍內。它通過葉片形狀的改變，使氣流受阻礙，如葉片部分旋轉 90°，產生阻力。有的採用降落傘，或在葉片的上面或下面加裝阻流板，達到空氣動力剎車的目的，如 45 m 直徑的 NEWECS 荷蘭風力機。空氣動力剎車系統作為第二個安全系統，常通過超速時的離心起作用，如圖 4.37 所示。阻流板、葉尖煞車按一定規律投入。在 30 m/s 風速時，葉片轉速提高到 2 倍額定轉速，離心力作用下空氣動力煞車投入。

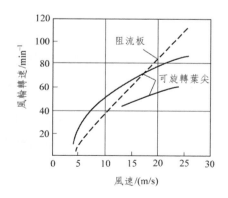
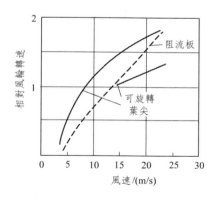

圖 4.37　空氣動力煞車特性

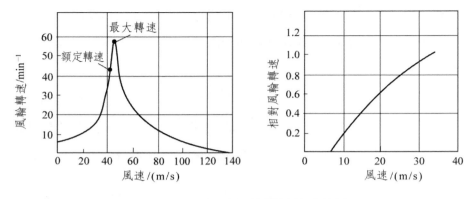

圖 4.38　不同風速下的風輪轉速特性

　　空氣動力煞車可以是可逆轉或不可逆轉的。在轉速下降時，空氣動力煞車能自動返回，可在某一運行範圍內來回作用。空氣動力煞車在並網機中作為二次安全系統，它的先期投入使得機械煞車不起作用。在這種情況下，煞車是不可逆轉的（圖 4.38）。

4.5.4　電器發電系統

　　風力機的能量轉換有三種不同的運行方式，風力機直接與強電網連接或間接與強電網連接，或與海島的柴油弱電網連接。

　①直接與強電網聯網　發電機可直接與電網並聯，風力機的風輪恆速（同步發電機）或接近恆速（非同步發電機）運行，硬聯網（圖 4.39）。

　　此時發電機勵磁由電網提供，風力機必須是功率調節，風能占很小比例時（強電網），電網總是吸收風電，在風能占較大比例時（弱電網），電網並不總是吸收風能，風力發電只是網功率的一部分（圖

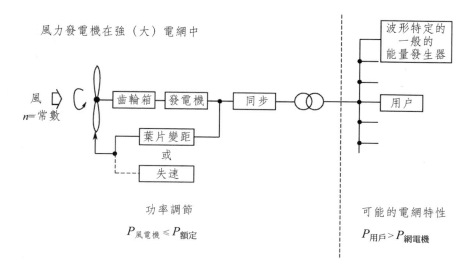

圖4.39　風力發電機直接入大電網

4.40）。

②與海島的柴油弱電網連接　常採用同步或直流發電機（非同步
機需要電網提供無功或電量補償），或採用進相同步發電機軟
並網。預先沒有電網，供電頻率則由風輪轉速決定。如圖 4.41
所示。

風力機必須變轉速運行，要求電網頻率儘可能變化小，或採用
一個無功負載（卸負荷）。槳距調節或轉速通過變相調節使風力機
處於失速，在這種情況下，需要電器煞車短時投入。電網並不總是
由風能滿足電的需求，不足的電能由儲能裝置（蓄電池、抽水蓄能
等）提供。

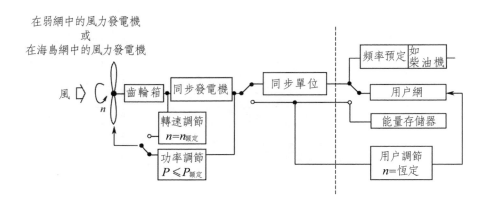

圖 4.40　風力發電機、柴油機聯網運行

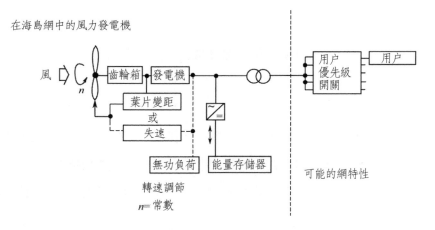

圖 4.41　風力發電機在海島網中運行

③間接並網　同步直流發電機通過逆變器並網，逆變器在電網中運行，風輪可變轉速並網，見圖 4.42。

發電機勵磁不是由電網提供，不存在非同步機的可能性。風力機必須是變速運行，功率依賴轉速。與電網連接的用戶，需要確定的條件，最高的電壓偏差允許 ±10%，頻率偏差 ±1%。用戶很多時，頻率 ±5%，電壓 −15%～+10%。

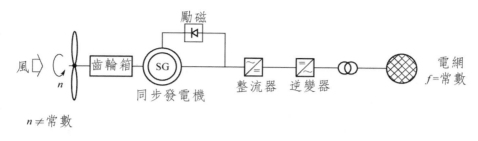

圖 4.42　通過逆變器間接並網的風力發電機

(1)同步發電機　同步發電機組可以用於單獨的電網，不需新的勵磁。

發電機沒有滑環，維護少，同步機直接與給定頻率電網連接，它的轉速有 −90°（馬達運行）和 +90°（發電機運行）相角運行。同步機變轉速（海島運行）運行，其頻率、電壓也隨著變。在額定轉速下，頻率和電壓達到額定值。見圖 4.43。

多台同步風力發電機組成的系統聯合發電，可能產生功率波動，那就需要抑制。見圖 4.44。

為避免這種情況，就要將每台風力機發電變成直流連接，共同提供直流。再由逆變器用靜態的（電子的）方式產生電網的頻率和交流諧波電流。由於是電網提供控制信號，可能會因諧波干擾電力系統運行，應在並網前濾掉這些諧波（主要是 5 次和 7 次諧波）。

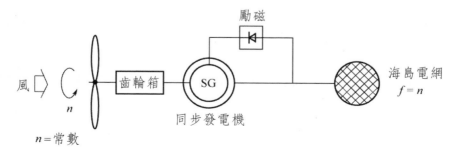

圖 4.43　海島電網風力發電機的同步發電機

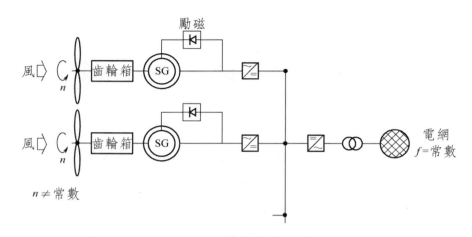

圖 4.44　直流聯網的風力發電機

(2)非同步發電機（圖 4.45）　非同步發電是簡單又便宜的發電方式。
市場上非同步電動機種類較多，與電網的同步簡單，它可以自己達
到同步轉速。它的功率隨旋轉磁場與轉子之間的負滑差提高而增
大，額定功率提高，額定滑差變小，在並網時較同步機的特性要硬
和更接近。當滑差為正時，發電機要從電網吸收功率，額定滑差是
在 0.5%～8% 之間，特殊結構可以提高滑差。

(3)雙工非同步發電機（圖 4.46）　雙工非同步機的目的是限制運行轉
速的變化，達到在陣風時有小的轉速變化，合理的轉速變化範圍應
該是約± 20% 的額定轉速。並入網的功率通過轉子的電流只是很
小一部分，這部分電流回流由頻率發生器提供。由一個調節器控
制，產生 50Hz 的電網電流與轉子電流的頻率差 $\Delta f = f - f_0$，這個頻
率 Δf 流動的電流是在轉子的滑環上。在陣風時，超過允許轉速偏
差，風力機風輪就必須透過變槳，使其回復到允許範圍。轉子的電
流越大，頻率差 Δf 越大。

(4)超同步電流串聯發電機　同步發電機內由一個超同步電流串聯器提

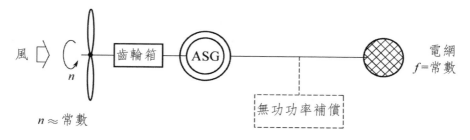

圖 4.45　電網中的非同步發電機

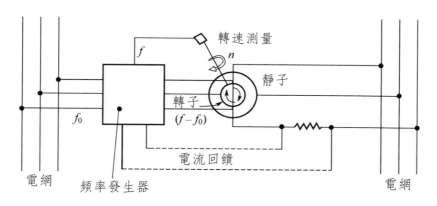

圖 4.46　雙工非同步發電機原理接線圖

供勵磁，有點像雙工非同步發電機。在某一限定範圍內，轉速可以變化，運行範圍在額定轉速以上約 30%，有和雙工非同步機相同的轉速差。

　　這種系統由西班牙—德國共同研製，在 AWEC-60、1.2MW、60 m 直徑的風力發電機上應用過。

(5)逆變器（圖 4.47）　軟並網需要逆變系統，它允許轉速為 0.5～1.2 倍發電機的額定轉速。它由一台同步發電機產生交流變化的電壓頻率，然後變成直流，再由逆變器變成需要的電壓頻率。系統工作在一個無限大的電網中，所以逆變器頻率由電網拖動。

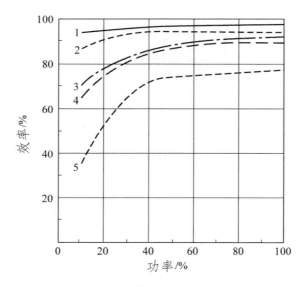

圖 4.47　不同逆變器損失與功率關係

註解：1-400kV・A，電網控制靜態逆變器；
2-40kV・A，電網控制靜態逆變器；
3-40kV・A，自控靜態逆變器；
4-50kV・A，電網控制；
5-40kV・A，旋轉逆變器。

4.5.5　機艙和對風控制

⑴機艙　機艙內一般包括參與能量轉換的全部機械零組件，水平軸風力機在塔架上面通過軸承隨風向旋轉。機艙多為鑄鐵結構，自支撐焊接結構。大型機的風輪軸承、齒輪箱、發電機、維護裝置等常安裝在同一個機艙內（圖 4.48）。

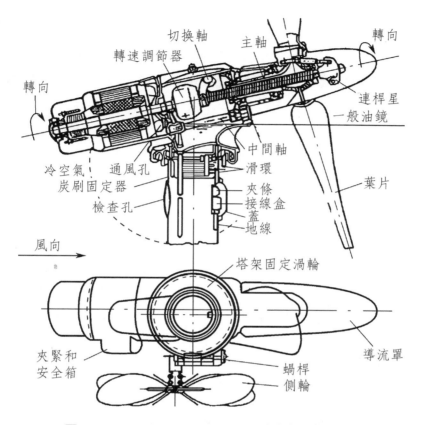

圖 4.48　WE-10 Allgaier WE-10 集成型機艙結構

(2)對風控制　下面是各種機艙對風方案。

　①風輪自動對風　通過風輪氣動中心與塔架中心的偏心來完成。這
　　種對風裝置有可能是上風向的，也有可能是下風向的。上風向的
　　對風與下風向一樣不強制。這種對風方式是由風輪轉動時，產生
　　的回位偏航力矩完成對風的（圖 4.49）。對靜止的風輪，在小風
　　時，風輪啟動對風就需要一個外力。應注意的是，三個或三個以
　　上的葉片運行雜訊小，對風也較平穩。而單個或兩個葉片，在旋

轉過程中風輪力矩變化較大，對風不穩定。自動對風的一個優點
是機艙和塔架扭矩連接，由於機艙偏航力矩不會產生扭矩振動激
勵。缺點是機艙很快對風，當風輪轉速很高時，由於陀螺力矩而
增加了載荷（圖 4.50）。

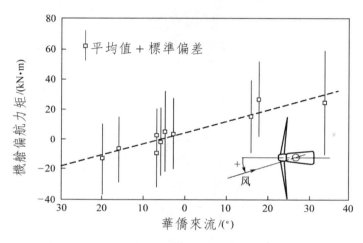

圖 4.49　Nibe B 機艙偏航力矩及在不同傾斜來流角度時的標準差

圖 4.50　自動對風機艙，塔架下風向風輪

②尾舵對風（圖 4.51）　常用於小型風力機，尾舵也可用於功率調節。由側偏以及尾舵上升達到調速的目的。在大風時，風輪受風的正面壓力向後轉動，此時不同於傾斜來流。這種調速機械在塔架上不會產生力矩激勵，而風輪的受力由機艙承擔。尾舵使風輪對風快，但在風輪轉速高時會產生陀螺力矩。

③強制推動對風（圖 4.52）　目前多數風力機採用這種對風方式。側輪方式，其軸與風輪軸垂直佈置，但有傾斜來流時，風產生轉矩，通過很高變化的齒輪箱使機艙轉動，直到風輪軸與風向重新平行。此時，側輪上不再有力矩。側輪中常採用渦輪—渦桿機構，達到很高的變化，且間隙小，但造價高。由於間隙小的特點，可設計成機艙角度煞車。這種對風裝置沒有外力推動，風力機並網還是解列時都能對風。不同風力機測試表明，只使用一個

圖 4.51　由尾舵控制機艙對風

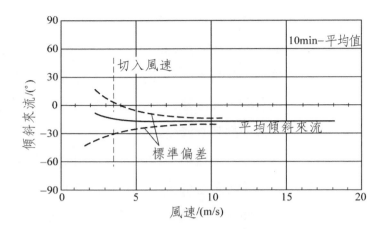

圖 4.52 DEBRA-25 側輪對風準確性

側輪時（古老的荷蘭風車有兩個側輪），風輪總是處於與風向傾斜位置上。實際上由於機艙的阻礙，來流對於側輪來說不平衡，槳葉與來流方向不一致。

④電氣、液壓推動對風　這種機構採用齒輪傳動機構作為外加推動力來對風，在大、中型風力機中使用，造價不是很高。齒輪傳動機構包括有內圈小齒輪、外圈齒輪，屬於齒輪嚙合，比渦輪機構造價便宜。正齒輪嚙合簡單，但間隙比雙蝸桿機構大很多倍。齒輪直徑越大，在完全相同齒輪間隙下，角度間隙就越大。這樣機艙旋轉間隙，由於塔架來回動作產生附加的載荷而很快磨損。

一般採用一個或多個煞車，當一個對風位置達到後，用對風機構煞住，扭矩直接由機艙傳給塔架。對風推動力小，風輪和機艙的陀螺力矩也會相應小些。風輪傾斜力矩 M_{Ry} 沿機艙 y 軸方向，陀螺力矩定義為

$$M_{Ry} = J_P \omega_R \omega_A \qquad\qquad (4.45)$$

式中，J_P 是極慣性矩；ω_R 是風輪角速度；ω_A 是機艙角速度。

4.5.6 塔架

水平軸風力機設計中必須有塔架，它與其靜動態特性有關。塔架結構有兩種，一種是無拉索的，一種是有拉索的。無拉索的塔架採用桁架和圓筒結構，矗立在混凝土基礎中心；有拉索的塔架採用方型佈置，拉索固定在四周的基礎塊上。塔架的高度根據風輪直徑確定，而且要考慮安裝地點附近的障礙物。

塔架高度根據風輪直徑來確定，而且要考慮安裝地點附近的障礙物。塔架增高，風速提高，發電量提高，但塔架費用也相應提高。兩者費用的提高比決定經濟性，同時還應考慮安裝運輸問題。圖 4.53

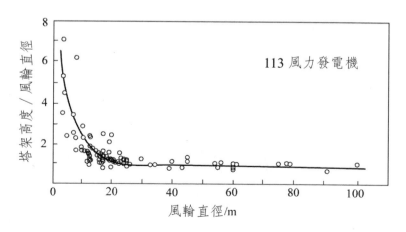

圖 4.53　風力發電機相對塔架高度

表示的是塔架高度與風輪直徑的關係。圖 4.53 中表明，直徑小，相對塔架高度增加，小風力機受周圍環境影響較大，塔架高一些，以便在風速穩定的高度上運行，而且受交變載荷擾動，風剪切都要小一些。25 m 直徑以上的風力機，其塔架高度與直徑是 1：1 的關係，大型風力機會更高一些，風力機的安裝費用也會有很大的提高。吊車要把 1000 kN 的重力吊到 60 m 高處，不只是安裝困難，費用也會提高（圖 4.54）。

在靜動態特性中，拉線結構的塔架質量較輕，而圓筒式塔架要重得多。圖 4.55 是幾種塔架型式的材料、剛性、質量的對比情況。鋼結構塔架質量雖大，但安裝和基礎費用並不高，其基礎結構簡單、占地小，安裝工作由廠家直接負責；拉索式結構質量輕、運輸方便，但組裝、安裝費用高，基礎費用也高一些。

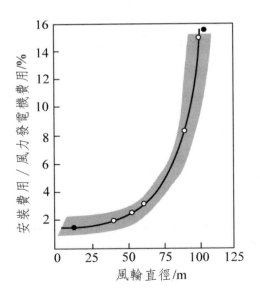

圖 4.54　塔架高度與安裝

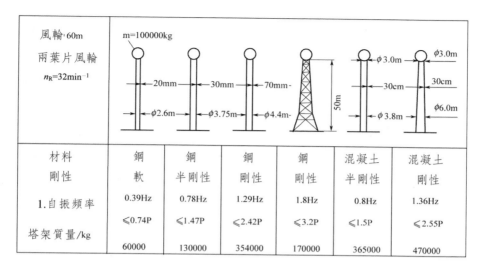

圖 4.55　塔架材料質量和剛性對比

材料 剛性	鋼 軟	鋼 半剛性	鋼 剛性	鋼 剛性	混凝土 半剛性	混凝土 剛性
1.自振頻率	0.39Hz	0.78Hz	1.29Hz	1.8Hz	0.8Hz	1.36Hz
塔架質量/kg	≤0.74P	≤1.47P	≤2.42P	≤3.2P	≤1.5P	≤2.55P
	60000	130000	354000	170000	365000	470000

中、小型風力機塔架多採用鋼材料，大型機由於剛性原理，也有採用混凝土結構的，原因是大型機塔架運輸困難，混凝土結構可在當地施工。由於彎矩由塔架自上而下增加，筒狀塔架常做成錐型或直徑幾級變化式，以減少質量。

恆速風力機或靠轉速滑差的發電機，塔架的固有頻率應在轉速激勵之外。變速機允許在整個轉速範圍內輸出功率，但不能在塔架自振頻率上長期運行。風力機啟動運行時，轉速應儘快穿過共振區。半剛性和剛性塔架在風輪超速時，葉片數倍頻和衝擊，不能產生對塔架的激勵和共振。

圓柱塔架的固有頻率受風輪及機艙質量的影響，可用下式近似計算

$$f = \frac{1}{2\pi} \sqrt{g/s} \qquad (4.46)$$

式中，g 是重力加速度（9.81 m/s^2）；s 是塔架上端由於受塔架
自身質量的彎矩距離。假定塔架水平放置的情況見圖 4.56。

彎曲變形根據下式可計算

$$s = \frac{mg}{EI_x} \times \frac{l^3}{3} \qquad (4.47)$$

式中，I_x 是圓柱斷面上的慣性矩。圓型管 I_x 為

$$I_x = \pi \frac{D^4 - d^4}{64} \approx 0.05 \times (D^4 - d^4) \qquad (4.48)$$

式中，D 是圓筒外徑；d 為圓筒內徑。鋼的彈性模數為

$$E = 2.1 \times 10^{11} \text{ N/m}^2$$

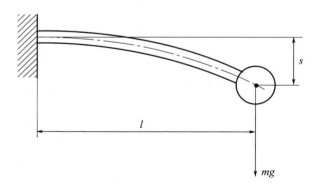

圖 4.56　機頭質量影響下塔架持續彎曲的確定

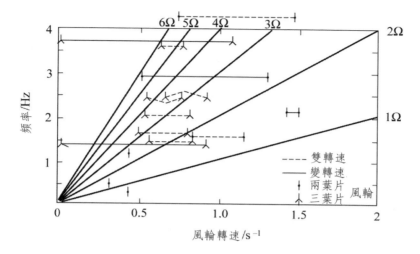

圖 4.57　不同葉片速度下塔架固有頻率與風輪轉速的關係

圖 4.57 提出了各種風力機塔架固有頻率與風輪轉速的關係。

在塔架設計中應考慮的重點是，有效高度、塔架的結構型式、機艙的佈置、風輪的維護、運輸、安裝方式等。

4.5.7　動態振動設計

風輪塔架以及風力機可作為一個彈性體系統，由驅動系統、機艙系統、變距系統和對風裝置等組成，這些系統會產生動態和空氣動力載荷，在設計中必須認真考慮。

首先應考慮的是風力機動態穩定性問題，這裡主要分析水平軸風力機。圖 4.58 是葉片、機艙、塔架的實際運動情況。

考慮每一個零組件在給定運動方向上的振動特性，即其自振頻率以及它的全部倍頻（高次振動），在運行中都不能產生共振。所有力

在風輪轉動過程中呈週期性變化，風輪旋轉產生激振力頻率，可能產生某一頻率的激振與零組件的固有頻率吻合，就會產生共振。圖 4.59 所示是水平軸、立軸風力機塔架、葉片、風輪的各種振型。

　　風力機的動態穩定性由頻響圖來判定，見圖 4.60。

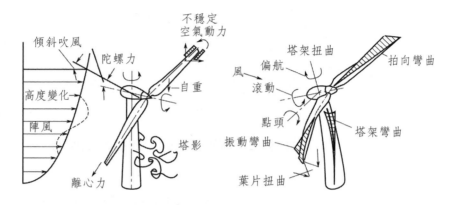

圖 4.58　水平軸風力發電機的受力、運動和變形情況

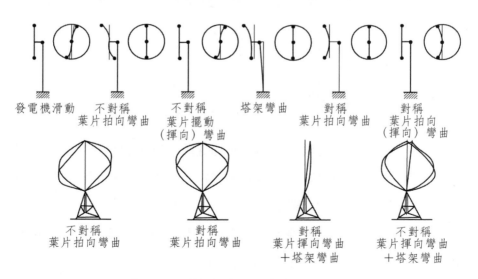

圖 4.59　塔架、葉片和風輪理論振型

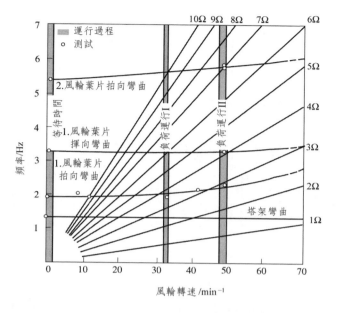

圖 4.60　水平軸風力發電機理論振動頻響圖

　　在頻響圖中表示的是所涉及零組件（風輪、塔架）的自振頻率和高次諧振頻率與無量網風輪轉速的關係。過座標原點的斜線表示的是葉片頻率的整數倍。一台恆轉速風力機可通過垂直線來描述。零組件的固有頻率或高次振動是水平線。為了避免共振，固有頻率和轉速的交點不能在斜線上相交，如 1Ω 或它的葉片倍數（3 葉片 3Ω），葉片高次諧振變得不很重要。葉片自振頻率，特別是水平軸風力機與轉速有關，隨離心力增加而提高，在頻響圖上表現為有點向上彎曲。葉片在離心方向上產生位移，回位力作用在葉片上，這一過程使葉片剛性提高。

　　由於葉片位移很大而剛性增加很多，總的來說葉片剛性提高了。為了得到系統的穩定運行，每一零組件的固有頻率都應離開激振頻率的 20%。過零點的振動曲線從左到右轉速增加，直到通過共振點，然

後穩定下來。從開始振動到最大振動約 7 秒，幅值是開始振動時的 4
倍。測試一台風力機的振動特性，需要應變片和加速度計進行分析。
圖 4.61 表示的幾個尖峰是風輪轉速頻率的倍數，對於不同零組件的自
振頻率，曲線尖峰值與零值相距越近，振動過程中阻尼值越小，即振

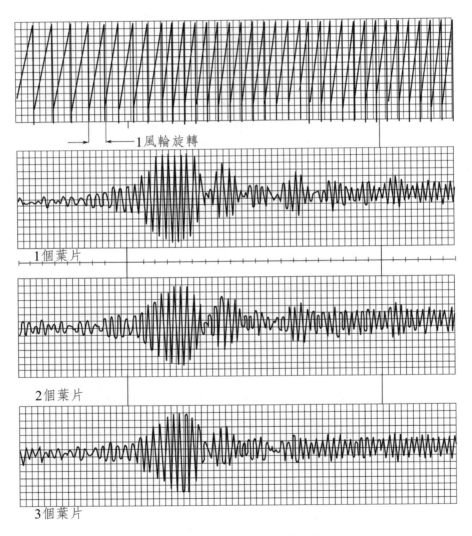

圖 4.61　風輪葉片頻響測試圖

動加劇。

在固有頻率附近，可能會產生很高頻率振動的激振。圖 4.62 表示的是與電網同步時的葉尖高頻振動。在兩葉片風力機中，與電網同步時，由加速度計在葉尖測得，這種高頻振動由於很高的空氣動力的阻力而減弱。這種振動對葉根不會產生影響，而只對葉尖有影響。除零組件振動外，有可能產生一些受迫振動而產生載荷，比如，葉片調槳時產生的共振而產生功率的波動。由於轉矩傳遞到發電機上而產生功率的振動回應，由於風輪軸向力的變化，在塔架上會產生彎曲振動，除自振頻率外，還會增加幾何變形。有時由於超過允許最大力矩範圍，安全系統會使運行中斷。由於陣風下降，振動會減弱。

動態設計及穩定性測試包括運行轉速範圍、故障時最大的風輪轉速、塔架的剛性、塔架的扭曲固有頻率、葉片固有頻率、葉片調槳的固有頻率、傳動力系的固有頻率、零組件固有頻率的檢測。

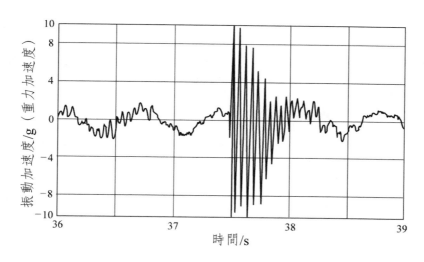

圖 4.62　與電網同步時的葉尖高頻振動

$(g = 9.8 \text{ m/s}^2)$

4.5.8　功率和轉速調節

　　風力機必須有一套控制系統來限制功率和轉速，使風力機在大風或故障過載荷時得到保護。隨著風力機容量增大，相應的安全系統的費用提高，結構過載的範圍也就越小。只有在這些保護功能的作用下，才能輸出良好的電能，如避免功率波動以及產生與電網一致的頻率。

　　當風速達到某一值時，風力機達到額定功率。自然風的速度變化常會超過這一風速，在正常運行時，不是限制結構載荷的大小，而是超載發電機過熱的問題，發電機廠家一般會提出發電機過載的能力。控制系統允許發電機短時過載，但絕不能長時間或經常過載。相反，發電機正常運行時，直接並網風力機的平均輸出功率變化較大。發電機常在較高溫度下運行，這就需要了解發電機廠家提供的恆定功率下對運行溫度的要求。

　　轉速控制與功率控制不同，調節功率固定，相應的轉速不會變，發電機頻率由電網直接控制。無論是同步還是非同步發電機，功率與轉速都有對應變化的關係，就必須控制轉速以避免超速（圖4.63）。

　　控制系統應考慮以下幾點。

①頻率由電網拖動的風力機　與電網同步運行的功率調節和監測，轉速調節和監視。

②獨立運行的風力機　所有運行狀態下轉速調節和監視，由逆變器或負荷調節器限制最大設定功率。

③並網運行的風力機　除功率控制外，還必須有一個轉速的監視，避免與電網轉速脫開。

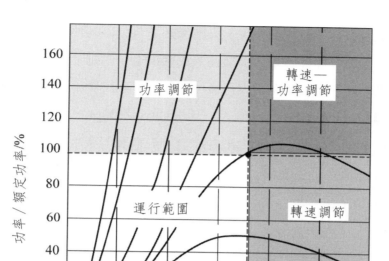

圖 4.63　風力發電機功率－轉速特性曲線

　　有兩種控制功率的辦法，它們是採用空氣動力方法進行控制的。一種是變槳距通過翼型攻角變化、升力變化來調節；一種是失速調節，通過減少升力、提高阻力來實現。有的是兩種混合使用。

　　變槳機用於大型風力機，中、小型一般採用失速機。因為大型機失速控制受載荷影響大，動態穩定性差。失速機控制技術的不斷改善，這種控制方式在中、小型機組中應用很多。

　　這兩種方法有很多不同，並網運行時，失速調節無變距機構，造價低，這是它與變槳機相比較的優點之一。但功率輸出要受影響，特別是在獨立運行的負荷調節時，變槳機制造成本高，維護費用也高，所以變槳機一般比失速機價格高，主要是機械結構的費用提高了，目

前製造變槳機的廠家還較少。失速機必須有可靠的運行煞車系統，以保證風輪轉動能停下來，這樣在煞車機構上、主軸上、傳動機構及風輪上都要比變槳機受載荷大得多。這種煞車系統費用要比變槳機高，而變槳機只要緊急煞車就夠了，因為它可以順槳。

⑴失速調節　葉輪上的動力來源於氣流流過翼型產生的升力。由於葉輪轉速恆定，風速增加，葉片上的攻角隨之增加，直到在背弧尾部產生脫落，這一現象稱為失速，就像圖 4.64 和圖 4.65 所示的那樣。

　　應注意的是，失速不總是在同一攻角下，而與攻角變化有關（如陣風）。虛線表示表態失速狀態，帶箭頭的實線表示動態失速過程。從失速到氣流恢復到正常流動之間，有所謂滯後存在，造成葉片受力的很大變化。由於動態氣流變化產生的滯後，風輪的傾斜來流很強，產生葉片力和力矩週期性的波動，在一個轉動週期中產生連續的和不連續的氣流。

　　圖 4.66 是不同葉片安裝角時的功率曲線。

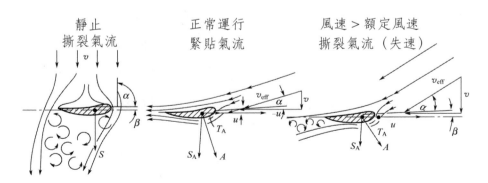

圖 4.64　失速調節風力發電機風輪氣流特性

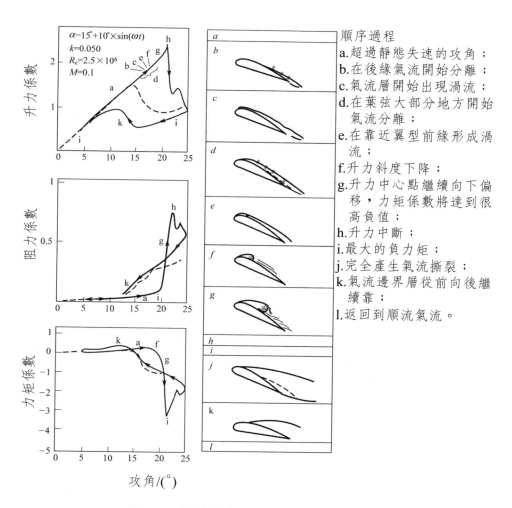

順序過程

a. 超過靜態失速的攻角；
b. 在後緣氣流開始分離；
c. 氣流層開始出現渦流；
d. 在葉弦大部分地方開始氣流分離；
e. 在靠近翼型前緣形成渦流；
f. 升力斜度下降；
g. 升力中心點繼續向下偏移，力矩係數將達到很高負值；
h. 升力中斷；
i. 最大的負力矩；
j. 完全產生氣流撕裂；
k. 氣流邊界層從前向後繼續靠；
l. 返回到順流氣流。

圖 4.65　當動態失速時連續氣流變化情況

　　測試結果證明，最大功率時很強的靈敏性以及在安裝角變化時，失速開始的特性，所以失速調節風力機的安裝角十分重要，要格外準確，以免不必要的空氣動力損失，影響出力。失速主要受安裝角影響，也受空氣密度的影響。風力機若在低密度地區（如高原），功率就達不到額定值。高度和氣候對功率的影響比海面的影響更大，其比

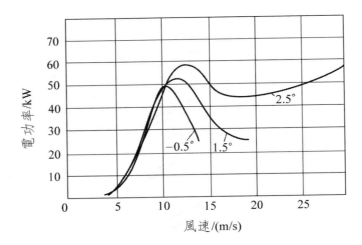

圖 4.66　失速調節風力機葉片安裝角變化的功率曲線

值可達到額定功率的 10%～20%。當剛達到發電機同步轉速時的最小風速，它的變化與安裝角有關，它會使功率下降，有可能在較小的風速下失速。在更高的風速下，才開始功率輸出的下降。

　　失速調節風力機啟動特性差，在葉片靜止時，出現氣流的擾動，啟動力矩很小，主要是由於葉片表面上的流動氣流變化造成的。並網機一般在啟動時，發電機做電動機運行，這時從電網吸收的電能不多，風輪會很快加速到同步轉速，自動地由電動機狀態變為發電機狀態。

　　葉片已失速後，陣風對功率波動影響不大，因為失速後升力變化不大。這一範圍內產生的功率波動變化不大，這與變距機一樣，氣流失速就像變槳距機的功率調節。風速變化時暫態功率變化，在失速時相對很小，而變距機只有當變距速度很快時才能達到功率變化小的目的。

(2)變槳距功率調節　變槳距調節時，葉片攻角可相對氣流連續變化，使風輪功率輸出達到設定值。在 0° 攻角，葉片翼型徑向占葉輪平面的 70%，+90° 是所謂順槳位置。在風力機正常運行時，用葉片攻角改變來限制功率。一般變距範圍為 90°～100°，從啟動角度（0°）到順槳，葉片就像尾翼，風輪不轉或轉得很慢，見圖 4.67，當到達最佳運行時，一般已達到額定功率，就不再變槳距了。作為最佳攻角應在很寬的 λ 範圍內運行，而得到最大的 C_P 值，如圖 4.68 所示。如 4° 攻角時，λ 可到 17，在最佳 C_P 值附近，其他的攻角也可以達到。

風力機總是在部分載荷下運行，因此必須由設定的轉速通過測量風速來計算攻角，並通過運行控制系統預先設定，這有可能使年發電量減少。

70%～80% 的運行時間在零至額定功率之間運行，這段範圍內槳距處於非最佳狀態，會產生 3～4 倍的能量損失。最佳攻角由測量風速而定，而風速測量往往會不準確，反而產生負作用。陣風時，葉片變

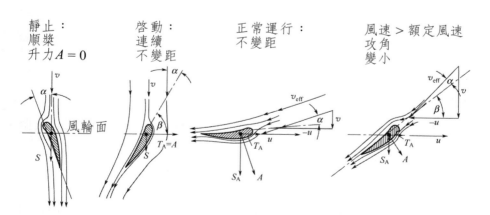

圖 4.67　變槳距機氣流過程和葉片角度的變化

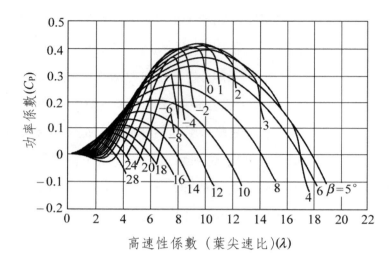

圖 4.68　風輪空氣動力特性曲線範圍

槳反應滯後，會產生能量損失，以至於最佳攻角在部分負荷運行時，無法達到穩定的調節。

　　圖 4.69 所示的是 DEBRA-25 型變槳距風力機的功率曲線。表明部分負載時，葉片不變距，而是在 11 m/s 額定風速以上 10 min完成平均調節。超過平均風速 8.5 m/s 的陣風時，常常是功率超過 100 kW，調節器功率限制必須投入。計算功率曲線是在不變的恆定風速下的理論值，在超過 100 kW 輸出功率對應的所有風速下，由調節器進行調節。

　　圖 4.70 提出了 DEBRA-25 型風力機暫態功率特性，這裡的每個點是每秒採集的功率值和機艙上風速計的風速值。

　　功率調節的好壞與葉片變距速度有關，轉速調節沒有問題，發電機輸出功率隨轉速的平方變化。由於風輪的慣性，風輪運動相對緩慢，在並網運行中，功率相對暫態轉速變化很小，或者只有很小的

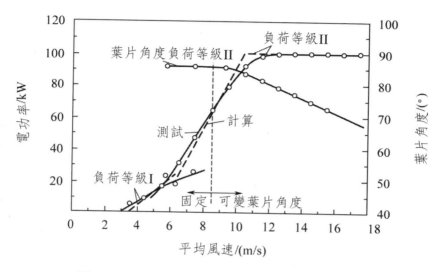

圖 4.69 DEBRA-25 型變槳距風力機功率曲線

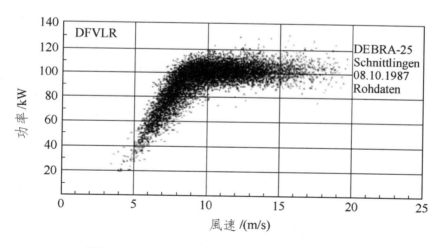

圖 4.70 DEBRA-25 型風力機暫態功率特性

瞬間轉速變化。3% 滑差的非同步機在額定功率時轉速提高一倍,若
採用一台逆變同步機,當轉速提高 40% 時,功率才提高一倍。理論
上,功率調節系統把測得的功率差作為變距大小的依據。調節不是只

限制功率大小，還必須考慮其變化的快慢，應用 PID 比例積分調節器和變化大小的微分來控制。這三者的相互關係可以確定放大倍數，放大倍數確定隨機風中，由風力機的調節特性和功率變化影響的頻帶寬度。

　　風輪功率與風速變化有很強的非線性（3 次方關係），調節很困難。圖 4.71 表示的是功率變化與葉片角度變化在額定運行時相對各種風速的特性。

　　同一葉片變化角度下，很高風速下在額定功率範圍內功率變化大。在額定風速的 2.8 倍時，葉片運行角度從 0.6～0.625 變化，即相應的葉片角度從 52.8°～55° 變化。功率變化是額定功率的 40%～160%。在額定風速範圍內，相同的變距，功率變化只是額定功率的 95%～105%。為避免高風時不穩定的調節環節，必須設計加強調節延伸。在額定風速範圍內的放大倍數很小，避免調節特性的不足，在內部和空氣動力增強保持不變，保持調節質量不變。

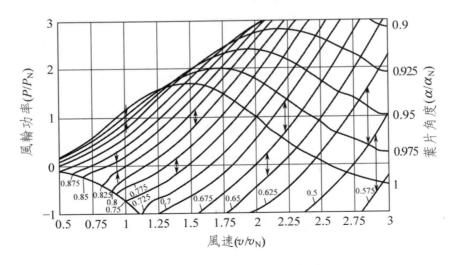

圖 4.71　不同風速葉片角度變化與功率關係

調節質量可用功率變化不穩定係數 LSK 來表示。LSK 值由下式定義

$$LSK = \frac{\dfrac{\sigma_P}{P}}{\dfrac{3\sigma_V}{\overline{v}}} \tag{4.49}$$

式中，σ_P 是功率的標準差；是 10 min 的功率平均值；σ_v 是風速標準差；是 10 min 的風速平均值。

LSK 值在最大 $C_{P,\,max}$ 值時是 1 個值，這個點功率變化正好是風速的 3 次方。用 LSK 也可用測試功率、風速標準差來確定風輪空氣動力設計點。

圖 4.72 提出 8 m/s 風速時的空氣動力設計點。額定功率之後約 11 m/s 風速時，LSK 保持在 0.2 以上，這說明實際輸出功率變化只有 20%，在陣風時由風輪獲得，其餘 80% 功率由於變距而失去。

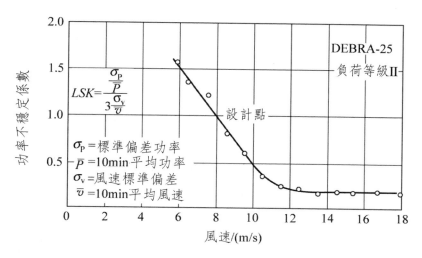

圖 4.72　DEBRA-25 型機組功率不穩定係數 LSK

　　葉片變距速度應該很快，以產生很小的風輪回轉質量慣性力矩，使調節質量保持不變。一般變距速度是每分鐘 2°～30°。DEBRA-25 型風力機採用最大變距速度為 15°/s，平均為 3°～5°/s。

　　液壓系統通過 400W 的泵推動（圖 4.73），由一儲壓器來達到高速變距時的油流。由於單向液壓缸第一個彈簧工作（順槳時要很快，回到最大功率時不能快），它的目的是當電器失靈時，在彈簧作用下自動順槳達到失效保護。通過閥門及液壓系統中的控制碟片投入，在切出時葉片很快順槳，液壓煞車投入。

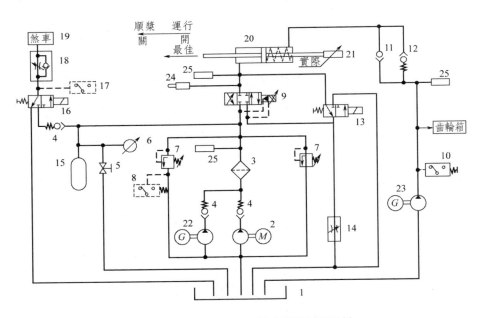

圖 4.73　DEBRA-25風力機液壓系統

1-油箱；2-電驅動的液壓泵；3-過濾器；4-回流閥；5-閉鎖開關；6-甘油壓力錶；7-壓力限制開關；8-系流壓力開關；9-伺服閥；10-潤滑脂壓力開關；11-後回流閥；12-預定回流閥；13-緊急停機元閥；14-γ極限節流閥；15-貯能器；16-煞車閥；17-煞車壓力開關；18-節流回流閥；19-液壓煞車通風；20-固定液壓缸；21-活塞設置調整；22-漏油泵；23-潤滑油泵；24-自動通風；25-壓力感測器

4.6　風輪機材料

　　風力機材料與別的葉片機材料不同，主要是風輪機葉片的材料。風輪機轉子葉片用的是纖維強化型複合材料，而不是用鋼或合金鋼。風輪機轉子葉片的成本占風力發電整個裝置成本的 15%～20%，因此葉片選材非常重要。

　　風輪機轉子葉片用的材料，根據葉片長度不同，可以選用不同的複合材料。目前最普遍採用的是玻璃纖維強化聚酯樹脂、玻璃纖維強化環氧樹脂和碳纖維強化環氧樹脂。從性能來講，碳纖維強化環氧樹脂最好，玻璃纖維強化環氧樹脂次之。隨葉片長度的增加，要求提高使用材料的性能，以減輕葉片的質量。

　　本章介紹風力機轉子葉片用的纖維強化複合材料成分、性能和加工技術。

4.6.1　風輪機用材料

　　風力發電裝置最關鍵、最核心的部分是轉子葉片，葉片的設計和採用的材料決定了風力發電裝置的性能和功率，也決定了風力發電每千瓦時的價格。世界上風力發電葉片最大的製造商是丹麥的LM GLASFIBER 公司，該公司最大的特色是集設計、結構、空氣動力、材料、技術、製造、測試、實驗和生產於一體。2002 年公司銷售了7237 支（片）風力發電轉子葉片，相當於 2705MW 風力發電能力，占世界風力發電轉子葉片市場份額的 40%。銷售總額達 28.3 億丹麥克朗，較 2001 年銷售額增加 6% 左右。

　　複合材料在風力發電上的應用，實際上主要就是在風力發電
轉子葉片上的應用。風力發電轉子葉片占風力發電整個裝置成本的
15%～20%，製造葉片的材料技術對風力機成本起決定性作用，因
此，材料的選擇、製造技術的優化對風力發電轉子葉片十分重要。

4.6.1.1　風力發電轉子葉片材料

　　風力發電轉子葉片用的材料根據葉片長度不同而選用不同的複合
材料，目前最普遍採用的有玻璃纖維強化聚酯樹脂、玻璃纖維強化環
氧樹脂和碳纖維強化環氧樹脂。從性能來講，碳纖維強化環氧樹脂最
好，玻璃纖維強化環氧樹脂次之。隨葉片長度的增加，要求提高使用
材料的性能，以減輕葉片的質量。採用玻璃纖維強化聚酯樹脂作為葉
片用複合材料，當葉片長度為 19 m 時，其質量為 1800 kg；長度增加
到 34 m 時，葉片質量為 5800 kg；如葉片長度達到 52 m，則葉片質
量高達 21000 kg。而採用玻璃纖維強化環氧樹脂作為葉片材料時，19
m 長時一片的質量為 1000 kg，與玻璃纖維強化聚酯樹脂相比，可減
輕質量 800 kg。同樣是 34 m 長的葉片，採用玻璃纖維強化聚酯樹脂
時質量為 5800 kg，採用玻璃纖維強化環氧樹脂時質量 5200 kg，而採
用碳纖維強化環氧樹脂時質量只有 3800 kg。總之，葉片材料發展的
趨勢是採用碳纖維強化環氧樹脂複合材料，特別是隨功率的增大，要
求葉片長度增加，更是必須採用碳纖維強化環氧樹脂複合材料，玻璃
纖維強化聚酯樹脂只是在葉片長度較小時採用。表 4.6 為葉片不同長
度時採用的材料與質量的關係。

表 4.6 葉片長度與質量的關係

葉片長度 / m	不同材料的葉片質量 / kg		
	玻纖 / 聚酯樹酯	玻纖 / 環氧樹酯	碳 / 環氧樹酯
19	1800	1000	
29	6200	4900	
34	5800	5200	3800
38	10200		8400
43	10600		8800
52	21000		
54			17000
58			19000

4.6.1.2 葉片製造技術

風力發電轉子葉片採用的技術目前主要有兩種：開模手工積層
（Hand Lay up）和閉模真空浸滲。用預浸料開模手工積層技術是最
簡單、最原始的方式，不需要昂貴的工裝設備，但效率比較低，質量
不夠穩定，通常只用於生產葉片長度比較短和批量比較小的時候。閉
模真空浸滲技術用於大型葉片的生產（葉片長度在 40 m 以上時）和
大批量的生產，閉模真空浸滲技術被認為效率高、成本低、質量好，
因此為很多生產單位所採用。採用閉模真空浸滲技術製備風力發電轉
子葉片時，首先把增強材料塗覆在塗覆矽膠的模具上，增強材料的外
形和積層數根據葉片設計確定，在先進的現代化工廠，採用專用的積
層機進行積層，然後用真空輔助浸滲技術輸入基材樹脂，真空可以保
證樹脂能很好地充滿到增強材料和模具的每一個角落。真空輔助浸滲
技術製備風力發電轉子葉片的關鍵有三。

⑴優選浸滲用的基材樹脂　特別要保證樹脂的最佳黏度及其流動特殊性。

⑵模具設計必須合理　特別對模具上樹脂注入孔的位置、流道分佈更要注意，確保基材樹脂能均衡地充滿任何一處。

⑶技術參數要最佳化　真空輔助浸滲技術的技術參數要事先進行實驗研究，保證達到最佳化。

　　固化後的葉片由自動化操縱的設備運送到下一道程序，進行打磨和拋光等。因為模具上塗有矽膠，因此葉片不需要再油漆。此外還必須注意，在技術製造過程中，儘可能減少複合材料中的孔隙率，保證碳纖維在鋪放過程保持平直，以獲得良好力學性能。

4.6.1.3　葉片發展趨勢

⑴風力發電向大功率、長葉片方向發展　由於風力發電每千瓦成本隨風力發電的單機功率的增大而降低，因此，從安裝第一台現代化的風力發電裝置起，風力發電的單機功率在不斷增長，葉片的長度也在不斷增長。1992～1999 年，歐洲風力發電單機功率從 200 kW增加到 700 kW，葉片的長度則由 12 m 增加到 22 m。1999～2000年，風力發電的單機功率又平均增長到 900 kW，葉片的長度增加到 25 m。現在風力發電的單機功率為 1.5～2.5 MW，葉片長度達50 m 已經不稀奇，目前正在研製單機功率為 3.0～5.0 MW，葉片長度 50～60 m 的風力發電機。世界上風力發電葉片最大的製造商LM GLASFIBER 公司關閉了位於丹麥侏素萊（Jutland, Danmark）的一個葉片生產廠，這個廠是專門生產長度在 24 m 以下的風力發電葉片，廠方宣佈關閉的原因是市場對風力發電葉片的需求已經不

是 24 m 以下的小葉片，而是大功率的長葉片。

(2)風力發電轉子葉片要不斷更新設計　由於風力發電向大功率、長葉片方向發展，除了要求提高、改進材料的性能，轉子葉片更要不斷更新設計。例如，為了保證與塔柱的間隙，除了提高葉片材料的剛性外，從設計角度可以在風力作用的反方向把葉片設計成預彎曲外形，然後在風力作用下，使預彎曲葉片變直。對於長度為 29 m 的葉片，預彎曲設計的葉片，葉尖偏離基面約 0.5 m。又例如在轉子葉片設計中採用彎曲—扭轉耦合效應，實現控制載荷和應力，最終達到降低載荷峰值並減少疲勞破壞的目的。

(3)碳纖維複合材料在風力發電上的應用會不斷擴大　隨風力發電單機功率的增長，葉片的長度也在不斷增長，碳纖維複合材料在風力發電上的應用也會不斷擴大。對葉片來講，剛性十分重要，疲勞強度是控制葉片強度與設計的關鍵因素，大氣紊流造成葉片顫動和週期載荷，會導致疲勞破壞。荷蘭戴爾弗理工大學研究顯示，碳纖維複合材料葉片剛性是玻璃纖維複合材料葉片的 2 倍。美國蒙大拿州立大學的蒙代爾教授正在為聖地亞風能研究計劃積累並建立碳纖維複合材料在風力發電上應用的資料庫，包括採用卓爾泰克公司、蘇泰克工程材料公司和東麗碳纖維公司的碳纖維。國外專家認為，由於現用材料性能不能符合大功率風力發電裝置的需求，玻璃纖維複合材料性能已經趨於極限，因此，在發展更大功率風力發電裝置和更長轉子葉片時，採用性能更好的碳纖維複合材料勢在必行。

(4)在風力發電上大量採用碳纖維複合材料取決於碳纖維的價格　碳纖維複合材料的性能雖然大大優於玻璃纖維複合材料，因此不論葉片的質量或整個風力發電裝置的質量，毫無疑問都是最輕的，而價格

也是最貴的。即使碳纖維價格降到 11 美元／kg，用碳纖維複合材料製備葉片的價格還是過高。因此，正在從原材料、製造技術、質量控制等各方面深入研究，以求降低成本。採用卓爾泰克公司生產的 PANEX33（48 K）大絲束碳纖維強化環氧樹脂複合材料具有很好的長期抗疲勞性能，並達到葉片質量減輕 40%，葉片成本降低 14%，整個風力發電裝置的成本降低 4.5%。

最早的風力發電是美國大風力發電設備公司（Charles Brush公司）於 1887 年實現的，所用葉片直徑為 ϕ17 m，電功率為 12 kW。而今正在開發的世界最大的風力機葉片直徑為 ϕ123 m，電功率為 5 MW，並將進一步開發 6 MW 級的風力機。

隨著風力機葉片的大型化，葉片材料由最初的木質逐步過渡到用玻璃鋼。採用碳纖維複合材料（CFRP）的超大型葉片的風力機組也正在開發中。至 2002 年底，風電約占世界總電能供應量的 0.4%。到 2010 年，預期將增加 20 倍，達到 8%。而到 2020 年，將達到世界總電能供應量的 12%。

影響風電發展的主要因素有以下幾種。a. 政府的環保政策。因為到 2020 年全球所排放的 CO_2 將達到 $1.18×10^{10}$ t，導致地球臭氧層的破壞和產生溫室效應，危及人類生存環境。b. 綠色和平組織的推動。c. 葉片材料的開發。主要朝大型化和輕量化的方向發展。風場風速是隨葉片的放置高度成正比增加，為此宜置於高的混凝土架或鋼制塔架上，如果質量太重，不僅安裝難度大，而且不利於大型化和高效發電。除選用碳纖維複合材料（CFRP）外，一般還要採用三明治型的複合結構材料，內層夾有鋁或芳香醯胺纖維、碳纖維的蜂窩結構材料。d. 風能電價。

採用碳纖維複合材料的大型葉片，雖然發電效率高和成本低，但初期一次投入也大，所以在碳纖維生產規模還不夠大、價格較貴的情況下，現仍多採用碳纖維和玻璃纖維的混雜複合材料。

在風能裝置中，採用複合材料的零組件有葉片、發動機艙室、流線形拋物面和塔架零組件等，其中用量最大的是葉片。典型的 31 m 長的葉片重約 4.5 t，而現代的 54 m 大型葉片重 13 t。自 1978 年以來，採用高模量（LG）玻璃纖維的葉片已生產了 68000 t。美國到 2020 年的目標是將興建 8000 萬千瓦的風力發電裝置，約需要 70 萬噸的葉片，總價值約 70 萬億美元。到 2005 年後，預計每年約需 80000 t 的複合材料用於風力機。

一般較小型的葉片（如 22 m 長）選用量大價廉的玻纖 E- 增強塑膠（GFRP），樹脂基材以不飽和聚酯樹脂為主，也可選用乙烯基酯或環氧樹脂。而較大型的葉片（如 42 m 以上）一般採用 CFRP 或 CF 與 GF的混雜複合材料，樹脂基材以環氧樹脂為主。

4.6.2 各種風輪機材料

⑴E- 玻纖強化塑膠（GFRP）　GFRP 的比強度、比模量、耐久性、耐氣候性和耐腐蝕性適宜用於戶外運行機組作結構材料。在 1/4 世紀以前，短切股纖維氈（Chopped strand Mat CSM）和連續股氈（Contionrous Roving Mat CRM）已引起了早期風力葉片模造者的興趣，因為這些產品有助於開模和採用當時普遍應用的手工濕鋪法。這些方法所需投資少、技術員的能力要求適度，因此迄今為止仍在使用，尤其適用於較小的葉片。

由於採用新的製造技術，玻纖也已被風機製造商採納，葉片生產廠家已轉向密閉模塑、樹脂浸漬和高溫高壓壓力容器的方法，這些方法是由航太工業輸入的。今天玻纖可以由 CSM、CRM、粗紗（可短切用於鋪層用途）、單向或多軸向縫編和機織物、預成型體、預浸料和半預浸料製得。連續長絲束是織物的基礎，可達到特定的纖維取向，並能在承載方向達到最大強度。

最近 PPG 工業公司推出了改進型的 CSM（MPM-5），據介紹它在處理過程、圖形剪裁及鋪層過程更易於控制。Owens Corning 公司則提供高性能的單向和多軸向織物，多軸向織物的機械性能要比單向織物高 20%。Devold AMT AS 公司可提供縫編的多軸向「Paramax」織物，包括 E- 玻纖、碳纖維、芳香醯胺纖維、滌綸及其混雜纖維織物，從± 45°雙軸向到三或四軸向的織物。Johns Manville 公司也提供多軸向織物用的粗紗。

玻璃纖維的質量還可通過表面改性、上漿和塗覆加以改進。美國的研究顯示，採用射電頻率電漿體沉積塗覆 E- 玻纖，其耐拉伸疲勞強度可達到碳纖維的水準，而且經過這種處理後，可以降低纖維間的微動磨損。

葉片製造商採用密閉式模造和樹脂浸漬法，預成型體就變得越來越重要。例如，美國 3TEX/TPI 複合材料公司已可生產厚的三維（3D）網狀預成型體，定好尺寸直接置於葉片模型中。在該 3 WEAVE 技術中，在標準兩維（2D）x 和 y 方向的非捲曲紗線，被垂直方向（z 方向）直的絲束保持在一起，這樣就不存在任何捲曲和縫編，可以在壓縮過程中減薄層壓製品，或在浸漬過程中阻礙樹脂流向預成型體。以 ±45°角進行多維編織整合是下一步的技術發展方向。

⑵碳纖維（CFRP）　一些人認為，在風能產業中引入碳纖維技術是昂貴的，如果可能，應儘量避免。由於葉片長度增加時，質量的增加要快於風機功率的增加，因此採用碳纖維或碳纖維與玻纖混雜纖維以減小質量是必要的。同時，為了降低風能的成本，發展具有足夠剛性的更長葉片也是必要的。碳纖維的剛性約為玻纖的 3 倍，用碳纖維更適合做更長的葉片。現 CFRP 已應用於轉動葉片端部，因為制動時比相應的鋼軸要輕得多。

　　儘管 1.5 MW 以下的風機葉片採用全碳纖維結構是不必要的，但在大型風力機中，可先在高承剪元件上用 CFRP 材料。在應用於葉片表面以前，通常可先用於對剛性要求高的樑元件。它還可有助於降低葉片端部附近的柔曲性，同時在層壓製品中碳纖維只需 5 層，因而可減輕質量。

　　混雜層壓材料也是目前的研究課題。由 Sandia 國家實驗室所創建的 TPI 複合材料公司和 Global Energy Concetp LLC（GEC）公司正在研究，目的是生產和評價 9 m 樣品的碳纖維／GFRP 葉片。這樣組合的偏軸碳纖維可用於扭曲的聯軸器。

　　LM 玻纖公司和荷蘭 Delft 技術大學所進行的研究顯示，對 ϕ120 m 的海岸風力機葉片，一支葉片翼樑的質量和成本約為整個葉片質量和成本的 1/2 以上。因此翼樑採用碳纖維強化環氧樹脂複合材料與用全玻纖結構相比，可降低葉片的質量約 40%。碳纖維雖然單價較高，但它輕、耗材少，一支葉片的總價並不比玻纖貴多少。而且相應的旋翼葉殼、傳動軸、平臺及塔罩都可更輕，這將導致總體風力機系統成本的節約。該大學確信用瀝青基碳纖維，能以有競爭力的價格提供輕而又具有很強剛性的葉片。目前，美國 ZOLTEK 等供應商正在

支援開發瀝青基碳纖維，以期早日在價格上達到用戶可接受的水準。

　　碳纖維垂度的敏感性可以通過增加三明治板的芯部厚度加以解決。採用大絲束碳纖維在壓縮性能方面值得研究，特別是對機織物。有人提議採用直的、非捲曲纖維，並用無氣泡的樹脂固定。CFRP 比 GFRP 更具剛性和更脆，一般被認為更趨於疲勞。然而 LM/TU Delft 的研究結論是，只要注意控制生產質量以及材料和結構的幾何條件，就可保證長期的耐疲勞。此外，碳纖維比玻纖還有更重要的特點，就是可避免葉片頻率與塔固有頻率間發生任何危險共振的可能性，因為碳纖維有很好的振動阻尼特性。

　　採用碳纖維葉片橫樑和少數的全碳纖維葉片現正在建設之中。

　　在日本，政府正在推廣綠色能源的「陽光計劃」，到 2010 年，風力發電的目標為 300 萬千瓦。為了提高發電效率，有必要實現葉片大型化，並提高自動偏向裝置和轉速控制裝置的功能。

　　目前，三菱重工已接受兩項訂貨，一是為沖繩的新能源開發製作 2000 kW 的大型風電機組，採用三葉片型風輪機，葉片長 36 m，輪徑達 ϕ80m；二是為美國德克薩斯州的布拉卓斯風場提供 1000 kW 共 160 台風輪機，每台風車直徑約 ϕ60 m，塔高約 70 m，最高約 100 m，風場總裝機為 16 萬千瓦。1000 kW 的風力機葉片一只重 4～5 t，一台風力機使用 3 片，每台需 12～15 t。而 2000 kW 的風力機葉片每片重 7～8 t，每台需 21～24 t，必須採用 CFRP 或 CF 與 GF 的混雜複合材料。

　　歐洲以海上為中心的風力發電場正在不斷增長。丹麥將風力發電作為國家專案，擁有像 NEG Micon Vestas 和 Bonus 等世界性的風力發電場，擁有 80 台 2000 kW 風力機的世界最大風力發電場，風力發

電份額已占全國電力需求量的 14%。近期又有 75 台 2000 kW 大型風力發電場，及 72 台 2200 kW 的大型風力發電場投入運行，這樣，丹麥風能所占的比例就上升到 20%。

(3)預浸料　目前風能用的碳纖維、玻纖及兩者的樹脂預浸帶和預浸布，包括單向帶、絲束和條狀物，還有多維機織、縫編和編織的 2D 和 3D 織物等預浸料都可以購得。預浸料技術也適於風輪機葉片零組件，玻纖預浸料是擴展 GRP 性能的關鍵，可作為取代較大型碳纖維葉片的材料。Nordex 公司 45 m 長或更長的新一代風輪機葉片就用的是預浸料。LM 玻纖公司認為 54 m 長的葉片全用玻纖材料是合適的，正在開發的 61.5 m 葉片也採用此技術。碳纖維預浸料計劃用於 3.5～6 MW 海岸風輪機的超大型葉片。

　　風能市場對複合材料的需求量極大，目前 Hexcel 公司已在奧地利的 Neumarkt 興建了一條新的複合材料生產線以滿足需求。該公司供應風能市場已長達 10 年，其用戶包括 Vestas、LM 玻璃纖維、Hitco、Fibreblade、IWT、Euros 和 Enercon 等風力機葉片供應商。目前該公司生產玻纖、碳纖維及其混雜預浸料「HexPly」，包括厚達 1500 g/m^2 的玻纖單向預浸料，適用於葉片橫樑，以及 950～1200 g/m^2 厚的雙軸和三軸預浸料，用於葉片殼及橫樑。目前玻纖需求量仍佔優勢，碳纖維將越來越適用於葉片橫樑，特別是用於橫樑頂部。該公司每年生產約 2000 t 碳纖維預浸料。2002 年，Hexcel 的複合材料在風能方面的應用量已占歐洲業務的 14% 或全球業務的 10%。英國對碳纖維和特種 SP 環氧樹脂需求量更大，比例高達近 80%，其中大部分以碳纖維預浸料的形式提供。

　　半預浸料是基於樹脂膜與幹玻纖或碳纖維強化體交叉疊層的材

料，經加熱或真空處理就使經預催化劑處理的樹脂向外表面遷移，使樹脂浸入材料的厚層，並快速浸潤。

其他供應半預浸產品的廠家有 Hexcel、先進複合材料集團（Z-Preg）和 Cytec Fiberite 公司。Hexcel 的 HexFIT 半預浸料特別適合於製造風輪機葉片，這種材料易於成型，可以鋪厚並生產無孔隙的層壓製品。

⑷樹脂　樹脂基材一般主要採用不飽和聚酯樹脂或環氧樹脂，也有採用乙烯基酯、聚氨酯、熱塑性樹脂的。

聚酯類的改進方向是增加固化態的塑性，以達到抗微裂和可以做得更薄的目的，這樣即使是非常大的零組件也可快速浸透。另一改進目標是優化固化的外形，縮短週期和降低峰溫，其他改進還有快速脫模、快速固化。

Reichhold 公司最近推薦「Hydrex 100HT」用於樹脂和真空浸漬，這種乙烯酯樹脂是低揮發性的有機物（VOC）（苯乙烯<35%），可縮短凝膠時間及降低放熱峰值，它同樣還可提供優良的玻纖浸透性，流速和滿模速率高。AKZO Nobel Thermoset Chemicals 公司的不飽和聚酯樹脂可減少凝膠時間的波動，並提供穩定質量的產品。

環氧樹脂被認為是更強和更耐久的基材，葉片製造廠商希望高性能的環氧樹脂可在低溫下固化，這樣可避免採用高價的爐子和高壓容器。固化時間和固化溫度存在綜合平衡問題，例如，固化溫度用 100～120 ℃，固化時間就要 4～6 h，提高固化溫度可縮短固化時間，如果在 70 ℃或甚至 60 ℃下固化，固化時間就要 8h 或更長些。

Hexcel 複合材料公司最近推出 M11 和 M11.5 樹脂，首次被供應

商用於環氧預浸料。它含低溫固化和低放熱型組分，比以往的產品固化時間更快。在 120 ℃ 的固化時間可降至 2～4 h，而在 80 ℃ 的固化時間為 4～6 h。這種新型環氧樹脂可以多層層壓，可將玻纖和碳纖維同時固化，並可減少由於熱脹係數不同造成的應力。為符合歐洲共同體更嚴格的產品安全法規，該公司推出了新組分的環氧體系產品 M9F，它適用於 85～150 ℃ 的固化技術溫度，它不含有害的樹脂或硬化劑成分。

(5)塗層　材料表面塗層可提供光滑的空氣動力學表面，防護葉片不受紫外線降解，防濕氣侵蝕和風沙造成的磨蝕。通常可採用聚酯、聚氨酯、乙烯酯或環氧基材。對塗層的主要要求包括：與層壓材料的親和性以期產生永久的鍵合、易於混合和處理、易用於砂紙打磨和其他加工操作、快速固化和易於修理等。

　　Scott Bader 公司的聚酯凝膠塗層能快速固化、脫模，並有良好的性能和耐久性。

　　Hexcel 複合材料公司專為風能用途開發了兩種體系的凝膠塗層「HexCoat」，皆為觸變型的，它比以往產品更易於混合。「HexCoat2」在苛刻環境下的耐久性好，耐黃變、拉伸強度、耐疲勞應變及耐磨性優良，而「HexCoat3」是一種無溶劑的修復塗層，乾燥時間為 60～90 min。

　　SP Systems 的 Adrian Williams 公司是 SPX 塗層的生產廠家，它開發了新一代的塗層，可在脫模葉片過程中快速操作，包括快速固化、易於混合、具有更高的抗紫外光性等，與預浸料、半預浸料和浸漬層壓材料的親和性好。

　　瑞典 Aplicator System AB 公司為全球的風力機葉片生產廠家提供

高精度的設備用於加工，包括凝膠塗層混合、噴塗、手工積層、樹脂應用及真空浸漬。對於凝膠塗層的葉片及其他零組件，該公司的 IPG 24 HV 機較為理想，而對於最大型的葉片，IPG 8000 凝膠塗覆機可提供高度的監控。對於採用手工積層技術生產的葉片，該公司提供其 IPL-8000 樹脂羅拉機，而對採用真空浸漬技術的製造商，該公司開發了 VRI-515 樹脂混合和真空浸漬機，它特別適用於製造樹脂含量高達 5000 kg 的大型元件。Aplicator HPP 2500 機可解決用聚酯黏接著劑連接葉片。

(6)接著劑　接著劑在風能產業中應用廣泛，兩個半殼的黏合；橫樑也是黏接結構，而且還將與包層相黏合；芯部插入體也需要黏合。接著劑必須滿足風力機日夜迴圈應用 25 年無蠕變。

　　Vantico 公司的「Araldite」是由環氧和聚氨酯兩組分組成的接著劑，它具有不塌落、易泵輸和快速低溫固化的特性，適合於葉片的應用。其中，XD4734/XD4735 環氧／硬化劑系統已廣泛用於葉片生產。該公司還可提供聚氨酯和甲基丙烯酸酯基的接著劑供修復用途。生產的 Araldite 2015 接著劑已取得 DNV／德國勞埃德認證，用於複合材料和金屬的黏合。

　　SP Systems 公司的環氧糊狀接著劑可應用於 50 mm 的厚度而不產生垂度，可避免整個葉片的黏合不均勻性。

　　Scott Bader 公司在 Crestomer 聚氨酯丙烯酸酯接著劑中加各種添加劑，可提高耐剪切應力和剝離力。

　　含短切碳纖維的接著劑和最好的接著促進劑也在開發中。

(7)芯材　芯部結構材料對三明治型結構、葉片內部包層及橫樑都是需要的。質量好的泡沫芯密閉元件可提供優良的綜合特性，包括質量

輕、高機械強度、高剛性、高疲勞壽命和耐久性、良好的抗衝擊和耐疲勞性以及低的壽命週期成本。

公司生產的芯材可用於製造 DIAB 葉片、旋轉器及其外殼，它可用各種製造技術，包括手鋪、噴鋪、真空袋、預浸料和樹脂浸漬等。

由 DIBA 提供芯材的風力機葉片製造商有 LM 玻纖、MEG Micon、Enercon 和 Vestas。Vestas製造商用該公司的 Divinycell Hps 級的芯材置於玻纖／預浸料層壓材料中，製成 5250 kW 風力機葉片，有高強度、高剛性。另一種高性能的芯材是由德國 Rohm 公司提供的，其中，Rohacell 聚甲基丙烯醯亞胺（PMI）是一種剛性的 100% 密閉元件，各向同性的泡沫塑料可提供很高的強度／質量比、突出的耐壓縮蠕變和良好的耐火／煙／毒氣特性。它可熱成型，且不含氟碳類（CFCS）和鹵素。

Lantor 公司生產的無紡布芯材 Coremat，特別適用於風力機的機艙外殼和鼻錐形旋轉器，這些零組件對剛性要求比強度更高，用它可製成相當複雜的形狀。

4.7　風力機優化和設計風速

風輪機也是一種葉片機，它與化石燃料渦輪機類似，有一個最佳設計狀態。風輪機應按最佳設計點設計，才能最大利用風能。風速、風向是不定的，暫態都在變化。設計風速的選取是一個技術經濟問題，是一個優化問題，要按年發電最大選取設計風速和選定設計葉尖風速點。

本章分析風力機設計優化問題、設計風速問題和風場的優化。

4.7.1 風力機設計優化

風能是自然界無償提供給人類的,風能發電不需要燃料成本,風力發電裝置的效率沒有得到足夠重視。一台風力發電裝置在不同設計風速的風場使用,往往使設計的風能利用係數降低,減少風能發電量,增大風電電價。這是過去風電發展不快的一個原因,很值得風電業主重視。

例如,Nordex 的 S70/1500 kW 型風力機,標稱為 1500 kW,轉子直徑為 70 m,葉片長 34 m,設計轉速為 14.8 r/min,設計風速為 13 m/s,高速特性數 $\lambda = 4.2$,此時的風能利用係數 $C_P = 0.29$,比最佳 $C_P = 0.44$ 小得多,不是最佳設計。見圖 4.74 和表 4.7。

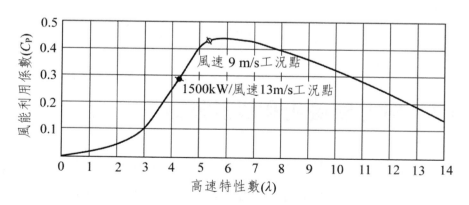

圖 4.74　三葉片式 S70/1500 kW 型風力機高速特性數圖

表 4.7　S70/1500kW、S77/1500kW 風力機參數

型號		S70/1500 kW	S77/1500 kW
風輪轉子	風輪葉片數	3	3
	轉速／（r/min）	10.6～19.0	9.9～17.3
	轉子直徑／m	70	77
	迎風面積／m²	3848	4657
	功率調整	變槳距	變槳距
	啓動風速／（m/s）	3	3
	安全風速／（m/s）	56.3（在 65 m 葉高處）	50.1（在 85 m 葉高處）
	槳距調整	單個電驅動調槳距	單個電驅動調槳距
	總質量／kg	32000	34000
風輪葉片	長／m	34	37.5
	材料	GRP	GRP
	質量／kg	5400～5900	6500
增速箱	型式	行星和正齒圓柱齒輪	行星和正齒圓柱齒輪
	增速比	1：94	1：104
	質量／kg	14000	14000
	油量／L	350	350
	主軸軸承	自對中滾柱軸承	自對中滾柱軸承
發電機	功率／kW	1500（可調）	1500（可調）
	電壓／V	690	690
	型式	雙回路非同步電機，空氣冷卻	雙回路非同步電機，空氣冷卻
	轉速／（r/min）	(1000～1800)±10%	(1000～1800)±10%
	絕緣等級	IP54	IP54
	聯軸器	複合鋼質葉輪	複合鋼質葉輪
	效率	95%（全負荷）	95%（全負荷）
	質量／kg	7000	7000
	功率因素	0.9～0.95	0.9～0.95
控制	型式	資訊微機處理	資訊微機處理
	網路連接	1GBT 轉換	1GBT 轉換

型號		S70/1500 kW	S77/1500 kW
系統	控制範圍	遙控，配溫度、液壓、槳距、振動、轉速、電機扭矩、風速、風向等感測器	遙控，配溫度、液壓、槳距、振動、轉速、電機扭矩、風速、風向等感測器
	記錄	即時資料、列表、追記	即時資料、列表、追記
偏航系統	偏航軸承	四針式軸承	四針式軸承
	煞車	帶 10 個測徑器的液壓輪剎車	帶 10 個測徑器的液壓輪剎車
	偏航驅動	4 個感應電動機	4 個感應電動機
	速度	0.75°/s	0.75°/s
剎車系統	設計	三個獨立系統	三個獨立系統
	運行煞車	葉片節距	葉片節距
	第二重煞車	葉輪煞車	葉輪煞車
鐵塔	型式	帶聚氨酯塗層錐型管子鋼塔，桁架結構	帶聚氨酯塗層錐型管子鋼塔，桁架結構
	管塔高 / m	65	61.5
	桁架塔高 / m	98	96.5

對於設計風速為 13 m/s 的風場，仍用 S70 的風輪，轉子直徑為 70 m，葉片長 34 m，如果將設計轉速調高為 $n = \dfrac{60\lambda V_W}{\pi D} = \dfrac{60 \times 6 \times 13}{\pi \times 70} = 21.3$（r/min），相應的高速特性數 $\lambda = 6$，由特性圖查得風能利用係數 $C_P = 0.44$，風力機的功率將提高為

$$P^* = \frac{1}{2}\rho\pi r^2 u^3 C_P$$

$$= \frac{1}{2} \times 1.2235 \times \pi \times 35^2 \times 133 \times 0.44 = 2276 \text{（kW）}$$

功率提高了 2276/1500 = 1.52 倍。相應的增速箱要變化，增速比

表 4.8　德國 Repower 公司 5M 風力機典型資料

設計	
額定功率／kW	5000
啟動風速／（m/s）	3.5
額定風速／（m/s）	13
停車風速／（m/s）	海上 30，陸上 25
轉子	
直徑／m	126
槳葉數目	3
額定運行的轉速範圍／（r/min）	6.9～12.1/9.5
葉片	
類型	LM61.5P
功率控制	變槳距
長／m	61.5
型線面積／m²	183
質量／t	17.74
最大弦長／m	4.6
螺栓數	128
螺栓尺寸	M36
螺栓圓周直徑／mm	3200
控制	
原理	控制槳葉角和轉速，電驅動變節距
安全系統	
	三個獨立的槳葉節距系統，轉子煞車
增速箱	
設計	行星／圓柱齒輪系統
傳遞比	
發電機	
設計	雙回路非同步電機，6級
轉速範圍／(r/min)	670-1170
質量	
轉子（槳葉、輪、法蘭、軸承、聯軸器）／t	110
桁架（不含轉子）／t	240

表 4.9　S70/S77 功率—風能利用係數（根據風力試驗的測量值）

風速／（m/s）	S70/1500 kW			S77/1500 kW		
	功率／kW	λ	C_P	功率／kW	λ	C_P
4	24	13.6	0.159	44	13.7	0.24
5	86	10.8	0.292	129	10.97	0.36
6	188	9.0	0.369	241	9.14	0.39
7	326	7.7	0.403	396	7.83	0.40
8	526	6.8	0.436	594	6.85	0.41
9	728	6.0	0.424	846	6.09	0.41
10	1006	5.4	0.427	1100	5.48	0.39
11	1271	4.9	0.405	1318	4.98	0.35
12	1412	4.5	0.347	1467	4.56	0.30
13	1500	4.2	0.290	1502	4.22	0.24
14	1500	3.87	0.232	1508	3.92	0.19
15	1500	3.62	0.189	1514	3.66	0.16
16	1500	3.39	0.155	1515	3.43	0.13
17	1500	3.19	0.130	1504	3.23	0.11
18	1500	3.01	0.109	1509	3.05	0.09
19	1500	2.85	0.093	1511	2.89	0.09
20	1500	2.71	0.080	1511	2.74	0.09
21	1500	2.58	0.069			
22	1500	2.47	0.060			
23	1500	2.36	0.052			
24	1500	2.26	0.046			
25	1500	2.17	0.041			

減小為 1500/21.3 = 70.4。

這台 S70/1500 kW 型風力機最適合風速為 9 m/s 的風場用，功率約為 730 kW。

S77、N80、N90 和 Repower 5M 都有類似問題，見表 4.7～表

4.10。

表 4.10　N80/2500 kW、N90/2300 kW 風力機設計數據

型號		N80/2500 kW	N90/2300 kW
風輪轉子	風輪葉片數	3	3
	轉速 /（r/min）	10.9～19.1	9.6～16.9
	轉子直徑 / m	80	90
	迎風面積 / m²	5026	6362
	功率調整	變槳距	變槳距
	啓動風速 /（m/s）	4	3
	停機風速 /（m/s）	25	25
	額定功率風速 /（m/s）	15	13
	安全風速 /（m/s）	65	55.3
	槳距調整	單個電驅動調槳距	單個電驅動調槳距
	總質量 / kg	50000	54000
風輪葉片	長 / m	38.8	43.8
	材料	GRP	GRP
	質量 / kg	8700	10400
增速箱	型式	行星和正齒圓柱齒輪	行星和正齒圓柱齒輪
	增速比	1：68.1	1：77.44
	質量 / kg	18500	18500
	油量 / L	360	360
	主軸軸承	圓柱滾柱軸承	圓柱滾柱軸承
發電機	功率 / kW	2500	2300
	電壓 / V	660	660
	型式	雙回路非同步電機，液體冷卻	雙回路非同步電機，液體冷卻
	轉速 /（r/min）	700～1300	740～1310
	絕緣等級	IP54	IP54
	質量 / kg	12000	12000

型號	N80/2500 kW	N90/2300 kW
控制系統 型式	PLC遠端現場控制（RFC）	PLC遠端現場控制（RFC）
網路連接	1GBT轉換	1GBT轉換
控制範圍	遙控，配溫度、液壓、槳距、振動、轉速、電機扭矩、風速、風向等感測器	遙控，配溫度、液壓、槳距、振動、轉速、電機扭矩、風速、風向等感測器
記錄	即時數據、列表、追記	即時數據、列表、追記
偏航系統 偏航軸承	球軸承	球軸承
煞車	液壓輪剎車	液壓輪剎車
偏航驅動	2個感應電動機	2個感應電動機
速度	0.5°/s	0.5°/s
剎車系統 設計	三個獨立系統	三個獨立系統
氣動煞車	單獨變葉片節距	單獨變葉片節距
機械煞車	葉輪煞車	葉輪煞車
鐵塔 型式	環氧樹脂塗層錐型管子鋼塔，桁架結構	環氧樹脂塗層錐型管子鋼塔，桁架結構
管塔高 / m	60	80
桁架塔高 / m	105	105

對於指定的風場，按最佳高速特性數 λ_{opt} 設計能最大利用風能發電，從而降低風電電價。

4.7.2 設計風速

風能是一種隨機能量，風速、風向隨時都在變化，無法人為控制。因此，風輪機的特點有：a. 工況（高速特性數 λ、進口攻角）隨時變化，並引起功率變化；b. 功率發多少就向電網送多少，功率不能

根據電網用戶負荷的變化而主動調整，這是風力發電裝置與其他發電裝置（化石燃料汽輪機發電裝置、核電汽輪機發電裝置、燃氣輪機發電裝置等）最大的不同點。相應設計上有很多特點，例如，要變槳距角、變轉速調節，要用變速／恆頻發電系統；轉速特別低，要用大傳動比的增速傳動系統（例如增速比達 100～150 倍）；要有功率限制系統、煞車系統、調向系統等。

　　雖然風場的風速、風向隨時隨地都在變化，風輪機設計仍然必須選定一個「設計風速」。風場「設計風速」可有以下幾個法則。

⑴算術平均風速法則 V_{W1}　根據風場的風速─時間曲線（圖 4.75），由式（4.50）計算算術平均風速

$$V_{W1} = \frac{\int_a^b V_W(h)\,\mathrm{d}h}{h_b - h_\varepsilon} \qquad\qquad (4.50)$$

⑵加權平均風速法則 V_{W2}　每個風速對風電的貢獻不同，用加權係數（圖 4.76）考慮差別。加權平均風速由式（4.51）計算

$$V_{W2} = \frac{\int_a^b K(V_W)V_W(h)\,\mathrm{d}h}{h_b - h_\varepsilon} \qquad\qquad (4.51)$$

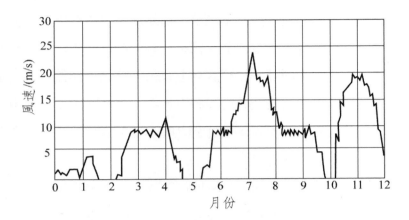

圖 4.75　風場的風速—時間曲線

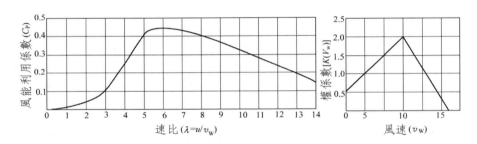

圖 4.76　風速加權係數圖

(3)年總功率最大法則 V_{W3}　以設計風速為引數，計算一年的功率總和，選年總功率最大的風速為設計風速（圖 4.77）。

$$V_{W3} = \max\left\{\sum_{h=a}^{h=b} N(V_W)\right\} \tag{4.52}$$

(4)風速頻率最高法則 v_{W4}　取一年中時間最多的風速為設計風速（圖 4.78）。

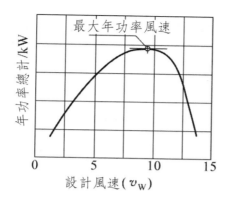

圖 4.77 年總功率曲線

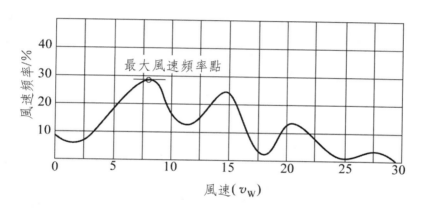

圖 4.78 風速頻率曲線

$$v_{W4} = \max[h(v_W)] \qquad (4.53)$$

(5)有效平均風速法則 v_{W5}　風速低時風力機不轉，不能做功，風速過高時，風力機功率限制，也不能轉化為功率。去除這些無效風速的算術平均風速（圖 4.79）由（4.54）式計算

$$v_{W5} = \frac{\int_{a1}^{b1} v_W(h)\mathrm{d}h}{h_{b1} - h_{a1}} + \frac{\int_{a2}^{b2} v_W(h)\mathrm{d}h}{h_{b2} - h_{a2}} + \cdots + \frac{\int_{an}^{bn} v_W(h)\mathrm{d}h}{h_{bn} - h_{an}} \qquad (4.54)$$

　　算術平均風速 v_{W1} 計算簡單，按此風速設計的風力機有可能不是最經濟的；加權平均風速 v_{W2} 計算式中的權係數難準確給定，影響風力機的經濟性；按年總功率最大的風速 v_{W3} 設計的風力機經濟性最好，缺點是計算工作量大，要對不同的設計風速設計風力機，再計算每種方案的年總功率，得到 $\sum_{h=a}^{h=b} N(v_W) = f(v_{W3})$，選其中年總功率最大的風速作為設計風速（圖 4.77），可採用相應的軟體；風速頻率最大 v_{W4} 設計的風力機年總功率接近方案 $(3)v_{W3}$；有效平均風速 v_{W5} 也是值得推薦的一種設計風速選取方法。

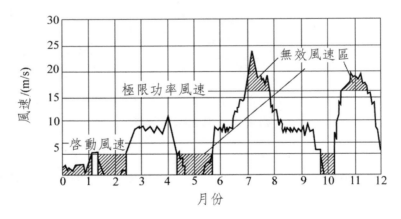

圖 4.79　有效風速區間圖

4.7.3 風電場優化

　　風電場風力機產生的實際年發電量是評價風電場技術經濟性的重要指標，計算風電場風力機年發電量，按下列條件進行：

①額定功率利用時數為 2500 h，與高度無關；

②風的高度梯度按 1/7 冪指數變化；

③風力機輪轂高按等於風輪直徑設計；

④風頻符合瑞利分佈；

⑤借用一個實際風力發電機的功率曲線；

⑥風力發電機可用率為 100%。

　　圖 4.80 中表示的是年利用小時為 2500 h，發電量隨風輪直徑的變化曲線，風速梯度按 1/7 冪規則估計。圖 4.80 的發電量可能是比較保守的。圖 4.81 是年平均風速為 4～8 m/s 的風場，較大風輪直徑的風力機的年發電量變化曲線。

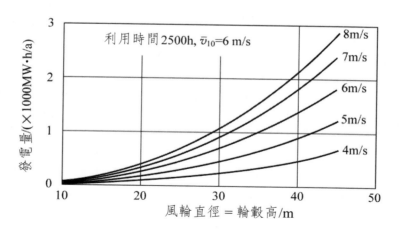

圖 4.80　風力機年發電量與風輪直徑關係曲線

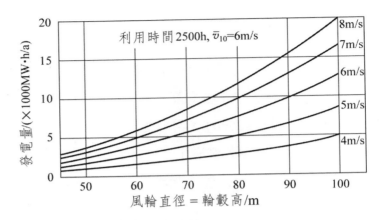

圖 4.81　風力機年發電量隨風輪直徑的變化曲線

表 4.11 中表示的是不同風速下，根據圖 4.80、圖 4.81 查得的不同容量的風力機年發電量。

表 4.11　不同平均風速的風力機年發電量

風力機容量大小	年發電量 /（kW·h/a）				
	4m/s	5m/s	6m/s	7m/s	8m/s
51kW, 15m	48	86	128	167	198
176kW, 25m	163	296	440	573	681
556kW, 40m	515	936	1389	1811	2152
1445kW, 60m	1339	2432	3612	4705	5590
4862kW, 40m	4507	8187	12157	15837	18814

評價風電場技術經濟性必須考慮風電場占地面積，在發電量計算中扣除掉它的影響。由於風力機之間互相有影響，風電場中風力機不能隨意佈置，場中風力機之間前後左右要有足夠的空間和距離，以保證風流經一台風力機後，又重新加速，達到額定值。風場一般按多排

設計，避免前後之間的相互影響，左右間距不小於 2.5～3 倍風輪直徑，前後排距離不小於 8 倍風輪直徑。

風向不穩定的風場，前後距離可仍用不小於 8 倍風輪直徑，左右間隔要提高到不小於 4 倍風輪直徑。這樣一台風力機的占地面積約等於 40 倍風輪掃掠面積。一台直徑為 60 m 的風力機需要約 115 m^2 占地面積，而在這個占地面積上，不能再裝有同樣容量的風力機。由表 4.10 可以計算各種容量風力機單位電量的占地面積，在這些土地面積上還可種菜、種草和放牧。

表 4.12 是大型風力機與小型風力機相比較的優點。一台直徑為 100 m 的風力機的占地面積，僅是直徑為 15 m 風力機的 2 倍。

表 4.12　不同平均風速單位占地面積的風力機年發電量

風力機容量大小	單位面積年發電量／（kW·h/m^{2}占地）				
	4 m/s	5 m/s	6 m/s	7 m/s	8 m/s
15 kW, 15 m	6.7	11.9	17.8	23.2	27.51
75 kW, 25 m	8.2	14.8	22.0	28.7	34.1
556 kW, 40 m	10.1	18.3	27.1	35.4	42.0
1445 kW, 60 m	11.6	21.1	31.4	40.8	48.5
4862 kW, 10 0m	14.1	25.6	38.0	49.5	58.8

由於土地的侷限性，風能利用應該考慮占地面積，由表 4.11 可見，採用大型風力機更經濟。

將風電場利用面積作為風電場優化分析的基本條件是合適的（圖 4.82）。為了更有效地利用土地資源，可採用在風電場中與其他機型混合佈置。通過不同容量風力機的組合，對於直徑大於 25 m 的風力機的排列密度可以考慮附加場地影響係數為 85%。

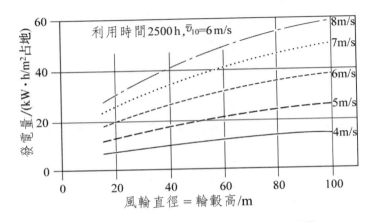

圖 4.82　單位占地面積風力機的年發電量

如果用 70 台 60 m 風輪直徑的風力機，單機裝機容量為 1445 kW，可建成一個總容量為 100 MW 的風電場。

4.7.4　直接驅動型變速／恆頻風力發電機組

現代風力發電技術的大規模應用是從失速型風力機技術成熟與完善開始的。20 世紀 70 年代末，由丹麥發展起來的三葉片、上風向、定槳矩失速調節的風力機機型從眾多類型的風力機中脫穎而出，逐步發展為主導機型。隨著風力機單機容量的不斷增大，變速／恆頻、變槳矩型風力機逐漸佔據了主導地位。

近幾年，國外又開始開發研製直接驅動型的風力發電機組，發電機組採用「多級同步永磁電機」與葉輪直接連接進行驅動的方式，從而免去了齒輪箱這一傳統零組件，再加上優點眾多，在今後風力機市場中具有很大發展潛力。

　　全球最近十幾年來風電產業得到了迅速發展，這一方面促使廠
商研製與開發新的風力發電機組，以多樣化的產品滿足風電市場的需
求；另一方面，風電在與傳統電能的競爭中，經濟性因素越來越重
要，在某種程度上已成為首要因素，因此，一個必然的發展趨勢是單
機容量的大型化，在降低設備造價的同時降低風電建設的配套成本。
近 10 年來，風電設備主流機型的單機容量已從 250～300 kW、600～
750 kW 逐步上升到 1～2 MW。1.2 MW 的變速／恆頻、直接驅動型
風力發電機組的產品型號為 VENSYS 62/1200，參考價格為 80 萬歐
元，其主要性能指標見表 4.13。

表 4.13　1.2 MW 變速／恆頻、直接驅動型風力發電機組主要性能指標

功率	1200 kW	功率	1200 kW
葉片數	3 葉片	切入風速	3 m/s
葉輪直徑	62 m	切出風速	25 m/s
掃風面積	3018 m^2	最高安全風速	59.7 m/s
輪轂高度	69 m	風力機概念	無齒輪箱
葉輪轉速	11～20 r/min	變速變槳發電機	1200 kW 同步永磁電機
額定風速	12 m/s		

　　1.2 MW 變速／恆頻、直接驅動型風力發電機組的創新點有：
①變槳系統採用帶傳動（類似橡膠或塑膠），無需潤滑，免維護；
②發電機採用自然風冷；
③變槳驅動採用無刷交流電機，配合變頻裝置和電容；
④發電機效率曲線高效率區範圍較寬，高於 Enercon 和普通非同步
　電機；
⑤發電機採用前後軸承，後軸承承受軸向負載，前軸承安全係數為

5，後軸承安全係數為 10；

⑥變槳加長節（雙層中空＋長螺栓）；

⑦發電機運行溫度：永磁體為 120 ℃，繞組為 80 ℃；

⑧可以供給電網無功功率，德國電力上網要求，在短暫的電網波動時風電機組不能脫網，應協助電網復原。

第五章

風輪機和風電場數值計算

5.1　風電場數值模型

5.2　風輪機設計軟體

5.3　風電場數值計算套裝軟體

5.4　風力機設計套裝軟體的開發

　　要開發新型高效的風力機，工程設計是不夠的，還必須用數值設計方法設計新的風輪機的葉片。風輪機介質是低速、低溫的空氣，風輪機流場是一個可壓縮、有黏性的非定常流場。流場的數值解可通過求解流體力學的控制方程組完成。要數值設計風力機就要開發一套風力機、風場設計套裝軟體，包括風輪外形設計子包、風力機氣動載荷分析子包、風力機結構動力分析子包和風力機場址選擇子包。套裝軟體可完成風力機氣動設計、性能計算、動力學分析、風電場選址和經濟性分析。

　　本章介紹風力機及風場流場的控制方程組及解法，某數值軟體的計算功能、精度，以及數值設計套裝軟體的功能。

5.1　風電場數值模型

　　風輪機介質是低速、低溫空氣，精確地講，風輪機流場是一個可壓縮、有黏性的非定常流場，實際應用時對不同的場合，還可對壓縮性、黏性作某些簡化。流場的數值解可通過求解流體力學的控制方程組完成。

　　流體力學的控制方程包括連續方程式、動量方程式和能量方程式，這些方程式是流體力學三個基本物理定律的數學描述。這三個基本的物理定律是質量守恆定律、牛頓第二定律和能量守恆定律。

　　控制方程式可通過對兩種控制體應用基本物理規律導出，一種控制體被固定在流動空間中不動，運動流體不斷通過此固定空間；另一種控制體隨流體一起運動，相同的流體微粒總在控制體內保持不變。

通過將基本物理規律應用於控制體，直接得到的流體流動方程式是積分形式的控制方程式；控制方程式的積分形式能被直接變換得到偏微分形式的控制方程式。

從固定在流場空間的控制體得到的控制方程式，無論是積分形式還是偏微分形式，都叫做守恆形式的控制方程式。從隨流體一起運動的控制體得到的方程式，無論是積分形式還是偏微分形式，都叫做非守恆形式的控制方程式。通過簡單變換，控制方程可以從一種形式的方程式變換為另一種形式的方程式。

在一般的氣動理論分析中，用控制方程式的守恆形式或是非守恆形式是無關緊要的。然而，在計算流體力學中，選用哪一種形式的控制方程式，對於數值解的準確性、穩定性是十分重要的。守恆形式的控制方程式特別適合計算流體力學求解。

⑴守恆形式的控制方程組　守恆形式的連續方程式：

積分形式　$\oiint_s \rho\vec{v}\,\mathrm{d}S + \dfrac{\partial}{\partial t}\iiint_H \rho\,\mathrm{d}H = 0$　　　　　　（5.1）

微分形式　$\dfrac{\partial \rho}{\partial t} + \nabla\,(\rho\vec{v}) = 0$　　　　　　　　　　（5.2）

守恆形式的動量方程式（納維―斯托克斯方程）：

$$\frac{\partial(\rho u)}{\partial t} + \nabla\,(\rho u\vec{v}) = -\frac{\partial p}{\partial x} + \frac{\partial \tau_{xx}}{\partial x} + \frac{\partial \tau_{yx}}{\partial y} + \frac{\partial \tau_{zx}}{\partial z} + \rho f_x \qquad (5.3a)$$

$$\frac{\partial(\rho v)}{\partial t} + \nabla\,(\rho v\vec{v}) = -\frac{\partial p}{\partial y} + \frac{\partial \tau_{xy}}{\partial x} + \frac{\partial \tau_{yy}}{\partial y} + \frac{\partial \tau_{zy}}{\partial z} + \rho f_y \qquad (5.3b)$$

$$\frac{\partial(\rho w)}{\partial t} + \nabla\,(\rho w\vec{v}) = -\frac{\partial p}{\partial z} + \frac{\partial \tau_{xz}}{\partial x} + \frac{\partial \tau_{yz}}{\partial y} + \frac{\partial \tau_{zz}}{\partial z} + \rho f_z \qquad (5.3c)$$

　　它們是標量方程組。19 世紀上半期，法國的納維和英國的斯托克斯分別獨立獲得了這些方程式，為了紀念他們，將這些方程取名叫做納維－斯托克斯方程。

　　對牛頓流體，代入等式右端剪應力運算式，可得到完整的守恆形式的納維－斯托克斯方程式：

$$
\begin{aligned}
&\frac{\partial(\rho u)}{\partial t}+\frac{\partial(\rho u^2)}{\partial x}+\frac{\partial(\rho uv)}{\partial y}+\frac{\partial(\rho uw)}{\partial z} \\
&=-\frac{\partial p}{\partial x}+\frac{\partial}{\partial x}\left(\lambda\nabla\vec{v}+2\mu\frac{\partial u}{\partial x}\right)+\frac{\partial}{\partial y}\left[\mu\left(\frac{\partial v}{\partial x}+\frac{\partial u}{\partial y}\right)\right] \\
&\quad+\frac{\partial}{\partial z}\left[\mu\left(\frac{\partial u}{\partial z}+\frac{\partial w}{\partial x}\right)\right]+\rho f_x
\end{aligned}
\tag{5.4a}
$$

$$
\begin{aligned}
&\frac{\partial(\rho v)}{\partial t}+\frac{\partial(\rho uv)}{\partial x}+\frac{\partial(\rho v^2)}{\partial y}+\frac{\partial(\rho vw)}{\partial z} \\
&=-\frac{\partial p}{\partial y}+\frac{\partial}{\partial x}\left[\mu\left(\frac{\partial v}{\partial x}+\frac{\partial u}{\partial y}\right)\right]+\frac{\partial}{\partial y}\left(\lambda\nabla\vec{v}+2\mu\frac{\partial v}{\partial y}\right) \\
&\quad+\frac{\partial}{\partial z}\left[\mu\left(\frac{\partial w}{\partial y}+\frac{\partial v}{\partial z}\right)\right]+\rho f_y
\end{aligned}
\tag{5.4b}
$$

$$
\begin{aligned}
&\frac{\partial(\rho w)}{\partial t}+\frac{\partial(\rho uw)}{\partial x}+\frac{\partial(\rho vw)}{\partial y}+\frac{\partial(\rho w^2)}{\partial z} \\
&=-\frac{\partial p}{\partial z}+\frac{\partial}{\partial x}\left[\mu\left(\frac{\partial u}{\partial z}+\frac{\partial w}{\partial x}\right)\right]+\frac{\partial}{\partial y}\left[\mu\left(\frac{\partial w}{\partial y}+\frac{\partial v}{\partial z}\right)\right] \\
&\quad+\frac{\partial}{\partial z}\left(\lambda\nabla\vec{v}+2\mu\frac{\partial w}{\partial z}\right)+\rho f_z
\end{aligned}
\tag{5.4c}
$$

　　守恆形式的能量方程式，用內能表示的守恆形式的能量方程式：

$$
\begin{aligned}
&\frac{\partial(\rho e)}{\partial t}+\nabla(\rho e\vec{v}) \\
&=\rho q^*+\frac{\partial}{\partial x}\left(k\frac{\partial T}{\partial x}\right)+\frac{\partial}{\partial y}\left(k\frac{\partial T}{\partial y}\right)+\frac{\partial}{\partial z}\left(k\frac{\partial T}{\partial z}\right)
\end{aligned}
$$

$$-p\left(\frac{\partial u}{\partial x}+\frac{\partial v}{\partial y}+\frac{\partial w}{\partial z}\right)+\lambda\left(\frac{\partial u}{\partial x}+\frac{\partial v}{\partial y}+\frac{\partial w}{\partial z}\right)^2$$

$$+\mu\left[2\left(\frac{\partial u}{\partial x}\right)^2+2\left(\frac{\partial v}{\partial y}\right)^2+2\left(\frac{\partial w}{\partial z}\right)^2+\left(\frac{\partial u}{\partial y}+\frac{\partial v}{\partial x}\right)^2\right. \tag{5.5}$$

$$\left.+\left(\frac{\partial u}{\partial z}+\frac{\partial w}{\partial x}\right)^2+\left(\frac{\partial v}{\partial z}+\frac{\partial w}{\partial y}\right)^2\right]$$

用總能量（$e+v^2/2$）表示的守恆形式的能量方程式：

$$\frac{\partial}{\partial t}\left[\rho\left(e+\frac{v^2}{2}\right)\right]+\nabla\left[\rho\left(e+\frac{v^2}{2}\right)\vec{v}\right]$$

$$=\rho q^*+\frac{\partial}{\partial x}\left(k\frac{\partial T}{\partial x}\right)+\frac{\partial}{\partial y}\left(k\frac{\partial T}{\partial y}\right)+\frac{\partial}{\partial z}\left(k\frac{\partial T}{\partial z}\right)-\frac{\partial(up)}{\partial x}-\frac{\partial(vp)}{\partial y}$$

$$-\frac{\partial(wp)}{\partial z}+\frac{\partial(u\tau_{xx})}{\partial x}+\frac{\partial(u\tau_{yx})}{\partial y}+\frac{\partial(u\tau_{zx})}{\partial z}+\frac{\partial(v\tau_{xy})}{\partial x}+\frac{\partial(v\tau_{yy})}{\partial y} \tag{5.6}$$

$$+\frac{\partial(v\tau_{zy})}{\partial z}+\frac{\partial(w\tau_{xz})}{\partial x}+\frac{\partial(w\tau_{yz})}{\partial y}+\frac{\partial(w\tau_{zz})}{\partial z}+\rho\vec{f}\vec{v}$$

　　控制方程式都是非線形、偏微分方程組，求解析解非常困難，迄今為止，沒有這些方程組的普遍封閉解析解。守恆形式方程式的左邊都包含一定數量的散度項，例如 $\nabla(\rho\vec{v})$、$\nabla(\rho u\vec{v})$ 等。因此，控制方程的守恆形式有時也叫散度形式。

⑵補充方程式　五個控制方程式包含六個流場變數：ρ、p、u、v、w、e，方程式是不封閉的，要解必須補充方程式。

①補充方程式一　假設氣體是完全氣體，有狀態方程式 $p=\rho RT$，R是氣體常數，提供了第六個方程式。但增加一個流場變數溫度 T，方程式仍然不封閉。

②補充方程式二　流體的狀態熱力學關係式 $e=e(T,p)$。

七個方程式、七個流場變數，未知變數與方程數相等，方程組封閉，給定邊界條件和初始條件後方程組有定解。

(3)邊界條件　上面提出的控制方程組描述的是任何一種流體的流動規律，無論流動是亞音速風洞流、超音速機翼繞流、汽輪機的葉柵流還是風輪機流場，它們的控制方程式都是相同的。儘管控制方程式相同，但是各自的流場又是截然不同的，差別就是邊界條件不同。提定邊界條件和初始條件（初值）確定了控制方程式的特解。

①黏性流體邊界條件　假定物面和氣體直接接觸表面無相對速度，叫無滑移邊界條件。對靜止物面有

$$u = v = w = 0（在物面上）$$

②無黏流體邊界條件　流動在物面有滑移，在物面上，流動一定與物面相切。

$$\vec{v}\,\vec{n} = 0（在物面上）$$

(4)控制方程式離散—有限差分法　有限差分法被廣泛地應用在計算流體力學中，原理是用有限差分運算式代替流體力學控制方程式中出現的偏導數，從而生成一個大型代數方程組（控制方程離散），給定邊界條件和初值條件，解大型代數方程組就能得到離散網格點上的流場變數的數值解。

①泰勒級數運算式　導數的有限差分運算式是以泰勒級數展開式為基礎的。如果 $u_{i,j}$ 表示點 (i, j) 上速度的 x 分量，那麼在點 $(i +$

1, j）上的速度 $u_{i+1,j}$ 可用泰勒級數表達為

$$u_{i+1,j} = u_{i,j} + \left(\frac{\partial u}{\partial x}\right)_{i,j} \Delta x + \left(\frac{\partial^2 u}{\partial x^2}\right)_{i,j} \frac{(\Delta x)^2}{2} + \left(\frac{\partial^3 u}{\partial x^3}\right)_{i,j} \frac{(\Delta x)^3}{6} + \cdots \quad （5.7）$$

忽略 $(\Delta x)^3$ 項和更高階項，方程式（5.7）簡化為二階精度的方程式

$$u_{i+1,j} \approx u_{i,j} + \left(\frac{\partial u}{\partial x}\right)_{i,j} \Delta x + \left(\frac{\partial^2 u}{\partial x^2}\right)_{i,j} \frac{(\Delta x)^2}{2} \quad （5.8）$$

類似一階精度方程式為

$$u_{i+1,j} \approx u_{i,j} + \left(\frac{\partial u}{\partial x}\right)_{i,j} \Delta x \quad （5.9）$$

方程式（5.9）的截斷誤差是

$$\sum_{n=3}^{\infty} \left(\frac{\partial^n u}{\partial x^n}\right)_{i,j} \frac{(\Delta x)^n}{n!} \quad （5.10）$$

②導數的有限差分運算式

a. 一階向前差分。

$$\begin{aligned}
\left(\frac{\partial u}{\partial x}\right)_{i,j} &= \frac{u_{i+1,j} - u_{i,j}}{\Delta x} - \left(\frac{\partial^2 u}{\partial x^2}\right)_{i,j} \frac{\Delta x}{2} - \left(\frac{\partial^3 u}{\partial x^3}\right)_{i,j} \frac{(\Delta x)^2}{6} + \cdots \\
&= \frac{u_{i+1,j} - u_{i,j}}{\Delta x} + O(\Delta x)
\end{aligned} \quad （5.11）$$

b. 一階向後差分運算式。

$$\left(\frac{\partial u}{\partial x}\right)_{i,j} = \frac{u_{i,j} - u_{i-1,j}}{\Delta x} + O(\Delta x) \qquad (5.12)$$

c. 二階中心差分運算式。

$$\left(\frac{\partial u}{\partial x}\right)_{i,j} = \frac{u_{i+1,j} - u_{i-1,j}}{2\Delta x} + O(\Delta x)^2 \qquad (5.13)$$

d. 二階偏導數 $\left(\frac{\partial^2 u}{\partial x^2}\right)_{i,j}$ 的有限差分運算式。

二階中心二次差分運算式

$$\left(\frac{\partial^2 u}{\partial x^2}\right)_{i,j} = \frac{u_{i+1,j} - 2u_{i,j} + u_{i-1,j}}{2(\Delta x)^2} + O(\Delta x) \qquad (5.14)$$

類似的 y 的導數差分運算式：

向前差分運算式 $\quad \left(\frac{\partial u}{\partial y}\right)_{i,j} = \frac{u_{i,j+1} - u_{i,j}}{\Delta y} + O(\Delta y) \qquad (5.15)$

向後差分運算式 $\quad \left(\frac{\partial u}{\partial y}\right)_{i,j} = \frac{u_{i,j} - u_{i,j-1}}{\Delta y} + O(\Delta y) \qquad (5.16)$

中心差分運算式 $\quad \left(\frac{\partial u}{\partial y}\right)_{i,j} = \frac{u_{i,j+1} - u_{i,j-1}}{2\Delta y} + O(\Delta y)^2 \qquad (5.17)$

中心二次差分運算式 $\quad \left(\frac{\partial^2 u}{\partial y^2}\right)_{i,j} = \frac{u_{i,j+1} - 2u_{i,j} + u_{i,j-1}}{2(\Delta y)^2} + O(\Delta y)^2$

$$\qquad (5.18)$$

去掉截斷誤差符號 O 有

$$
\left(\frac{\partial^2 u}{\partial x^2}\right)_{i,j} = \left[\frac{\partial}{\partial x}\left(\frac{\partial u}{\partial x}\right)\right]_{i,j} \approx \frac{\left(\frac{\partial u}{\partial x}\right)_{i+1,j} - \left(\frac{\partial u}{\partial x}\right)_{i,j}}{\Delta x}
$$

$$
\left(\frac{\partial^2 u}{\partial x^2}\right)_{i,j} = \left[\left(\frac{u_{i+1,j} - u_{i,j}}{\Delta x}\right) - \left(\frac{u_{i,j} - u_{i-1,j}}{\Delta x}\right)\right]\frac{1}{\Delta x} \qquad (5.19)
$$

$$
\left(\frac{\partial^2 u}{\partial x^2}\right)_{i,j} = \frac{u_{i+1,j} - 2u_{i,j} + u_{i-1,j}}{2(\Delta x)^2}
$$

e.混合導數（$\partial^2 u/\partial x \partial y$）的差分運算式。因為 $\dfrac{\partial^2 u}{\partial x \partial y} = \dfrac{\partial}{\partial x}\left(\dfrac{\partial u}{\partial y}\right)$，可把 x 的導數寫作 y 的導數的中心差分，然後對 y 的導數進行中心差分，得到混合導數（$\partial^2 u/\partial x \partial y$）的差分運算式。

$$
\frac{\partial^2 u}{\partial x \partial y} \approx \left[\left(\frac{u_{i+1,j+1} - u_{i+1,j-1}}{2\Delta y}\right) - \left(\frac{u_{i-1,j+1} - u_{i-1,j-1}}{2\Delta y}\right)\right]\frac{1}{2\Delta x}
$$

$$
\frac{\partial^2 u}{\partial x \partial y} \approx \frac{1}{4\Delta x \Delta y}\left(u_{i+1,j+1} + u_{i-1,j-1} - u_{i+1,j-1} - u_{i-1,j+1}\right) \qquad (5.20)
$$

5.2 風輪機設計軟體

上海工程技術大學能源與環境研究所提出了一套風輪機葉輪氣動設計的數值方法，並建立了一套有工程應用價值、考慮流動三維效應的風輪機氣動數值模型，以此氣動數值模型為基礎編制了風輪機氣動設計軟體 WTD1.0。

⑴軟體計算舉例　風能將是 21 世紀最主要的新能源之一，美國和西歐國家的政府都制定了開發風能的規劃，頒佈了風能利用的法規，實行了優惠政策，以促進風力機的研製和商品化。現在從事風能開

發的廠商越來越多，研製水準也在不斷提高。目前風力機氣動設計水平還有待提高，Gourieres 在他的風輪機設計理論書中也只介紹了幾種簡化的氣動設計方法，用的設計方法主要還是以經驗設計為主。

　　有關風力機風輪氣動設計的軟體主要有 Aerodyn 軟體、WRD 軟體和 BLADED 軟體等。Aerodyn 軟體計算葉片的風輪功率有很大的偏差，因它不能準確地考慮葉片間的相互作用；WRD 和 BLADED 軟體在計算風速較高的葉輪功率時，也與實測值有較大的差別。上海工程技術大學能源與環境研究所提出了一套風力機葉輪氣動設計的數值方法，並建立了一套具有工程應用價值的、考慮流動三維效應的風輪機氣動數值模型，以此氣動數值模型為基礎，編製了風輪機氣動設計軟體 WTD1.0。下面簡要介紹 BLADED 和 WTD1.0 設計軟體。

　　例：本軟體選用直徑為 17.2 m 的風輪機為考題，計算結果與丹麥研究所的測試結果進行了對比。主要技術資料如下：三葉片式，轉速為 50.3 r/min，葉輪直徑為 17.2 m，葉片型號為 LM8，塔架高度為 25 m，葉片翼型用 NACA63-212、215、218、221 系列翼型，葉尖槳距角為 0.5°，葉片各截面資料如表 5.1 所示，風輪機葉片葉尖、葉根截面翼型分別如圖 5.1、圖 5.2 所示。

表 5.1　葉片各截面資料

半徑/m	翼型弦長/m	扭轉角/(°)	相對厚度	半徑/m	翼型弦長/m	扭轉角/(°)	相對厚度
1.375	1.070	14.9	24.7	5.200	0.717	2.0	16.0
1.800	1.033	11.6	22.7	6.050	0.638	1.2	15.0
2.650	0.955	7.4	19.5	6.900	0.558	0.7	14.0
3.500	0.876	4.8	18.0	7.750	0.478	0.3	13.0
4.350	0.796	3.1	17.0	8.600	0.400	0.0	12.0

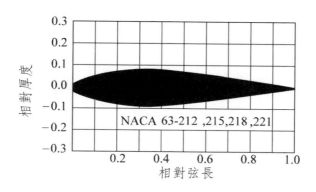

圖 5.1　風輪機葉片葉尖翼型

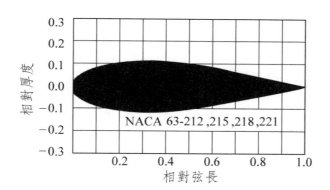

圖 5.2　風輪機葉片葉根翼型

⑵計算結果及分析

　　①功率計算結果與分析　使用 WTD1.0 軟體對上述風輪機進行了功率計算。為了分析比較，同時也用 WRD 風輪機設計軟體做了功率計算。圖 5.3 提出了安裝角為 0.5°、轉速為 50.3 r/min 時的風力機葉輪輸出功率的計算結果和測試結果，葉輪輸出功率等於計算的軸功率乘發電機和變速箱的功率係數 0.73。

　　從圖 5.3 中可以看出，從啟動風速到額定風速，WTD 軟體的計

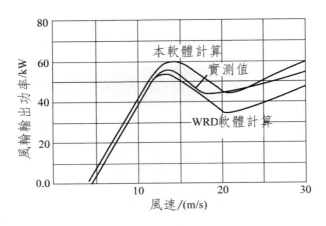

圖 5.3　葉輪輸出功率

算結果與測試功率非常吻合，葉輪的額定功率（60.1 kW）也與測試結果（59.8 kW）非常接近。而 WRD 軟體計算的額定功率（54.7 kW）與測試結果相差則較大。另外，在葉輪深度失速風速區域（20～30 m/s），WTD 的計算結果也與測試得到的葉輪功率比較吻合，這對於風力發電機葉輪的強度設計是很有價值的。

②軟體設計功能分析

a. 變安裝角風輪功率計算。WTD 軟體提供了不同安裝角下的葉輪功率計算功能。圖 5.4 提出了安裝角為 −2.5°～10° 的葉輪軸功率變化圖。

從圖 5.4 中可知，安裝角越大，最大功率越高，7.5° 和 10° 的葉輪最大功率比 0° 和 2.5° 時要高。但在中低風速（4～10 m/s）區，大安裝角風輪的功率比小安裝角風輪的功率略低。這是因為大安裝角葉片風輪在低風速時就發生了氣動分離，而小安裝角風輪在高風速時才發生氣動分離。顯然，安裝角為 7.5° 和 10° 的葉輪並不是理想的風

輪，因一般風場在大部分時間內的風速都在 4～10 m/s 範圍內。

　　b. 變轉速風輪功率計算。風輪的轉速變化影響葉片各截面翼型
　　　的進口氣動攻角，從而影響風輪功率。圖 5.5 給出了轉速為 30
　　　r/min、50 r/min、70 r/min 時風輪的軸功率。

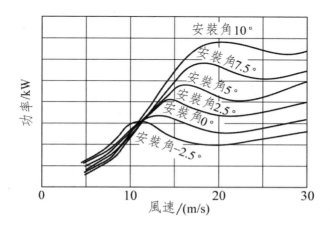

圖 5.4　不同安裝角下計算的葉輪軸功率

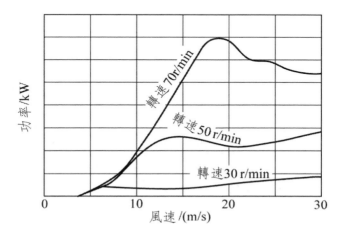

圖 5.5　不同轉速時計算的葉輪軸功率

70 r/min 時風輪最大功率是 50 r/min 時的 3 倍,有兩個原因:一是高轉速風輪攻角比低轉速風輪要小,即高轉速風輪與高風速相配,從圖 5.5 中可知,30 r/min 的失速風速為 8m/s,50 r/min 的失速風速為 14 m/s,而 70 r/min 的失速風速為 22 m/s;二是空氣進入葉片的相對速度隨風輪轉速加大而增加。計算結果與定性分析一致。

    c.翼型弦長分佈及葉片扭轉角分佈優化分析。風輪機氣動設計時,確定葉片翼型弦長分佈及葉片扭轉角分佈需要做大量的分析計算工作,用 WTD 軟體計算提供了優化分析的可能。低風速區域的風輪機葉片扭轉角要比處於高風速區域風輪機的扭轉角大。葉片葉輪弦長對功率的影響如圖 5.6 所示。

當風速很低(3〜6 m/s)時,弦長對功率的影響不明顯。兩倍弦長(葉片的弦長加寬為是原葉片弦長的 2 倍)葉輪的功率反而略小於原弦長葉輪的功率,這是因為當風速較低時,兩倍弦長葉片間的氣動干擾較大。風速從接近失速風速到高於失速風速時,弦長對功率的影

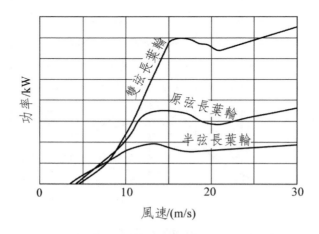

圖 5.6　不同弦長葉片葉輪的計算軸功率

響就變得很明顯。兩倍弦長葉輪功率近似於原弦長葉輪功率的 2 倍，而原弦長葉輪功率又近似於半倍弦長葉輪功率的 2 倍。這表明風輪機葉片間的氣動干擾隨風速提高而下降。WTD 軟體的數值計算結果與葉輪的氣動特徵定性一致。

    d. 風輪機啟動力矩分析計算。風力機葉輪的啟動力矩也是風力機設計的一個重要參數，它的大小決定了風力機的啟動風速。目前，其他風力機設計軟體都沒有分析計算風力機葉輪的啟動力矩的功能。WTD 軟體設計了這一功能，圖 5.7 提出了葉片安裝角為 2.5°、5.0° 和 10.0° 三種風輪機的計算啟動力矩。

    風力機的啟動風速是根據風輪機的啟動力矩和發電機及齒輪箱的啟動阻力矩來確定的。如果發電機及齒輪箱的啟動阻尼力矩為 10 N·m，則從圖 5.7 提出的計算結果可知，2.5° 安裝角葉輪的啟動風速應在 4.1 m/s 左右，5° 安裝角葉輪的啟動風速應在 3.2 m/s 左右，而 10° 安裝角葉輪的啟動風速應在 2.4 m/s 左右。由此可見，安裝角越大，啟動風速越低，風力機越容易啟動。

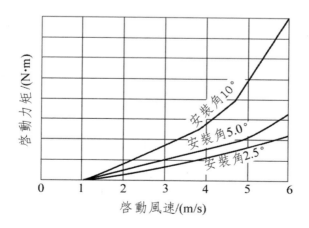

圖 5.7　不同葉片安裝角下計算的葉輪啟動力矩

e. 葉片數優化分析計算。有的風力機設計軟體不能準確反映葉片
　間相互作用的影響，用這些軟體來計算多葉片（例如片數超
　過 5～6 片）風輪機的功率時，就會產生很大的偏差。用它們
　計算的風能利用係數 C_P，有時會出現大於極限風能利用係數
　（0.593）的不合理結果。WTD 軟體分別計算了 3 片、6 片、
　12 片風輪機的功率和風能利用係數隨風速的變化。計算結果
　分別由圖 5.8、圖 5.9 表示。

　　比較 12 片和 3 片風輪機的軸功率計算結果可以發現，當風速低
於 11 m/s 時，12 片風輪機的軸功率低於 3 片風輪的軸功率；只有當
風速較高（如高於 14 m/s）時，12 片風輪的軸功率才會大大地高於 3
片風輪。

　　3 片風輪機大約在風速為 6 m/s 時達到其最佳風能利用係數（0.49
左右），而 12 片風輪機在這種風速下的風能利用係數只有 0.2 左
右。12 片風輪機在風速為 16 m/s 時才達到最佳風能利用係數（0.4 左

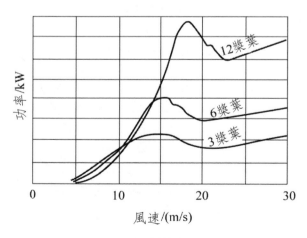

圖 5.8　不同葉片數時計算的葉輪功率

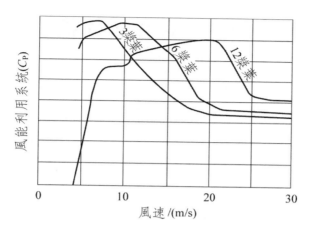

圖 5.9　不同葉片數的風輪機風能利用係數

右），原因是當風速較低時，12 片風輪機的葉片之間會產生較大的
氣動干擾，而 3 片風輪機的氣動干擾較小，因此低風速時，12 片風
輪機的風能利用係數和軸功率都遠遠低於 3 片風輪機；當風速較高
時，風輪葉片間的氣動干擾較小，因此，12 片風輪機的軸功率就高
於 3 片風輪機。由此可見，WTD1.0 軟體的數值計算結果能夠優化風
輪機葉片數目的選取。

　　考慮了流動三維效應的 WTD1.0 風力機設計軟體的計算結果，比
其他設計軟體準確、可靠，功能更強大。該軟體在設計葉片的安裝角
分佈、風輪的轉速、葉片翼型弦長分佈、葉片扭轉角分佈等方面均與
氣動特徵定性一致。WTD1.0 軟體還具有分析計算風力機葉輪啟動力
矩的功能和分析優化設計葉片數的功能。

5.3 風電場數值計算套裝軟體

GH BLADED 是一個完整的風電場分析計算套裝軟體，可用於計算海上、陸上風電場、風輪機、發電機、控制系統、塔架等全部工況範圍的氣動、強度振動性能和功率，並通過後處理自動生成圖形和表格。程式已為實測資料驗證。Garrad Hassan 研究風輪機性能和功率計算已有 20 餘年，成果已用於本套裝軟體。

用 Windows 作業系統可方便地使用 GH BLADED 軟體，風輪機計算採用工業標準。該軟體還可計算風和浪載荷，考慮了全部氣動彈性和液動彈性模型。

BLADED 軟體已被德國勞埃德公司用於風輪機的設計和驗證計算，還被全世界風力機和元件製造商、性能考核試驗中心、設計諮詢公司和研究機構採用。計算模式是多種多樣的，包括穩態分析、動力負荷模化、載荷和能量捕獲分析，自動生成報告文件，並與電網相聯及控制設計。

BLADED 教程版還可作為世界水準的風電技術培訓教材。

套裝軟體的計算功能包括以下幾方面。

⑴轉子部分分析計算

　①有 1～2 或 3 只葉片的轉子；

　②全部和部分展弦控制或副翼控制；

　③預彎曲葉片模型；

　④固定或齒型輪緣；

　⑤逆風或順風方向；

　⑥順時鐘向或逆時鐘向旋轉；

⑦葉片振動力學及與副翼耦合振動；

⑧葉片元件不失速和失速力矩；

⑨葉型插值；

⑩轉子質量、幾何設計和槳距不平衡；

⑪結冰葉片模型；

⑫葉片振動阻尼器。

(2)驅動單元分析計算

①剛性或扭轉撓性軸；

②齒輪驅動或直接驅動佈置；

③撓性安裝在齒輪箱上或平板上；

④二選一煞車位置；

⑤機械損失；

⑥用戶規定軸煞車特性。

(3)發電機和電氣分析計算

①定速和雙速感應式；

②變速和變滑差模型；

③變電壓和互動式網路電氣模型；

④網路電壓改變和波動計算；

⑤電氣損失模型。

(4)控制系統分析計算

①失速控制、槳距角控制或副翼控制；

②聯合式或單槳距式控制；

③定轉速或變轉速；

④感測器動力學；

⑤停用、空載、啟動、停機和載入類比；

⑥帶增益的 PI 控制器；

⑦所有風機控制功能可由用戶通過 MS Windows DLL 介面定義；

⑧控制器源代碼採用 FORTRAN、C 和 Visual Basic 語言；

⑨旋轉和線性槳距驅動；

⑩隨槳距確定的載荷支承摩擦。

(5)風機塔架和桁架分析計算

①風機塔架動力學；

②偏航動力學和偏航軸承摩擦；

③基礎撓性；

④風載荷；

⑤風浪和氣流載荷。

(6)風場模型分析計算

①大氣紊流三維模型；

②暫態風速、風向和剪切風由設計標準規定；

③剪切風的指數或對數模型；

④上流；

⑤塔架逆風和順風；

⑥逆風風輪機尾跡的渦黏性模型。

(7)風波和氣流分析計算

①JONSWAP 和 Pierson-Moskowitz 波譜；

②近表面流、亞表面流和進岸流；

③正常波和隨機波歷程；

④波模型的非線性波理論。

(8)回應分析計算

　　①葉片和塔架模型分析；

　　②葉片氣動力學；

　　③性能係數；

　　④功率曲線；

　　⑤平均穩態載荷；

　　⑥所有狀態的性能和載荷的詳細類比；

　　⑦**Matlab** 格式高階線性模型；

　　⑧地震載荷。

(9)後處理系統　有強大的後處理功能供分析計算結果：

　　①年均能量記錄；

　　②電氣擺動；

　　③端負荷預測；

　　④週期載荷和隨機載荷的採樣；

　　⑤概率分佈；

　　⑥自動譜分析；

　　⑦交叉譜、相干性和傳遞函數；

　　⑧聯合載荷的應力歷程計算；

　　⑨尖峰值和均值計算；

　　⑩多重載荷疲勞壽命分析簡要計算；

　　⑪雨流週期計算；

　　⑫疲勞分析；

　　⑬損壞的當量載荷；

　　⑭最終的載荷分析；

⑮基本統計表；

⑯傅立葉諧波分析；

⑰輸出資料到 ASCⅡ 文件；

⑱軸承壽命計算；

⑲增速箱時間和水平旋轉。

⑽圖示功能　圖示功能提供用戶快速、方便查看結果，並形成 MS OLE 文件、MS Word 文件、Excel 製表和製作 Power Point 幻燈片：

①多線圖表；

②繪圖；

③柱形表；

④線性和對數座標；

⑤三維和柱狀風場圖；

⑥自動製圖、製表到幻燈片和 MS Word 文件。

⑾專案管理

①用專案文件儲存和分解風輪機和計算精度；

②用計算結果的重複校驗早期工作；

③從別的專案文件或完成的計算輸入專案資料；

④管理計算表以停止確認計算；

⑤用靈活的繪圖功能快速高效檢查類比結果；

⑥自動生成 MS Word 專案文件和計算結果用於驗證專案。

⑿售後服務和軟體培訓

①售後服務和維護包括電話諮詢、電子郵件訪問和軟體升級。

②Garrad Hassan 公司將提供修改軟體以適合用戶的特別需要，某些修改將在商業練習中提供，培訓課程也有用。

⒀對電腦作業系統的要求　BLADED 軟體設計可用於個人電腦，用 Windows 98、ME、NT、2000 和 XP 作業系統，可提供 GH BLADED 軟體的示範版。

　　分析計算包括全部的運行狀態：啟動、正常運行、停機、空載和停用。用戶可用 MS Windows DLL 定義控制器功能。

　　用戶通過電腦終端可很方便地控制計算輸出功能：a. 葉片和塔指定部位的力和力矩；b. 輪緣和偏航支援指定部位的力和力矩；c. 軸、齒輪箱、煞車裝置、發電機的載荷；d. 轉子、發電機的旋轉速度；e. 機械和電氣損失；f. 葉片和塔的偏移和偏航值；g. 桁架加速度；h. 槳矩、控制器和感測器信號；i. 詳細的槳距資料；j. 功率輸出、電流、電壓；k. 指定葉片位置的詳細氣動資料。

5.4　風力機設計套裝軟體的開發

　　為了自行研製大型風力發電機，在「八五」期間，國家科委就安排了風力發電機設計套裝軟體的開發專案。參加該專案的單位有山東工業大學、瀋陽工業大學、航空部 602 所等。該套裝軟體由四個子包組成：風輪外形設計子包、風力機氣動載荷分析子包、風力機結構動力分析子包和風力機場址選擇子包。套裝軟體可完成風力機氣動設計、性能計算、動力學分析、風電場選址和經濟性分析，該套裝軟體共包括 19 個應用模組和兩個資料庫。

⑴風輪外形設計子包　確定風輪設計參數工程模組，包含 Glauert 方法計算程式，Wilson 方法計算程式。

⑵風力機氣動載荷分析子包　變槳矩風輪氣動特性計算程式，定常流
場氣動力特性計算與分析計算程式，非定常流場氣動力特性計算與
分析計算程式，風輪氣動載荷計算程式，座標轉換公式說明。

⑶風力機結構動力分析子包　葉片結構動力分析計算程式，塔架結構
動力分析計算程式，單槳葉氣動彈性穩定性分析計算程式，風輪塔
架氣動彈性穩定性分析及回應計算程式，風力機動穩定性分析計算
程式，風輪葉片非定常氣動力計算程式。

⑷風力機場址選擇子包　地形對風特性影響計算程式，複雜地形局部
環流數值計算程式，複雜地形流場計算程式，風力機尾流影響計算
程式，地形圖像合成操作說明。

⑸風力機設計資料庫　風力機翼型資料庫、風能資源資料庫。

⑹引入的外國程式　Wasp 程式、Park 程式、Graftool 程式。

5.4.1　風力機空氣動力學研究

⑴風輪氣動效率研究　為了提高風輪氣動效率，從分析翼型的環量入
手，發現翼型升力與其後緣形狀有關。通過在翼型後緣貼粗糙帶，
在翼型失速之前，可以提高翼型的升力，從而提高升阻比。利用二
元翼型風洞試驗，在翼型失速之前，發現升阻比增加；利用風力機
模型在風洞中試驗，在風輪失速之前，風輪效率提高；在 150 kW
風力機葉片上作貼粗糙帶試驗，在風輪失速之前，風力機發電量增
加 5%～10%。

⑵風力機翼型大攻角氣動特性研究　翼型選擇是風輪葉片設計的重

要內容，它直接影響風力機的風能利用效率。該研究選擇了 30 種常用的翼型進行風洞試驗，試驗攻角 $\alpha = -10° \sim 180°$，雷諾數 $R_e = (3.2 \sim 4.8) \times 10^5$，在中國首次獲得翼型在大攻角、低雷諾數下的氣動特性。

(3)風力機模型風洞試驗及風洞洞壁干擾修正研究　利用風力機模型風洞試驗可為風力機的風輪葉片外形設計及其參數選擇、實際性能預測、風輪的載荷計算和強度設計等提供科學依據。風洞試驗對風力機的氣動力研究很重要，但風力機模型風洞試驗的洞壁干擾十分嚴重，可達測量真值的 50%。研究得到的壁壓資訊洞壁干擾修正方法計算簡便、修正準確。

(4)葉片氣動彈性穩定性預估和診斷技術研究　該方法可對風力機葉片氣動彈性穩定性進行估算，其特點是應用能量法而不是傳統的特徵值法，應用考慮整個葉片的氣動彈性分析的準三元法而不是傳統的二元片條理論，應用經過試驗驗證的參數多項式方法對實際的葉片振型和頻率進行氣動彈性穩定性診斷，並考慮了機械阻尼的影響。

(5)旋轉風輪葉片流場顯示研究　利用葉片機理論設計和計算風力機的風輪時，一般假定在旋轉葉片上的流動是二元的，然而，實際上流動是三元的。所以，根據葉片機理論計算風輪效率時，計算結果和實際結果不一致。為了研究旋轉葉片上的流態，在葉片上黏絲線，當葉片旋轉時利用攝像機拍照，記錄葉片上的流態。從攝像記錄可以清楚地看出，葉根和葉尖的流動是三元的，這為基於葉柵的風輪設計和性能計算進行修正提供了理論基礎。

(6)考慮三元效應的風輪計算　以葉片機理論為基礎的風力機風輪設計和性能計算與實際情況不一致，考慮三元效應後，上海交通大學經

過分析和研究，提出了影響計算結果的三個組合因數，使計算結果明顯改善。

5.4.2　風力機動態測試方法的研究

該方法包括小型風力發電機結構動態問題分析、試驗方法及性能評估三個方面，明確了小型風力發電機的激振源，找到了零組件之間的動態回應關係，提出了動態性能的試驗方法和性能評估方法，並進行了驗證。

分析風力機結構動力特性時，採用了試驗模態分析技術來測試、分析風力機結構動力特性。通過對機組及零件的機械阻抗的測定，來識別機組及零件的結構動力參數，即各階固有頻率、阻尼、振型、模態剛度、模態質量等模態參數。還可以顯示出各階振型的活動圖像，並能繪製成圖形。可以對零件及機組在不同的結構狀態下進行試驗，比較結構狀態對動力參數影響的大小。這種方法不僅可以對新設計的機組及零件預測它的動力效果，找出結構上存在的薄弱環節，還可以對已有的修改後機組及零件進行性能預測及故障分析。該方法對提高風力機的設計水準、產品質量、降低成本及安全可靠性有重要作用。

5.4.3　儲能方法的研究

由於風能的不連續性和能量密度低，使用小型風力機發電時必須備有儲能裝置。在「七五」期間，進行了多種蓄電池的開發研究。

(1)少維護型鉛酸蓄電池　研究內容包括：a. 以低銻合金作正極板柵，提高板柵的耐腐性，延長電池使用壽命；b. 以鉛合金作負極板柵，提高氫的過電位，減少水耗，實現電池少維護；c. 改進正極活性物質配方，明顯改善正極軟化脫粉情況，提高活性物質利用率；d. 採用有效負極膨脹劑，提高負極活性物質利用率和低溫性能；e. 研製出軟質袋式塑膠隔板，防止極群底部和邊緣短路。

(2)陰極吸收式小型密封鉛酸蓄電池　密封鉛酸蓄電池是一種免維護電池，通過研究解決了密封蓄電池的設計理論，研製並採用高氫過電位板柵材料、選用超細玻璃纖維隔板以及貧電液設計、氧氣的陰極吸收和氫氧複合、限壓限流充電等關鍵技術，對電池進行密封結構設計。採用限壓閥，保證了電池組的密封性能。

(3)新型蓄電池　研究內容包括氧化還原電池和塑膠電池。通過對鐵鉻氧化還原電池的系統研究，完成了碳氈的篩選、改性及催化電極製備，單體電池組成條件和百瓦級組合電池的研製。在以上工作的基礎上，研製成與平衡電池配套比較完善的 270 W 和 550W 氧化還原電池系統；確定了塑膠電池用合成聚苯胺電極材料的最佳條件，研究了聚苯胺－鋅、聚苯腦鉛和聚苯臍鉀等系統。選擇了聚苯胺非水溶液作為放大基礎，研究了聚苯胺電極多種放大技術和塗層電極放大技術。

(4)蓄電池配套系統　研究包括以下內容。

①PVI 系列正弦波高效率逆變器　採用逆變器、四組直流電源串聯疊加的原理，組合成階梯正弦波輸出電壓。該逆變器使用單片微處理器控制及軟體階梯正弦波發生技術，在滿負荷與低負荷運行時均具有很高效率，輸出電壓頻率穩定性高、波形失真度低，特

別適合在負荷變化大、負荷因數低的光伏電站使用。

②蓄電池儲能自動切換控制與保護器　根據蓄電池不同的充放電率來判定保護電壓動作閥值的新型原理，與只根據蓄電池端電壓值進行保護的方法相比，其動作準確性高。主要技術指標如下：

a. 充放電率 10 h 率。過充電動作電壓為 14.0 V±0.5 V，過放電動作電壓為 11.8 V±0.15 V。

b. 10h充放電率 2 h 率。過充電動作電壓為 14.5±0.5 V，過放電動作電壓為 11.4 V±0.15 V。

c. 充放電率 2 h 率。過充電動作電壓為 15.0 V±0.5 V，過放電動作電壓為 11.5 V±0.15 V。

(5)風能其他儲能方式和混合系統

①風力制熱蓄熱　為了研究風力致熱，設計製造了一台集儲熱、換熱於一體的熱管式雙通道高效儲熱器，有效容積為 $1.19 \ m^3$，總儲熱量為 $7.2×10^4 \ kJ$，換熱能力為 $4.2×10^4 \ kJ/h$，該儲熱器與電熱管類比的風力制熱器（熱源）、散熱片組成一個可以穩定運行的熱循環系統。

②風力發動機與柴油發動機並聯運行　在河北省張北縣建立了一套由 20 kW 變速／恆頻風力發動機和相近容量的柴油發動機組成的中型風／柴並聯運行系統，該裝置運行平穩可靠。

完成了 5 kW 風電、柴油、蓄電池自動切換運行裝置。該系統可向用戶連續供電，當風速達到規定值 4～25 m/s 時，利用風力機發電，蓄電池處於充電狀態；風速偏低時，由蓄電池供電；當蓄電池放電到一定程度而風速仍然很小時，自動開啟柴油機組向蓄電池充電，以保證連續穩定供電。

在實驗室建立了一套微機控制的風力發動機類比系統，進行了風力發動機類比裝置與柴油發動機的並聯運行試驗。整個系統試驗運行時，電壓和頻率的穩定度滿足照明負荷和小容量動力負荷的要求。

5.4.4 小型風電場規劃方法的研究

1987年，中國風能技術開發中心組織有關專家對中國小型風電場（1～5MW）規劃方法進行研究，以探索適合當地的小型風電場的發展方針和技術路線。該研究報告共四章：第一章是緒論，介紹了風電場在中國內外發展狀況；第二章是規劃方法，內容包括規劃確定原則、風力資源分佈、市場預測分析、場址選擇方法、技術可行性分析（包括機型選擇、容量匹配、排列方式、並網質量、機群控制、環境影響）、經濟效益評估及社會效益評估；第三章是規劃論證，內容有廣東省南澳島風電場、福建省東山縣風電場、山東省叼龍嘴風電場、浙江省嵊泗縣中國－德國合作風電場、遼寧省大鹿島風電場及新疆三葛莊風電場可行性研究；第四章是規劃建設，內容包括風力發電的技術經濟分析、中國小型風電場的區域規劃、中國小型風電場的技術政策、中國小型風電場的經濟政策及中國小型風電場的管理體制。

第六章

典型風力機設計資料

6.1 德國 Repower 公司 5M 風力機典型資料

6.2 德國 Nordex 公司 S70/S77 風力機設計
資料

6.3 德國 Nordex 公司 N80、N90 風力機設
計資料

6.4 1200 kW 風力機設計資料

6.5 新疆金風科技風力機資料

6.6 廣東南澳風力機資料

6.7 國產小型風力機資料

　　目前，全球最大的風力機供應商是丹麥的 Vestas Wind Systems
公司，約占世界 22% 的市場份額，其次是德國的 Enercon 公司，
占 18.5%。其他還有丹麥的 NEG Micon、西班牙的 Gamesa、美國的
GE Wind、德國的 Repower 和西班牙的 Ecotecnia 公司，還有 Mode、
Nedwind、Zond 等供應商。

　　本章介紹德國 Repower 公司和 Nordex 公司的典型風力機設計資
料和中國一些典型風力機的設計資料，供參考。

6.1　德國 Repower 公司 5M 風力機典型資料

　　德國 Repower 公司的 5M 風力機是用於海上風電場，見圖 6.1。
⑴5 M 風力機典型資料　5 M 風力機額定功率為 5000 kW，設計額定
　風速為 13 m/s，轉子直徑為 126 m，設計轉速為 9.5 r/min，三片葉
　片，葉片長 61.5 m，重 17.7 t。用行星齒輪增速，雙回路非同步電

圖 6.1　德國 Repower 公司 5 M 風力機海上風電場

機，6 級。其典型資料見表 4.8。

⑵5M 風輪機特性核算　由表 4.8 已知：$r = 63$ m，$v_W = 13$ m/s，$P^* = 5000$ kW $= 5000000$ W，$n = 9.5$ r/min。

①核算能量利用係數（C_P）　風輪機功率與葉片長、風速、能量利用係數有下列關係

$$P^* = \frac{1}{2}\rho\pi r^2 v_W^3 C_P \tag{6.1}$$

能量利用係數　$C_P = \dfrac{2P^*}{\rho\pi r^2 v_W^3} = \dfrac{2 \times 5000000}{1.21 \times \pi \times 63^2 \times 13^3} = 0.302$ （6.2）

②核算葉頂周速／風速比 $\lambda = 4.82$

葉頂周速　$u = \dfrac{\pi D n}{60} = \dfrac{\pi \times 126 \times 9.5}{60} = 62.67$ （m/s） （6.3）

高速特性數　$\lambda = \dfrac{u}{W_f} = \dfrac{62.67}{13} = 4.82$ （6.4）

因此，5 M 風輪機的能量利用係數 C_P 偏低，風能沒有被高效利用，原因是高速特性數 λ 設計偏小，設計轉速偏低，設計點較大偏離最佳高速特性數 λ_P。

6.2 德國Nordex公司 S70/S77風力機設計資料

德國 Nordex 公司的 S70/S77 風力機也可用於海上風電場，如圖 6.2 所示。

⑴S70/1500kW、S77/1500 kW 風力機典型資料　S70/1500 kW 風力機 額定功率為 1500 kW，設計額定風速為 13 m/s，轉子直徑為 70m， 設計轉速為 14.8 r/min，三片葉片，葉片長 34 m，重約 5.6 t。用行 星齒輪增速，雙回路非同步電機，空氣冷卻。S77/1500 kW 風力機 與 S70 功率相同，轉子直徑略大，額定功率為 1500 kW，設計額定 風速為 13 m/s，轉子直徑為 77 m，設計轉速為 13.6 r/min，三片葉 片，葉片長 37.5 m，重約 6.5 t。用行星齒輪增速，雙回路非同步 電機，空氣冷卻。典型資料見表 4.7。

⑵S70 風輪機特性核算　由表 4.8 已知：$r = 35$ m，$v_W = 13$ m/s，$P^* = 1500$ kW $= 1500000$ W，$n = 14.8$ r/min，風能利用係數 $C_P = 0.29$ 。

①核算能量利用係數 C_P　風輪機功率與葉片長、風速、能量利用

(a)   (b)

圖 6.2　德國 Nordex 公司 S70/1500 kW(a)、S77/1500 kW(b) 風力機

係數有下列關係

$$P^* = \frac{1}{2}\rho\pi\, r^2 v_W^3\, C_P$$

能量利用係數 $\quad C_P = \frac{2P^*}{\rho\pi\, r^2 v_W^3} = \frac{2 \times 1500000}{1.21 \times \pi \times 35^2 \times 13^3} = 0.293 \quad$ （6.5）

②核算葉頂周速／風速比λ

葉頂周速 $\quad u = \frac{\pi Dn}{60} = \frac{\pi \times 70 \times 14.8}{60} = 54.2$ （m/s） （6.6）

高速特性數 $\quad \lambda = \frac{u}{v_W} = \frac{54.2}{13} = 4.17$ （6.7）

(3)S77風輪機特性核算 由表 4.8 已知：$r = 38.5$ m，$v_W = 13$ m/s，$P^* = 1500$ kW $= 1500000$ W，$n = 13.6$ r/min，風能利用係數 $\lambda=0.24$。

①核算能量利用係數 C_P 風輪機功率與葉片長、風速、能量利用係數有下列關係

$$P^* = \frac{1}{2}\rho\pi\, r^2 v_W^3\, C_P$$

能量利用係數 $C_P = \frac{2P^*}{\rho\pi\, r^2 v_W^3} = \frac{2 \times 1500000}{1.21 \times \pi \times 38.5^2 \times 13^3} = 0.242 \quad$ （6.8）

②核算葉頂周速／風速比 λ

葉頂周速 $\quad u = \frac{\pi Dn}{60} = \frac{\pi \times 77 \times 13.6}{60} = 54.8$ （m/s） （6.9）

高速特性數　　$\lambda = \dfrac{u}{v_W} = \dfrac{54.8}{13} = 4.22$　　　　　　　　　（6.10）

因此，S70/1500 kW、S77/1500 kW 風力機的風能利用係數 C_P 核算值與表 4.7 給定值相符，數值都偏低，風能沒有被高效利用。原因是高速特性數 λ 設計偏小，設計轉速偏低，設計點較大偏離最佳高速特性數 λ_P。見圖 6.3～圖 6.5。

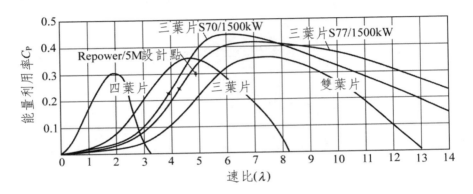

圖 6.3　S70/S77 風能利用係數圖

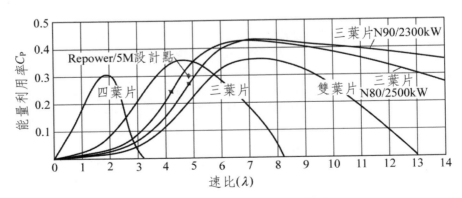

圖 6.4　N80/N90 風能利用係數圖

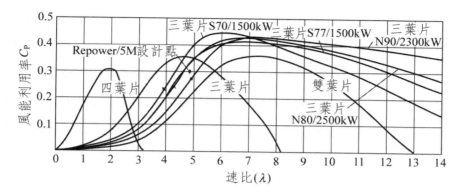

圖 6.5　S70/S77 和 N80/N90 風能利用係數比較圖

6.3　德國 Nordex 公司 N80、N90 風力機設計資料

德國 Nordex 公司 N80/2500 kW、N90/2300 kW 風力機也主要用於海上風電場，見圖 6.6。

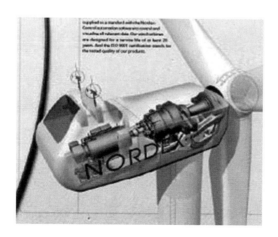

圖 6.6　NordexN80/N90 風力機外形圖

⑴N80/2500 kW、N90/2300 kW 風力機典型資料　N80/2500 kW 風力機額定功率為 2500 kW，設計額定風速為 15 m/s，轉子直徑為 80 m，設計轉速為 15 r/min，三片葉片，葉片長 38.8 m，重約 8.7 t。用行星齒輪增速，雙回路非同步電機，空氣冷卻。N90/2300kW風力機額定功率為 2300 kW，轉子直徑為 90 m，設計額定風速為 13 m/s，設計轉速 13.3 r/min，三片葉片，葉片長 43.8 m，重約 10.4 t。用行星齒輪增速，雙回路非同步電機，液體冷卻。典型資料見表 4.10、表 6.1。

⑵N80 風輪機特性核算　由表 4.9 已知：$r = 40$ m，$v_W = 15$ m/s，$P^* = 2500$ kW $= 2500000$ W，$n = 15$ r/min，風能利用係數 $\lambda = 0.241$ 。

①核算能量利用係數C_P　風輪機功率與葉片長、風速、能量利用係數有下列關係

$$P^* = \frac{1}{2}\rho\pi\, r^2 v_W^3\, C_P$$

能量利用係數　$C_P = \dfrac{2P^*}{\rho\pi\, r^2 v_W^3} = \dfrac{2 \times 2500000}{1.21 \times \pi \times 40^2 \times 15^3} = 0.244$　（6.11）

②核算葉頂周速／風速比 λ

葉頂周速　$u = \dfrac{\pi Dn}{60} = \dfrac{\pi \times 80 \times 15}{60} = 62.8$（m/s）　　　　（6.12）

高速特性數　$\lambda = \dfrac{u}{v_W} = \dfrac{62.8}{15} = 4.19$　　　　　　　　　（6.13）

⑶N90 風輪機特性核算　由表 4.10 已知：$r = 45$ m，$v_W = 13$ m/s，$P^* = 2300$ kW $= 2300000$ W，$n = 13.3$ r/min，風能利用係數 $\lambda = 0.269$ 。

①核算能量利用係數 C_P　風輪機功率與葉片長、風速、能量利用

係數有下列關係

表 6.1　功率—風能利用係數資料

風速／（m/s）	N80/2500 kW			N90/2300 kW		
	功率／kW	λ	C_P	功率／kW	λ	C_P
4	15	15.7	0.076	70	15.7	0.281
5	120	12.57	0.312	183	12.57	0.376
6	248	10.47	0.373	340	10.47	0.404
7	429	8.98	0.406	563	8.98	0.421
8	662	7.85	0.420	857	7.85	0.430
9	964	6.98	0.430	1225	6.98	0.431
10	1306	6.28	0.424	1607	6.28	0.412
11	1658	5.71	0.405	1992	5.71	0.384
12	1984	5.24	0.373	2208	5.24	0.328
13	2269	4.83	0.335	2300	4.83	0.269
14	2450	4.49	0.290	2300	4.49	0.215
15	2500	4.19	0.241	2300	4.19	0.175
16	2500	3.93	0.198	2300	3.93	0.144
17	2500	3.70	0.165	2300	3.70	0.120
18	2500	3.49	0.139	2300	3.49	0.101
19	2500	3.31	0.118	2300	3.31	0.086
20	2500	3.14	0.102	2300	3.14	0.074
21	2500	2.99	0.088	2300	2.99	0.064
22	2500	2.86	0.076	2300	2.86	0.055
23	2500	2.73	0.067	2300	2.73	0.048
24	2500	2.62	0.059	2300	2.62	0.043
25	2500	2.51	0.052	2300	2.51	0.038
	根據風力試驗測量和氣動計算			根據氣動計算		

$$P^* = \frac{1}{2}\rho\pi\, r^2 v_W^3\, C_P$$

能量利用係數　$C_P = \dfrac{2P^*}{\rho\pi\, r^2 v_W^3} = \dfrac{2 \times 2300000}{1.21 \times \pi \times 45^2 \times 13^3} = 0.272$　（6.14）

②核算葉頂周速／風速比 λ

葉頂周速　　　$u = \dfrac{\pi Dn}{60} = \dfrac{\pi \times 90 \times 13.3}{60} = 62.7$（m/s）　　（6.15）

高速特性數　　　$\lambda = \dfrac{u}{v_W} = \dfrac{62.7}{13} = 4.82$　　　　　（6.16）

因此，N80/2500 kW、N90/2300 kW 風力機的風能利用係數 C_P 核算值與表 4.9 給定值相符。數值都偏低，風能沒有被高效利用，原因是高速特性數λ設計偏小，設計轉速偏低，設計點較大偏離最佳高速特性數 λ_{opt}。見圖 6.4。

6.4　1200 kW 風力機設計資料

1200 kW 風力機的轉子直徑為 62 m，設計轉速為 15.5 r/min，設計功率為 1200 kW。典型設計資料見表 6.2。

表 6.2 1200 kW 風力機典型設計資料

風力機		1200 kW 風力機		風力機	1200 kW 風力機
轉子	直徑／m	62	葉片	掃風面積／m²	3019
	設計風速／（m/s）	12		轉向（從上風看）	順時針
	最大抗風速／（m/s）	59.5		類型	交流永磁同步發電機
	設計壽命／a	20		額定功率／kW	1200
	可用率／%	95		電壓／V	620
葉片	製造商	LM29.1P	發電機	周波／Hz	50
	材料	玻璃纖維強化聚酯樹脂		轉速／(r/min)	
	數目	3		功率因素	0.98
	轉速範圍／（r/min）	11～20		絕緣等級	F
	設計轉速／（r/min）	15.5		潤滑方式	自動加注潤滑脂
	葉尖速度／（m/s）	35.7～64.9		潤滑脂型號	SKF

由表 6.2 已知：$r = 31$ m，$P^* = 1200$ kW $= 1200000$ W，$n = 15.5$ r/min。

①核算能量利用係數 C_P 和設計風速 v_W　風輪機功率與轉子半徑、風速、能量利用係數有下列關係

$$P^* = \frac{1}{2}\rho\pi\, r^2 v_W^3\, C_P$$

能量利用係數和風速　$C_P = \dfrac{2P^*}{\rho\pi r^2 v_W^3} = \dfrac{2 \times 1200000}{1.21 \times \pi \times 31^2 \times 12^3} = 0.38$

（6.17）

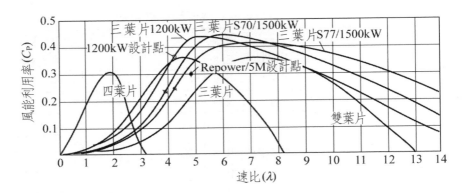

圖 6.7　1200 kW 風力機高速特性數圖

②核算葉頂周速／風速比λ

葉頂周速　$u = \dfrac{\pi Dn}{60} = \dfrac{\pi \times 62 \times 15.5}{60} = 50.3$（m/s）　　　　（6.18）

高速特性數　$\lambda = \dfrac{u}{V_W} = \dfrac{50.3}{12} = 4.19$　　　　　　　　（6.19）

因此，核算的 1200 kW 風力機的風能利用係數 $C_P = 0.38$，設計風速 $V_W = 12$ m/s，風能利用係數稍低，風能利用較好。如果高速特性數λ設計再高點，設計轉速再高點（如 18.5 r/min），設計功率可達 1360 kW。見圖 6.7。

6.5　新疆金風科技風力機資料

見表 6.3。

表 6.3　新疆金風科技風力機參數

型號	S43-600	S48-750	S62-1200
額定功率 / kW	600	750	1200
葉輪直徑 / m	43.2	48.4	62
設計風速（V_W）/（m/s）	14	15	12
風能利用係數 C_P	0.247	0.200	0.380
葉片數	3	3	3
轉速範圍 /（r/min）	17.8～26.8	22.3	11～20
設計轉速 /（r/min）	22.3	22.3	15.4
速比（λ）	3.60	3.77	4.17
葉片材料	玻纖強化聚酯樹脂		
傳動方式	一級行星二級固定	一級行星一級固定	
傳動比（i）	56.6	68.2	67.9
電機	雙繞組非同步	交流永磁同步	交流永磁同步
電機轉速[①] /（r/min）	1013～1519	1520	747～1358
葉片質量 / t	1.96	3.1	4.6
葉輪質量 / t	13	13.8	30.5
電機質量 / t	4.5	4.4	42
機艙質量 / t	22	22	10.5
塔架質量 / t	47	52.4	97.3
設計壽命 / a	20	20	20

①電機轉速＝轉速範圍×傳動比（i）。

6.6 廣東南澳風力機資料

見表 6.4。

表 6.4 廣東南澳風力機參數

參數	250 kW	750 kW	參數	250 kW	750 kW
額定功率 / kW	250	750	速比（λ）	3.93	3.39
葉輪直徑 / m	25	48.4	葉片材料	玻鋼複合材料	
設計風速（V_W）/（m/s）	14	14	傳動方式	圓柱	
風能利用係數（C_P）	0.307	0.246	傳動比（i）	23.6	67.4
葉片數	3	3	電機轉速 /（r/min）	1000	1000～1500
轉速範圍 /（r/min）	42	15/22.5	塔架型式	圓筒鋼結構	圓筒鋼結構
設計轉速 /（r/min）	42	18.75	塔架高 / m	30	50

6.7 國產小型風力機資料

⑴遼寧「天峰綠色能源有限公司」風力機參數（表6.5）

表6.5 遼寧「天峰綠色能源有限公司」風力機參數

型號	100 W	200 W	300 W	500 W	1000 W	2000 W	5000 W
額定功率／W	100	200	300	500	1000	2000	5000
最大輸出功率／W	225	300	450	750	1500	2600	6000
葉片數	3	3	3	3	3	3	3
風輪直徑／m	1.8	2.0	2.3	2.6	2.9	4.8	5.8
額定風速（V_W）／(m/s)	8	8	8	8	9	9	10
風能利用係數（C_P）	0.127	0.206	0.233	0.304	0.343	0.251	0.313
風輪額定轉數／(r/min)	600	570	530	459	390	250	200
速比（λ）	7.07	7.46	7.98	7.81	6.58	6.98	6.07
輸出電壓／V	28	28	28	28	56	115	230
支架高度／m	6	6	6	6	6	10.5	10.5
質量／kg	80	85	90	110	150	1000	1200
調速方式	定槳距氣動偏側限速，人工保護					電動，手動保護	
使用方式	不配逆變器	蓄電型／配逆變器輸出交流220V					

(2)典型小風力機資料（表6.6）

表 6.6　典型小風力機參數

型號	150 W	200 W	300 W	400 W	500 W	800 W	1000 W
額定功率／W	150	200	300	400	500	800	1000
最大輸出功率／W	200	250	400	500	700	1000	1200
風輪直徑／m	2	2.2	2.5	2.5	2.7	3.0	3.206
啓動風速／(m/s)	3	3	3	4	4	4	4
額定風速（V_W）／（m/s）	6	6	7	8	8	8	8
風能利用係數（C_P）	0.38	0.38	0.40	0.40	0.40	0.40	0.4
葉片數	2	3	3	3	3	3	3
額定轉速／（r/min）	450	450	400	400	400	400	375
速比（λ）	7.85	8.64	7.48	6.54	7.07	7.85	7.85
發電機	三相永磁同步						
充電控制	整流	整流	整流或逆變控制櫃			逆變控制器	
輸出電壓／V	28	28	28/42	28/42	28/42	56	
塔架型式	60鋼	60鋼	76鋼	76鋼	76鋼	76鋼	
塔架高度／m	5.5	5.5	6	6	6	6	
質量／kg	70	75	150	150	175	180	

第七章

風力機發電系統

7.1　風力機對發電機及發電系統的一般要求

7.2　恆速／恆頻發電機系統

7.3　變速／恆頻發電機系統

7.4　小型直流發電系統

　　風力發電包含了由風能到機械能和由機械能到電能兩個能量轉換過程，風力機發電系統承擔後一種能量轉換。發電系統直接影響這個轉換過程的性能、效率和供電質量，還影響前一個轉換過程的運行方式、效率和裝置結構。因此，研製和選用適合於風電轉換用的發電系統是風力發電技術的一個重要部分。

　　風速和風向是隨機變化的，為了高效轉化風能，要求風輪轉速隨風速相應變化，保持最佳的葉尖速比。因此有不同的發電系統。恆速／恆頻發電機系統是較簡單的一種，採用的發電機有兩種：同步發電機和鼠籠型感應發電機。另一種是變速／恆頻發電機系統，這是 20 世紀 70 年代中期以後逐漸發展起來的一種新型風力發電系統。風輪可以變轉速運行，可以在很寬的風速範圍內保持近乎恆定的最佳葉尖速比，從而提高了風力機的運行效率，從風中獲取的能量可以比恆轉速風力機高得多。與恆速／恆頻系統相比，風／電轉換裝置的電氣部分變得較為複雜和昂貴。

　　本章介紹恆速／恆頻發電機系統和變速／恆頻發電機系統，以及小型離網型風力機的直流發電系統。

7.1　風力機對發電機及發電系統的一般要求

　　風力發電包含了由風能到機械能和由機械能到電能兩個能量轉換過程，發電機及其控制系統承擔了後一種能量轉換任務，它不僅直接影響這個轉換過程的性能、效率和供電質量，而且也影響到前一個轉

換過程的運行方式、效率和裝置結構。因此，研製和選用適合於風電轉換用的、運行可靠、效率高、控制及供電性能良好的發電機系統是風力發電技術的一個重要部分。在考慮發電機系統的方案時，應結合它們的運行方式重點解決以下問題：

① 將不斷變化的風能轉換為頻率、電壓恆定的交流電或電壓恆定的直流電；

② 高效率地實現上述兩種能量轉換，以降低每度電的成本；

③ 穩定可靠地同電網、柴油發電機及其他發電裝置或儲能系統聯合運行，為用戶提供穩定的電能。

7.2 恆速／恆頻發電機系統

恆速／恆頻發電機系統一般來說比較簡單，所採用的發電機主要有兩種：同步發電機和鼠籠型感應發電機。前者運行於由電機極對數和頻率所決定的同步轉速，後者則以稍高於同步速的轉速運行。

⑴同步發電機風力　發電中所用的同步發電機絕大部分是三相同步電機，其輸出連接到鄰近的三相電網或輸配電線。三相電機一般比相同額定功率的單相電機體積小、效率高而且便宜，所以只有在功率很小和僅有單相電網的少數情況下，才考慮採用單相發電機。

普通三相同步發電機的結構原理如圖 7.1 所示。在定子鐵心上有若干槽，槽內嵌有均勻分佈的、在空間彼此相隔 120° 電角的三相電樞繞組 aa'，bb' 和 cc'。轉子上裝有磁極和勵磁繞組，當勵磁繞組通以直流電流 IT 後，電機內產生磁場。轉子被風力機帶動旋轉，則磁

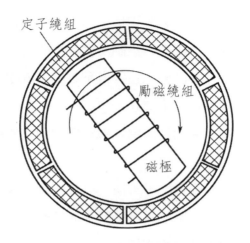

圖 7.1　三相同步發電機結構原理圖

場與定子三相繞組之間有相對運動，從而在定子三相繞組中感應出三個幅值相同、彼此相隔 120° 電角的交流電勢。這個交流電勢的頻率決定於電機的極對數 p 和轉子轉速 n，即

$$f = \frac{pn}{60}\qquad\qquad(7.1)$$

每相繞組的電勢有效值為　$E_0 = k_1\tilde{\omega}\phi$　　　　　　　（7.2）

式中，$\tilde{\omega} = 2\pi f$；ϕ 是勵磁電流產生的每極磁通；k_1 是一個與電機極對數和每相繞組匝數有關的常數。

同步發電機的主要優點是可以向電網或負載提供無功功率，一台額定容量為 125 kV·A、功率因數為 0.8 的同步發電機可以在提供 100 kW 額定有功功率的同時，向電網提供 +75 kW 和 −75 kW 之間的任何無功功率值。它不僅可以並網運行，也可以單獨運行，滿足各種

不同負載的需要。

　　同步發電機的缺點是它的結構，以及控制系統比較複雜，成本比感應發電機高。

⑵感應發電機　感應發電機也稱為非同步發電機，有鼠籠型和繞線型兩種。在恆速／恆頻系統中一般採用鼠籠型非同步電機，它的定子鐵心和定子繞組的結構與同步發電機相同。轉子採用鼠籠型結構，轉子鐵心由矽鋼片疊成，呈圓筒形，槽中嵌入金屬（鋁或銅）導條，在鐵心兩端用鋁或銅端環將導條短接。轉子不需要外加勵磁，沒有滑環和電刷，因而其結構簡單、堅固，基本上無需維護。

　　感應電機既可作為電動機運行，也可作為發電機運行。當作電動機運行時，其轉速 n 總是低於同步轉速 n_S（$n < n_S$），這時電機中產生的電磁轉矩與轉向相同。若感應電機由某原動機（如風力機）驅動至高於同步速的轉速時（$n > n_S$），則電磁轉矩的方向與旋轉方向相反，電機作為發電機運行，其作用是把機械能轉變為電能。有人把 $S = \dfrac{n_S - n}{n_S}$ 稱為轉差率，則作電動機運行時 $S > 0$，而作發電機運行時 $S < 0$。

　　感應發電機的功率特性曲線如圖 7.2 所示。

　　由圖 7.2 可以看出，感應發電機的輸出功率與轉速有關，通常在高於同步轉速 3%～5% 的轉速時達到最大值。超過這個轉速，感應發電機將進入不穩定運行區。

　　感應發電機也可以有兩種運行方式，即並網運行和單獨運行。在並網運行時，感應發電機一方面向電網輸出有功功率，另一方面又必須從電網吸收落後的無功功率。在單獨運行時，感應發電機電壓的建立需要有一個自勵過程。自勵的條件，一個是電機本身存在一定的剩

磁；另一個是在發電機的定子輸出端與負載並聯一組適當容量的電容器，使發電機的磁化曲線與電容特性曲線交於正常的運行點，產生所需的額定電壓，如圖 7.3 所示。

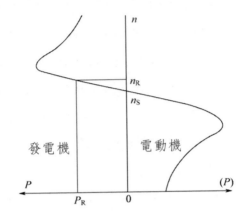

圖 7.2　感應發電機的輸出功率特性曲線

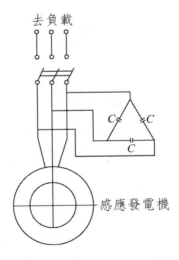

圖 7.3　感應發電機單獨運行的自勵磁電路

在負載運行時，一方面由於轉差值 $|S|$ 增大，感應發電機的優點維持頻率 f 不變，必須相應提高轉子的速度。另一方面，還需要補償負載所需的感性電流（一般的負載大多是電感性的）以及補償定子和轉子產生漏磁通所需的感性電流。因此，由外接電容器所產生的電容性電流必須比空載時大大增加，也即需要相應地增加其電容值。上述兩個要求如果不能滿足，則電壓、頻率將難以穩定，嚴重時會導致電壓的消失，所以必須有自動調節裝置，否則負載變化時，很難避免端電壓及頻率的變化。

感應發電機與同步發電機的比較如表 7.1 所示。

表 7.1　感應發電機與同步發電機的比較

專案		感應發電機	同步發電機
優點	結構	定子與同步發電機相同，轉子鼠籠型，結構簡單牢固	轉子上有勵磁繞組和阻尼繞組，結構複雜
	勵磁	由電網取得勵磁電流，不要勵磁裝置及勵磁調節裝置	需要勵磁裝置及勵磁調節裝置
	尺寸及質量	無勵磁裝置，尺寸較小，質量較輕	有勵磁裝置，尺寸較大，質量較重
	並網	強制並網，不需要同步裝置	需要同步合閘裝置
	穩定性	無失步現象，運行時只需適當限制負荷	負載急劇變化時有可能失步
	維護檢修	定子的維護與同步機相同，轉子基本上不需要維護	除定子外，勵磁繞組及勵磁調節裝置要維護
缺點	功率因數	功率因數由輸出功率決定，不能調節。由於需要電網供給勵磁的無功電流，導致功率因數下降	功率因數可以很容易地通過勵磁調節裝置予以調整，既可以在滯後的功率因數下運行，也可以在超前的功率因數下運行
	衝擊電流	強制並網，衝擊電流大，有時需要採取限流措施	由於有同步裝置，並網時衝擊電流很小
	單獨運行及電壓調節	單獨運行時，電壓、頻率調節比較複雜	單獨運行時可以很方便地調節電壓

7.3 變速／恆頻發電機系統

這是 20 世紀 70 年代中期以後逐漸發展起來的一種新型風力發電系統，其主要優點在於風輪以變轉速運行，可以在很寬的風速範圍內保持近乎恆定的最佳葉尖速比，從而提高了風力機的運行效率，從風中獲取的能量可以比恆轉速風力機高得多。此外，這種風力機在結構上和實用中還有很多的優越性，利用電力電子裝置是實現變轉速運行最佳化的最好方法之一，與恆速／恆頻系統相比，可能使風／電轉換裝置的電氣部分變得較為複雜和昂貴，但電氣部分的成本在中、大型風力發電機組中所占比例並不大，因而發展中、大型變轉速／恆頻風電機組受到很多國家的重視。變轉速運行的風力發電機有不連續變速和連續變速兩大類。

(1)不連續變速系統　一般來說，利用不連續變速發電機也可以獲得連續變速運行的某些好處，但不是全部好處。主要效果是比以單一轉速運行的風電機組有較高的年發電量，因為它能在一定的風速範圍內運行於最佳葉尖速比附近。但它面對風速的快速變化（湍流）實際上只引起一台單速風力機的作用，因此不能期望它像連續變速系統那樣有效地獲取變化的風能。更重要的是，它不能利用轉子的慣性來吸收峰值轉矩，所以，這種方法不能改善風力機的疲勞壽命。不連續變速運行常用的有幾種方法。

①採用多台不同轉速的發電機　通常是採用兩台轉速不同、功率不同的感應發電機，在某一時間內，只有一台被連接到電網，傳動機構的設計使發電機在兩種風輪轉速下，運行在稍高於各自的同步轉速。

②雙繞組雙速感應發電機　這種電機有兩個定子繞組，嵌在相同的定子鐵心槽內。在某一時間內，僅有一個繞組在工作，轉子仍是通常的鼠籠型。電機有兩種轉速，分別決定於兩個繞組的極對數，比起單速機來，這種發電機要重一些，效率也稍低一些，因為總有一個繞組未被利用，導致損耗相對增大。它的價格當然也比通常的單速電機貴。

③雙速極幅調製感應發電機　這種感應發電機只有一個定子繞組，轉子同前，但可以有兩種不同的運行速度，只是繞組的設計不同於普通單速發電機。它的每相繞組由匝數相同的兩部分組成，對於一種轉速是並聯，對於另一種轉速是串聯，從而使磁場在兩種情況下有不同的極對數，導致兩種不同的運轉速度。這種電機定子繞組有六個接線端子，通過開關控制不同的接法，即可得到不同的轉速。雙速單繞組極幅調製感應發電機可以得到與雙繞組雙速發電機基本相同的性能，但質量輕、體積小，因而造價也較低。它的效率與單速發電機大致相同。缺點是電機的旋轉磁場不是理想的正弦形，因此產生的電流中有不需要的諧波分量。

(2)連續變速系統　連續變速系統可以通過多種方法得到，包括機械方法、電／機械方法、電氣方法及電力電子學方法等。機械方法可採用可變速比液壓傳動或可變傳動比機械傳動；電／機械方法可採用定子可旋轉的感應發電機；電氣式變速系統可採用高滑差感應發電機或雙定子感應發電機等。這些方法雖然可以得到連續的變速運行，但都存在這樣或那樣的缺點和問題，在實際應用中難以推廣。

目前看來最有前景的當屬電力電子學方法。這種變速發電系統主要由兩部分組成，即發電機和電力電子變換裝置。發電機可以是市場

上已有的通常電機，如同步發電機、鼠籠型感應發電機、繞線型感應發電機等，也可以是近來研製的新型發電機，如磁場調製發電機、無刷雙饋發電機等；電力電子變換裝置有交流／直流／交流變換器和交流／交流變換器等。下面結合發電機和電力電子變換裝置介紹三種連續變速的發電系統。

①同步發電機交流／直流／交流系統　其中同步發電機可隨風輪變轉速旋轉，產生頻率變化的電功率，電壓可通過調節電機的勵磁電流進行控制。發電機發出的頻率變化的交流電首先通過三相橋式整流器整流成直流電，再通過線路換向的逆變器變換為頻率恆定的交流電輸入電網。

變換器中所用的電力電子器件可以是二極體、晶閘管（SCR）、可關斷晶閘管（GTO）、功率電晶體（GTR）和絕緣柵雙極型電晶體（IGBT）等。除二極體只能用於整流電路外，其他器件都能用於雙向變換，即由交流變換成直流時，它們起整流器作用，而由直流變換成交流時，它們起逆變器作用。

在設計變換器時，最重要的考慮是換向。換向是一組功率半導體器件從導通狀態關斷，而另一組器件從關斷狀態導通。在變速系統中可以有兩種換向，即自然換向（又稱線路換向）和強迫換向。當變換器與交流電網相連，在換向時刻，利用電網電壓反向加在導通的半導體器件兩端使其關斷，這種換向稱為自然換向或線路換向。而強迫換向則需要附加換向器件（如電容器等），利用電容器上的充電電荷，按極性反向加在半導體器件上強迫其關斷。這種強迫換向逆變器常用於獨立運行系統，而線路換向逆變器則用於與電網或其他發電設備並聯運行的系統。一般說來，採用線路換向的逆變器比較簡單、便宜。

　　開關這些變換器中的半導體器件通常有兩種方式：矩形波方式和脈寬調製（PWM）方式。在矩形波變換器中，開關器件的導通時間為所需頻率的半個週期或不到半個週期，由此產生的交流電壓波形呈階梯形而不是正弦形，含有較大的諧波分量，必須濾掉。脈寬調製法是利用高頻三角波和基準正弦波的交點來控制半導體器件的開關時刻，如圖 7.4 所示。這種開關方法的優點是得到的輸出波形中諧波含量小且處於較高的頻率，比較容易濾掉，因而能使諧波的影響降到很小，已成為越來越常見的半導體器件開關控制方法。

　　這種由同步發電機和交流／直流／交流變換器組成的變速／恆頻發電系統的缺點是，電力電子變換器處於系統的主回路，因此容量較大，價格也較貴。

②磁場調製發電機系統　這種變速／恆頻發電系統由一台專門設計的高頻交流發電機和一套電力電子變換電路組成，圖 7.5 示出磁場調製發電機單相輸出系統的原理框圖及各部分的輸出電壓波形。

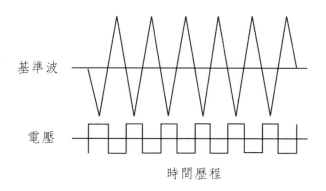

基準波

電壓

時間歷程

圖 7.4　脈寬調製原理

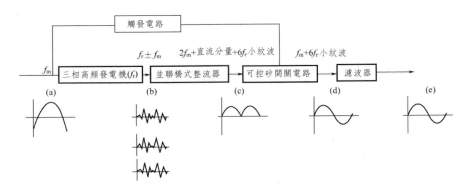

圖 7.5　磁場調製發電機單相輸出系統原理框圖及各部分輸出電壓波形

　　發電機本身具有較高的旋轉頻率 f_r，與普通同步電機不同的是，它不用直流電勵磁，而是用頻率為 f_m 的低頻交流電勵磁（f_m 即為所要求的輸出頻率，一般為 50 Hz），當頻率 f_m 遠低於頻率 f_r 時，發電機三個相繞組的輸出電壓波形將是由頻率為（$f_r + f_m$）和（$f_r - f_m$）的兩個分量組成的調幅波（圖中波形 b），這個調幅波的包絡線頻率是 f_m，包絡線所包含的高頻波頻率是 f_r。將三個相繞組接到一組並聯橋式整流器，得到如圖中波形 c 所示的、基本頻率為 f_m（帶有頻率為 $6f_r$ 的若干紋波）的全波整流正弦脈動波。再通過晶閘管開關電路使這個正弦脈動波的一半反向，得到圖 7.5 中的波形 d。最後經濾波器濾去紋波，即可得到與發電機轉速無關、頻率為 f_m 的恆頻正弦波輸出（波形 e）。

　　與前面的交流／直流／交流系統相比，磁場調製發電機系統的優點是：

　　a. 由於經橋式整流器後得到的是正弦脈動波，輸入晶閘管開關電路後基本上是在波形過零點時開關換向，因而換向簡單容易，

換向損耗小，系統效率較高。

b. 晶閘管開關電路輸出波形中諧波分量很小，且諧波頻率很高，很易濾去，可以得到相當好的正弦輸出波形。

c. 磁場調製發電機系統的輸出頻率在原理上與勵磁電流頻率相同，因而這種變速／恆頻風力發電機組與電網或柴油發電機組並聯運行十分簡單可靠。

這種發電機系統的主要缺點與交／直／交系統類似，即電力電子變換裝置處在主電路中，因而容量較大，比較適合用於容量從數十千瓦到數百千瓦的中小型風電系統。

③雙饋發電機系統　雙饋發電機的結構類似於繞線型感應電機，其定子繞組直接接入電網，轉子繞組由一台頻率、電壓可調的低頻電源（一般採用交—交迴圈變流器）供給三相低頻勵磁電流，圖7.6 提出這種系統的原理框圖。

當轉子繞組通過三相低頻電流時，在轉子中形成一個低速旋轉磁場，這個磁場的旋轉速度（n_2）與轉子的機械轉速（n_r）相疊加，使

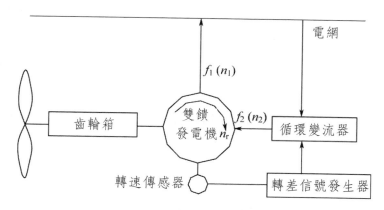

圖 7.6　1200 kW 風力機高速特性數圖

其等於定子的同步轉速 n_1，即 $n_r \pm n_2 = n_1$，從而在發電機定子繞組中感應出相應於同步轉速的工頻電壓。當風速變化時，轉速 n_r 隨之變化。在 n_r 變化的同時，相應改變轉子電流的頻率和旋轉磁場的速度，以補償電機轉速的變化，保持輸出頻率恆定不變。

系統中所採用的迴圈變流器是將一種頻率變換成另一種較低頻率的電力變換裝置。半導體開關器件採用線路換向，為了獲得較好的輸出電壓和電流波形，輸出頻率一般不超過輸入頻率的 1/3。由於電力變換裝置處在發電機的轉子回路（勵磁回路），其容量一般不超過發電機額定功率的 30%。

這種系統中的發電機可以超同步運行（轉子旋轉磁場方向與機械旋轉方向相反，n_2 為負），也可以次同步速運行（轉子旋轉磁場方向與機械旋轉方向相同，n_2 為正）。在前一種情況下，除定子向電網饋送電力外，轉子也向電網饋送一部分電力；在後一種情況下，則在定子向電網饋送電力的同時，需要向轉子饋入部分電力。

上述系統由於發電機與傳統的繞線式感應電機類似，一般具有電刷和滑環，需要一定的維護和檢修。目前正在研究一種新型的無刷雙饋發電機，它採用雙極定子和嵌套耦合的籠型轉子。這種電機轉子類似於鼠籠型轉子，定子類似單繞組雙速感應電機的定子，有 6 個出線端，其中 3 個直接與三相電網相連，其餘 3 個則通過電力變換裝置與電網相連。前 3 個端子輸出的電力，其頻率與電網頻率一樣，後三個端子輸入或輸出的電力，其頻率相當於轉差頻率，必須通過電力變換裝置（交／交迴圈變流器）變換成與電網相同的頻率和電壓後再連入電網。這種發電機系統除具有普通雙饋發電機系統的優點外，還有一個很大的優點就是電機結構簡單可靠，由於沒有電刷和滑環，基本上

不需要維護。

雙饋發電機系統由於電力電子變換裝置容量較小，很適合用於大型變速／恆頻風電系統。

7.4　小型直流發電系統

直流發電系統大都用於 10 kW 以下的微、小型風力發電裝置，與蓄電池儲能器配合使用。雖然直流發電機可直接產生直流電，但由於直流電機結構複雜、價格貴，而且帶有整流子和電刷，需要的維護也多，不適於風力發電機的運行環境。所以，在這種微、小型風力發電裝置系統中，所用的發電機主要還是交流永磁發電機和無刷自勵發電機，經整流器整流後輸出直流電。

⑴交流永磁發電機　交流永磁發電機的定子結構與一般同步電機相同，轉子採用永磁結構。由於沒有勵磁繞組，不消耗勵磁功率，因而有較高的效率。永磁發電機轉子結構的具體形式很多，按磁路結構的磁化方向基本上可分為徑向式、切向式和軸向式三種類型。

採用交流永磁發電機的微、小型風力發電機組常省去增速齒輪箱，發電機直接與風力機相連。在這種低速交流永磁發電機中，定子鐵耗和機械損耗相對較小，而定子繞組銅耗所占比例較大。為了提高發電機效率，主要應降低定子銅耗，因此採用較大的定子槽面積和較大的繞組導體截面，額定電流密度取得較低。

啟動阻力矩是微、小型風電裝置的低速交流永磁發電機的重要技術指標之一，它直接影響風力機的啟動性能和低速運行性能。為了

降低切向式永磁發電機的啟動阻力矩，必須選擇合適的齒數、極數配合，採用每極分數槽設計，分數槽的分母值越大，氣隙磁導隨轉子位置越趨均勻，啟動阻力矩也就越小。

　　永磁發電機的運行性能是不能通過其本身來進行調節的，為了調節其輸出功率，必須另加輸出控制電路，但這往往與對微、小型風電裝置的簡單和經濟性要求相矛盾，實際使用時應綜合考慮。

(2)無刷爪極自勵發電機　無刷爪極自勵發電機與一般同步電機的區別僅在於它的勵磁系統部分，其定子鐵心及電樞繞組與一般同步電機基本相同。

　　由於爪極發電機的磁路系統是一種並聯磁路結構，所有各對極的磁勢均來自一套共同的勵磁繞組，因此與一般同步發電機相比，勵磁繞組所用的材料較省，所需的勵磁功率也較小。對於一台 8 極電機，在每極磁通及磁路磁密相同的條件下，爪極電機勵磁繞組所需的銅線及其所消耗的勵磁功率將不到一般同步電機的一半，故具有較高的效率。另外，無刷爪極電機與永磁電機一樣均系無刷結構，基本上不需要維護。

　　與永磁發電機相比，無刷爪極自勵發電機除了機械摩擦力矩外，基本上沒有別的啟動阻力矩。另一個優點是具有很好的調節性能，通過調節勵磁可以很方便地控制它的輸出特性，並有可能使風力機實現最佳葉尖速比運行，得到最好的運行效率。這種發電機非常適合用於千瓦級的微、小型風力發電裝置。

第八章

國外風電場及發展

8.1　概況

8.2　世界主要風電場國家介紹

8.3　世界知名風力機供應商介紹

8.4　國外風能發電展望

　　全球已有 50 多個國家正積極促進風能事業的發展，風力發電在新能源和可再生能源行業中增長最快，平均年增長達到 35%，而美國、義大利和德國的年增長高達 50% 以上。德國風電量已占全國總發電量的 4.7% 以上，丹麥風電已超過總發電量 20%。到 2002 年底，世界累積的風力發電設備有 61000 台，總裝機容量為 3200 萬千瓦，歐洲占 75%。預計到 2007 年底，風力發電總能力累積將達到 8300 萬千瓦，其中歐洲達 5800 萬千瓦。

　　本章介紹世界典型的風電場和最知名的一些風電設備製造商。

8.1　概況

　　全球可利用的風能資源非常豐富，風能總量比地球上可開發利用的水能總量大 10 倍以上。19 世紀末，丹麥最早開始研究風力發電技術。隨著煤、石油和天然氣等化石燃料越用越少，空氣污染、水源枯竭、地球溫室效應等環境問題日趨嚴重，風力發電作為可再生的、無污染的乾淨能源受到人類越來越多的重視。20 世紀 70 年代，世界發生石油危機後，科學家開始重視利用風力發電，但那時的注意力是放在如何利用陸地上的風能，隨著科技的發展，現在已經逐步發展從陸地到海上風能的全方位的風能利用。風力發電在新能源和可再生能源行業中增長最快，平均年增長達到 35%，美國、義大利和德國的年增長高達 50% 以上。德國風電量已占全國總發電量的 4.7% 以上，丹麥風電已超過總發電量的 20%。

　　全球已有 50 多個國家正積極促進風能事業的發展。由於風力發

電技術相對成熟，許多國家投入較大、發展較快，使風電價格不斷下降，考慮環保和地理因素，加上政府稅收優惠和相關政策支援，在投資、電價方面有些地區已可與火電等能源展開競爭。自 1995 年以來，世界風能發電速度幾乎增加近 5 倍。同一時期，煤發電卻下降了 9%。在全球範圍內，風力發電已經形成年產值超過 50 億美元的產業。

截至 2001 年底，全球風能發電能力已經達到 2500 萬千瓦，比上一年增長 650 萬千瓦，增長了 35%。到 2002 年底，世界累積的風力發電設備有 61000 台，總裝機容量為 3200 萬千瓦，歐洲占 75%。預計到 2007 年底，風力發電總能力累積將達到 8300 萬千瓦，其中歐洲達 5800 萬千瓦。世界各國的風電裝機情況見表 8.1。

表 8.1　全球風電裝機容量地區分佈／MW

國家或地區		2004 年底	2005 年新增	2005 年底
非洲及中東	埃及	145	85	230
	摩洛哥	54	10	64
	突尼斯	20	0	20
	其他（佛得角、伊朗、以色列、約旦、尼日利亞、南非）	33	2	35
	合計	252	97	349
亞洲	印度	3000	1430	4430
	中國	764	498	1260
	日本	936	295	1231
	韓國	69	29	98
	臺灣	13	74	87
	菲律賓	0	25	25
	其他（孟加拉、印度尼西亞、斯里蘭卡）	3	2	5
	合計	4785	2352	7135

國家或地區		2004 年底	2005 年新增	2005 年底
歐洲（歐共體 25 國）	德國	16629.2	1798.8	18428
	西班牙	8263	1764	10027
	丹麥	3118	4	3122
	義大利	1264.6	452.4	1717
	英國	888	465	1353
	荷蘭	1078	141	1219
	其他（奧地利、比利時、立陶宛、盧森堡、馬爾他、波蘭、葡萄牙、斯洛伐克、斯洛文尼亞、瑞典、塞浦路斯、捷克、愛沙尼亞、芬蘭、法國、希臘、匈牙利、愛爾蘭、拉脫維亞）	3130	1557.8	1572.2
	歐洲自由貿易區（冰島、列支敦士登、挪威、瑞士）	169	110	279
	烏克蘭	72	10	81
	歐洲新增國（保加利亞、克羅地亞、羅馬尼亞、土耳其）	28	8	28
	其他（法羅群島、俄羅斯）	7	5	12
	合計	34647	6316	40904
拉丁美洲及加勒比海	哥斯大黎加	71	0	71
	加勒比	55	0	55
	巴西	29	0	29
	阿根廷	26	1	27
	哥倫比亞	20	0	20
	其他（智利、古巴、墨西哥）	6	5	11
	合計	207	6	213
北美	美國	6725	2431	9149
	加拿大	444	239	683
	合計	7169	2670	9832

　　20 世紀 90 年代以來，風電容量按年均 22% 增長，歐洲市場的年均增長高達 35%。2000 年，世界風能發電的總裝機容量為 1780 萬

千瓦，到 2001 年，總裝機容量為 2500 萬千瓦，增長了 40%。總裝機排在前四位的是德國、美國、西班牙和丹麥，見表 8.2，部分國家風電裝機超過 100MW 的時間見表 8.3。

表 8.2　2001 年世界風能利用前四位

國別	風電總裝機／萬千瓦	國別	風電總裝機／萬千瓦
德國	875	西班牙	330
美國	415	丹麥	250

表 8.3　世界上各國風電裝機超過 100MW 的時間

國別	年份	國別	年份	國別	年份	國別	年份	國別	年份
美國	1983	德國	1991	加拿大	1999	義大利	1999	荷蘭	1999
丹麥	1987	印度	1994	中國	1999	英國	1999		

　　一個國家若其風電跨過 10 萬千瓦這一門檻，則風電發展速度就會顯著加快。到 2002 年初，包括占世界人口一半的 16 個國家都進入風電快速發展期。

　　儘管增長很快，但實際地球上風力資源的開發才剛剛開始。人口稠密的歐洲有十分豐富的海岸風能，能滿足該地區全部能源需求。一些國家風能發電發展遲緩的原因並非風源不足，如法國與西班牙都擁有較多的風力資源，但法國的風能發電能力還不足 100 MW。主要原因是國家關於風能發電的宣傳力度不夠，公眾認為風能發電破壞風景和產生雜訊，從而妨礙該國的風力產業的發展。

　　目前，風能發電還不足世界總發電量的 1%，發展風電的潛力還很大。

　　風電的發展方向是變頻／恆速發電系統、大型化風力機和近海風力機。據預測，世界大型風力機市場將以年均 24.3% 的速率增長，到 2007 年總產值將達到 160 億美元，其中新建的大型風力機將占當

年世界已建風力機的 24%。

風力機正由 1 MW 等級向 2.5 MW、5～6 MW 大型化的方向發展。丹麥、德國、印度、義大利、日本、西班牙和美國等已可生產 MW 級或更大型的風力機。目前世界上最大的風力機為 7.3 MW，風輪直徑為 112 m。商品化的風力機已達到 2 MW 以上。

風電技術的不斷進步和風輪機的大型化、高效化和規模化，無疑將降低風電價格並推進其發展。20 世紀 80 年代初，每度風電約 30 美分，到 2001 年，下降到每度風電只售 3～4 美分，這是風能發電有發展前途的重要原因。

煤炭、天然氣、石油等燃料發電要產生大量溫室氣體，核能發電則面臨核廢料的處理問題，它們都不利於環境保護，而風能是一種取之不盡、沒有污染的可再生能源。發展風電在環境保護方面也有極大的優勢。

8.2　世界主要風電場國家介紹

與其他地區相比，歐洲的風能發電發展最快。2000 年，歐洲的風能發電功率增加了 450 萬千瓦，使歐洲風能發電的總功率達到 1700 萬千瓦，約占全世界風能發電能力的 70%。2001 年，德國的風能發電能力約 870 萬千瓦，占全歐洲風能發電能力的一半左右；西班牙和丹麥的風能發電能力也分別達到 330 萬千瓦和 240 萬千瓦。2002 年，歐洲新裝風機 5871 MW，德國、西班牙、丹麥共占 90%。德國風電的總裝機達 1200 萬千瓦，占到全國電力總裝機量的 4.7%；丹麥風電總裝機達 288 萬千瓦，占全國電力需求的 20%；2002 年歐盟國家風電裝機見表 8.4。

表 8.4　2002 年歐盟國家風電裝機匯總／MW

國家	2002 年新增	到 2002 年總容量	國家	2002 年新增	到 2002 年總容量
德國①	3247	12001	法國	52	145
西班牙	1493	4830	奧地利	45	139
丹麥	497	2880	瑞典	35	328
荷蘭	217	688	愛爾蘭	13	137
義大利	103	785	比利時	12	44
英國	87	552	希臘	4	276
葡萄牙	63	194	共 計	5871	23056

①德國的風電機總台數 12000 台。

2001 年，歐盟國家利用風能是美國的 4 倍多。在此後 10 年裡，歐洲至少有 10% 的電能需要由同主要高壓電網連接的大型風力渦輪機來提供。

在風能設備製造方面，美國僅有一家公司（就是現在申請破產保護的安然公司）生產風力渦輪機，而歐洲生產的風力渦輪機在全球市場上佔有 90% 的份額。

⑴德國風力發電　歐洲的風力發電居全球領先，其中德國十分重視風電發展，目前是世界上風電裝機最多，風電技術最先進的國家。2000 年增加了 2079 座風力發電機，新增裝機容量 266 萬千瓦。2001 年，德國正在運轉的風力發電機總數達到了 11500 座，總裝機容量 875 萬千瓦，風電產量已可滿足德國電力總需求量的 3.5%。2002 年的總裝機約 1200 萬千瓦，有風力發電設備約 1.43 萬套，年發電量達 247 億千瓦時（年利用 1797 h），足以滿足 750 萬個家庭的電力需求（3067 kW・h/家），風力發電量約可滿足全國電力消費量的 4.7%。德國風力發電設備的製造技術及規模也處於世界領先水準，在國際市場上佔有重要地位。位於德國漢堡西北

60 km 處，德國 Repower 公司的 5000 kW 風力發電機於 2005 年 2 月 3 日投運，是目前世界最大的風力發電機，該機葉片長 61.5 m，塔筒高 120 m，機艙自帶起重設備，可在風速為 3.5～25 m/s 範圍內安全運行。由控制中心負責運行狀態監控；輸出功率為 5 MW，年發電量可達 1700 萬千瓦時。該風電機轉子直徑為 126 m、控制盤高 120 m。Repower 公司稱 5000 kW 風電機是為沿海風電場設計的，先在陸地上測試。

2000 年，德國制定了《可再生能源促進法》，規定：a.擁有電網的電力供應公司必須無條件接受風能、太陽能等各類可再生能源發電設備所生產的電力；b. 根據電力生產設備的技術條件、生產成本，政府規定各種類型再生能源發電電價，並每 3～4 年調整一次；c. 從法律上規定的可再生能源發電電價，保證經營者可得到一定的利潤，從而激發了人們開發可再生能源的熱情。法國、義大利等國以德國的《可再生能源促進法》為藍本，制定了類似的法律。

鑑於國家的可再生能源政策，這樣投資一座風力發電場只需 7～8 年就可收回成本，而風力發電設備的使用壽命最少有 20 年，投資收益率很高，且沒有任何風險。

⑵西班牙的風能發電　西班牙是世界上第三大風電大國（除德國、美國之外），2004 年的風電總裝機容量為 1300 萬千瓦，計劃到 2010 年將達到 2000 萬千瓦，增加 54%。西班牙的風電公司（Camesa）是世界上第四大風電製造商。

⑶英國沿海風能電站　英國政府 2003 年已批准在英國東部沿海地區新建 4 個風能發電站，向 25 萬個家庭提供電力。這 4 個風能發電站每個將安裝 30 個風車，每個風電場發電能力分別為 108 MW。

這 4 座電站是 2001 年英國政府第一輪近海開發計劃中的 18 個近海風能專案之一，迄今已經有 12 座風力發電站獲准動工興建，總發電能力為 1200 MW。英國到 2010 年可再生能源發電將達到全國總電力的 10%。

(4)芬蘭的風能發電　芬蘭西部沿海城市拉赫在建的全國最大風力發電站已正式投入運行。這座風力發電站總投資近 1300 萬歐元，其中芬蘭貿工部提供的資助占 35%。芬蘭政府十分重視可再生能源的利用，積極支援芬蘭電力公司發展風力發電，到 2010 年芬蘭風力發電能力將增至 50 萬千瓦。

(5)瑞士的風能發電　瑞士聯邦能源局宣佈，瑞士將大力發展風能發電。計劃在 2010 年使風能發電量增加 10～20 倍，由目前的每年 500 萬千瓦時增加到 5000 萬～1 億千瓦時。

瑞士聯邦能源局、環境局和領土發展局經過協商，制定了一系列方針，使風能發電量在 2010 年在可再生能源中所占的比例達到 10%～20%。瑞士風能發電能力在歐洲處於落後地位。2000 年末，瑞士風能發電設施的總發電能力為 500 萬千瓦時，整個歐洲為 128 億千瓦時。

(6)美國的風能發電　美國有豐富的風能資源，美國 3 個州（北達科他、堪薩斯和德克薩斯）的風能就可滿足全美的能源需求。2001 年，美國對風能發電的投資達到了 17 億美元，新裝機總容量為 170 萬千瓦，比往年增長了一倍多。目前美國的風能發電總裝機容量達到 426 萬千瓦，可供 100 萬個家庭用電。

美國加州方圓約 34 km² 的地方有 3800 個風車，一個風車能用 30 年，4～6 年就能收回成本。政府規定，風電投產後，按發電量再減免一定的生產稅。目前聯邦政府的政策仍然是每產 1 kW · h 電減

稅 1.5 美分。美國風能發電的成本已從 20 世紀 80 年代的每千瓦時 30
美分降低到 2001 年每千瓦時 4 美分。

最近，美國德克薩斯風電場已向日本三菱重工公司訂購 160 台風
力機設備（表 8.5）。美國風電發展證實風能發電最重要的在於政府
的政策支援。

表 8.5　美國小型風力發電系統的設計指標

專案	1 kW 系統	8 kW 系統	40 kW 系統
輸出功率	1kW	8kW	40kW
周波		60	三相 60
發電方式	直流發電 / 配蓄電池	與煤氣發電 系統連接	獨立電源或 與電力網連接
額定風速	9 m/s	9m/s	9 m/s
轉速 /（r/min）			400、800、1760
使用年限	25 年以上	25 年以上	30 年以上
製造成本	1500$/kW	750$/kW	500$/kW

主要設備有風輪機、傳動機構、發電機、調節器、塔架、蓄電
池、逆變器和其他設備（不含風電場基建）。

(7)日本的風能發電　在多種可再生能源中，風力發電近年來在日本
發展迅速。2002 年，風電總裝機 46 萬千瓦，2003 年達 73 萬千瓦，
2004 年達到 100 萬千瓦。到 2010 年，風力發電將達到 200 萬千瓦。

三菱公司在東京建一座 2400 kW 的風電場，投資 2.5 億日元，
是日本目前最大的風力發電場，塔高 70 m，風輪葉片直徑為 92 m，
2005 年投入商業運行。

據國際能源署預測，到 2020 年，風電容量將達到 12.6 億千瓦，
總投資估算約需 6300 億美元，這將是全球機電製造業和風電建設的
一個巨大市場。

8.3 世界知名風力機供應商介紹

據歐洲風能協會統計，在 2004 年全球風電機組供應商市場份額統計中，處於前 10 位的見表 8.6。

表 8.6 2004 年市場上前 10 位的全球風電機組供應商

排名	公司名	市場份額	排名	公司名	市場份額
1	Vestas／丹麥	34.10%	6	SUZLON／印度	3.90%
2	Enercon／德國	18.10%	7	Repower／德國	3.40%
3	Gamesa／西班牙	15.80%	8	MHI／日本	2.60%
4	GE風能／美國	11.30%	9	Econtecnia／西班牙	2.60%
5	SIEMENS／德國	6.20%	10	Nordex／德國	2.3%

註：資料來源 www.exportinitiative.de，上海科技情報研究所整理。

⑴丹麥 Vestas　Vestas 集團是一個跨國公司，在 13 個國家有子公司及合資公司。主要業務是風電開發、製造、銷售、市場開拓和維修。產品的單機容量範圍從 660 kW 到 2 MW，即將推出 3 MW 產品。Vestas Technology 公司在丹麥、德國、義大利、印度和蘇格蘭生產風電機組，Vestas Wind System A/S 公司是哥本哈根股票市場的上市公司。丹麥 Vestas 公司是世界風力發電工業中技術發展的領導者，其核心業務包括開發、製造、銷售和維護風力發電系統。Vestas 於 1979 年開始製造風力發電機，並且自此在動力工業界起到了積極作用。1987 年，Vestas 開始專門集中力量於風能的利用研究，此後便從一個行業先鋒發展至在全球設有 60 個高科技的市場領軍團隊、員工逾 9500 人的大型企業。生產工廠遍佈丹麥、德國、印度、義大利、蘇格蘭、英格蘭、西班牙、瑞典、挪威及澳大

利亞。兆瓦級風力機 2004 年全球銷售量為 8154 MW，Vestas 的銷售量為 2784 MW，2004 年佔據市場份額 34.1%；至 2004 年底，全球安裝量為 47912 MW，Vestas 的安裝量為 17538 MW，佔據市場份額 36.7%。在歐洲專利局網站上以 VESTAS WIND SYSTEMS AS 為申請人的公開專利有 98 件（至 2005 年 7 月）。

⑵美國 GE　GE Wind Energy 公司作為世界主要的風力發電機供應商之一，風力機的設計和生產位於德國、西班牙和美國佛羅里達州，並且製造高質量的風力機葉片，提供先進的機組製造、維護方案等服務。目前的產品容量為 1.5～3.6 MW，都具有變速變槳距運行的特徵，且配置了獨特的「WindVAR」電子控制裝置，可用於海上風電場或內陸電場，其中的 1.5 MW 風力機已經製造安裝了 2300 個，是全球銷售量最好的機型之一。在歐洲專利局網站上以 GE Wind Energy 為申請人的公開專利有 5 件（至 2005 年 7 月）。

⑶德國 Enercon　Enercon 公司是德國最大的風電機組製造商。德國 Enercon GmbH 公司是一個總部位於德國 Aurich 的私人企業，在馬格德堡、德國、瑞典、巴西、印度和土耳其設有生產工廠。成立於 1984 年，被譽為風能產業研究和發展的推展先鋒力量。它作為全球研製兆瓦級風力發電機的領先企業，至 2004 年已安裝了超過 7300 個風力發電機，售出的風力機具有高產能、運行維護成本低的特點，且質量保證 10 年。1991 年，公司開發了世界上首個無齒輪風能系統，1993 年，開始大規模製造無齒輪風力發電機，並制定了能源輸出、可靠性和服務壽命等方面的新標準。為了確保在風電機領域技術、質量和安全性的領先地位，葉輪等所有的主要構件都自行研發、生產。目前的單機容量為 330 kW～4.5 MW，機型有

E-33、E-48、E-70、E-112 等。在歐洲專利局網站上以 Enercon 為申請人的公開專利有 33 件（至 2005 年 7 月）。

⑷西班牙Gamesa　西班牙Gamesa Wind GmbH 公司風力機容量範圍為 850 kW～2 MW，就在 2005 年 6 月還與中國山東、福建各簽訂了建造 40 套及 8 套風力發電機組，總容量逾 34 MW，價值 2000 萬歐元的合約。在歐洲專利局網站上以 Gamesa 為申請人的公開專利有 45 件（至 2005 年 7 月）。西班牙風力發電公司 Gamesa 向中國出售總價值近 4000 萬歐元的風力發電機組，這是中國迄今為止一次性購買風力發電機數量最大的一次採購活動。

　　Gamesa 2005 年 1 月 24 日稱，已經達成向中國供應總計 94 部風力發電機組的兩份合約，總裝機容量達 8 萬千瓦，這兩份合約價值近 4000 萬歐元。94 部機組中 36 部將安裝在位於福建省的大唐漳浦六鰲風電場，另外 58 部將安裝在吉林省境內的華能洮北風電場內。所有機組將在 2005 年第二季度完成裝配。到目前為止，Gamesa 已在中國完成了 21.7 萬千瓦的風力發電機組的安裝工作，預計到 2005 年年底前，其按照裝機容量計算的市場佔有率將達到 30%。

　　風力發電在全球範圍內已形成年產值超過 50 億美元的產業。中國風能資源儲量居世界首位，僅陸上可開發的裝機容量就達 2.5 億千瓦，商業化、規模化的潛力很大。目前中國已建成 40 多個風電場，然而風電裝機容量僅占其全國電力裝機的 0.11%，且風力發電設備主要依靠進口。據國際能源署預測，到 2020 年，風電容量將達到 12.6 億千瓦，總投資估算約需 6300 億美元，這將是全球機電製造業和風電建設的一個巨大市場。據預測，屆時中國的風電投資將達到近 1000 億美元，因此吸引了眾多頂級風機製造商紛紛進入中國。

(5)丹麥 NEG Micon　NEG Micon 公司是世界領先的風電機組製造商之一，它在國際風力發電市場佔有一席之地，其各地員工總數將近 1500 人，已經介入風力技術研發達 20 多年，公司有 7400 餘個機組在全球各地安裝運行，占風力機生產容量總數的 23.4%。研發中心位於丹麥，並建立了一個附屬機構的網路，在全球 20 多個國家設有辦事處或技術支援機構，這使得 NEG Micon 能緊密聯繫重要市場的客戶。NEG Micon 提供的風力機容量範圍為 600 kW～2 MW，每個機組都確保操作簡易、使用效率高、性能最優化。提供完整方案，幫助客戶完成整個工程的安裝、使用；採用最好的技術確保標準產品的提供和產品適應當地條件之間的平衡，完成最佳的客戶方案；具有一個全面的服務網路可持續監測安裝進程。NEG Micon 現正致力於提供 3～5 MW 的海上風電廠大型發電機組。在歐洲專利局網站上以 NEG Micon 為申請人的公開專利有 45 件（至 2005 年 7 月）。

(6)丹麥 Bonus　從 1979 年起，Bonus 公司一直是丹麥的主要風電機組製造商，也是世界著名的供應商之一，持續不斷地開發風電機組技術。丹麥 Bonus Energy A/S 公司的首台風力機的生產始於 1980 年，具有 4～5 個葉片，葉輪直徑為 15～18 m，電機輸出功率為 15～18 kW，此後成千上萬的風力機安裝於世界各地。1997 年製造了首台 1 MW 風力機，次年末製造了 1.3 MW 和 2 MW 的陸上風力機。2002 年著手建造由 72 台 Bonus 2.3 MW 風力機構成的海上風力場。目前 Bonus 生產銷售的風力機為 600 kW、1 MW、1.3 MW 和 2 MW 等級。Bonus 風力機被譽為高品質、邏輯可靠的設計思維、細節方面具有創造性，其主要技術特點在於三葉片、定速旋轉、直驅

式、帶有自動風閘和動力液壓風閘的安全系統，並且具有專業的測試方法，包括軟體、輸出功率、雜訊、對環境的影響等方面。在歐洲專利局網站上以 Bonus 為申請人的公開專利有 88 篇，以 Bonus ENERGY 為申請人的公開專利有 41 件（至 2005 年 7 月）。

(7)德國 Repower SYSTEMS AG　Repower 於 2001 年 1 月成立，由三家有多年風電研發、營銷、運行經驗的公司合併組成，在希臘、法國和西班牙有子公司。Repower Systems AG 公司在德國是一家領先的風力機製造商，市場份額逾 10%，這不僅歸功於公司的市場戰略，還有著眼於專業化、智慧化的客戶服務，即提供點對點風能專家服務。公司的特色在於採用 Repower 核心技術的風力機和可靠的特定服務。其風力機容量範圍為 1.5～5 MW，葉輪直徑為 70～126 m。不論地處強風區或弱風區、平原或山脈、陸上或海上，Repower 一樣提供對應的高收益、高可靠性、成本經濟的機組方案。在歐洲專利局網站上以 Repower SYSTEMS AG 為申請人的公開專利有 19 件（至 2005 年 7 月）。

(8)西班牙 MADE TECNOLOGIAS RENOVABLES　MADE 公司成立於 1940 年，屬於恩德薩集團，在可再生能源領域內積累了 20 多年的經驗，是西班牙業內的領頭企業，在西班牙巴亞多利省擁有一座 75000m^2 的、70 多名員工的研發中心，在西班牙和中國西北地區多處建造了風力發電機組。主要型號有 AE-32、AE-46、AE-52 和 AE-61，容量為 300 kW～1.3 MW。在歐洲專利局網站上以 MADE TECNOLOGIAS RENOVABLES 為申請人的公開專利有 3 件（至 2005 年 7 月）。

(9)德國 Nordex　Nordex ENERGY GMBH（DE）集團是一個全球範

圍風能系統的製造商,大體上致力於兆瓦級風力機的製造。基於創新的技術,製造的風電機可安裝於陸上或海上、風大處或風小處等多種地理位置,最大容量達 5 MW。服務範圍涉及全球各個角落,如中國、埃及沙漠、加拿大的山脈、美國加利福尼亞州以及歐洲海岸。Nordex 的葉片和控制系統是使機組效率最大化的主要零組件,如 Nordex S70、Nordex N80、Nordex N90 等機型都採用了變槳距的方式獲取最大能源,減小雜訊,Nordex Control 控制系統時刻記錄、評估和控制風力機內外部資訊,完整控制和調整風力機系統及風電場,並能在線觀察所記錄的運行資料。在歐洲專利局網站上以Nordex 為申請人的公開專利有 31 件(至 2005 年 7 月)。

⑽日本 Mitsubishi Heavy Industry(MHI)　日本三菱重工(MHI)的 Power Systems Headquarters 於 1980 年起致力於風力發電機組的研發,較成熟的機組為容量 250 kW～1 MW 的感應式或變速機型,主要出口到美國市場,並開始在墨西哥建立葉片生產設施。其在全世界範圍製造安裝了逾 1700 套機組,目前正在研製 2.4 MW 樣機,擬在 2006 年投入運行。三菱重工將向美國德克薩斯州的風力發電場供應 160 座單機輸出功率為 1000 kW(該公司新開發的「MWT-1000 A」型風輪機)的風力發電設備,總輸出功率為 16 萬千瓦,總投資為 1.684 億美元(相當 1000 $/kW)。該風力發電站將是全球規模最大的風力發電群。風力發電場將建在全年有穩定風源的德克薩斯州西部的丘陵地帶,已經簽署契約,將發出的電力全部出售給當地的民間電力公司,將提供大約 5 萬個家庭使用的電力。

新開發的「MWT-1000 A」與以往機型相比,新產品在風速低時也可以高效發電,年發電量與以往產品相比高出 15% 以上。

風車主體和控制設備由長崎造船所製造，槳葉片將由該公司與美國公司的合資企業共同開發，在墨西哥建立的工廠生產。

目前該公司風力發電設備的累計訂單已經達到 1652 座。今後，三菱重工將把 MWT-1000 A 作為大型風力發電設備的主力機種擴大其銷售。在歐洲專利局網站上以 MITSUBISHI HEAVY 為申請人的公開專利有 95 件（至 2005 年 7 月）。

⑾俄羅斯研製出 30 kW 小型移動風力發電機　為滿足無電地區、偏遠村鎮和野外工作需求，2006 年 4 月俄羅斯成功研製出一種可機動運輸、操作簡便、功率為 30 kW 的小型風力發電機。這種風力發電系統可裝在一個集裝箱內，使用時打開頂蓋拉出風車，其折疊的 7.5 m 長葉片在水平感測器作用下，依風向自動展開、旋轉，可持續發電，滿足小村鎮的日常用電需求。

這種風力發電系統可在風速為 5 m/s 時運行，並能承受 25 m/s 的大風。如維護得當，使用壽命可達 25 年。此外，在風力微弱時，發電系統自帶的柴油機可與風機一同運轉；完全無風時，柴油機還能單獨帶動發電機發電。

8.4　國外風能發電展望

據國際能源署公佈的資料，到 2020 年，全世界風電容量將達到 12.6 億千瓦，是 2002 年世界風電裝機容量的 38.4 倍，總投資估算約需 6300 億美元。目前歐洲在風電的技術和應用上處於領先地位，占全世界風電裝機容量的 74%。

風能利用的激增，部分原因是技術上有了突破。當第一個風電

設備於 20 年前在美國（大部分在加州）建造時，渦輪機就像玩具似的，直徑為 9.144 m，雜訊大，效率低。而現在風渦輪機比一架波音747 的翼展還要寬，每秒有 15 t 空氣快速穿過它們。渦輪機旋轉更加緩慢，這意味著它們發出的雜訊更小。

發展風力發電的關鍵環節是新技術和新材料，流體力學專家在這些方面進行了大量研究，風力發電的技術和材料已有很大改進。過去風力發電機的葉片是用金屬製造的，現在改為用更加輕盈和堅硬的玻璃纖維或碳纖維。專家們對風車車翼的形狀也進行了改造，改為流線形外殼。法國「法瑪通公司」（Framatome）還發明了圓盤式交流發電機，取消了原來既笨重又易破碎的零組件。這個圓盤形轉子裝配了750 kW 的空氣發電器。按照這一原理，這家公司正在研製 1.5 MW的風力發電機。與此同時，德國人和丹麥人已經研製 2～3 MW 的發電機。

但隨著科技的發展，利用海上風力發電已提到議事日程。早在1994 年英國倫敦海上工程公司的船舶設計師恩‧托恩就領導一個國際性的財團進行風力發電機的計劃，以使海上風力發電進入商業運轉。這台風力渦輪機有 45 m 高，可以產生 1.4 MW 的電力。目前，海上風力發電機的樣機終於研製成功。

自 1995 年以來，世界風能發電以 487% 的速度增長，即幾乎增加近 5 倍。同一時期，煤發電卻下降了 9%。用於風渦輪機製造及開發風能源的投資報酬率極高，如設在丹麥的 Nordex 公司是世界上最大的渦輪機製造商之一，其 2001 年頭 9 個月的營業額上升了 19%，新訂貨上升 56%。歐洲風能協會最近已將其 2010 年歐洲風能計劃從4000 萬千瓦修正到 6000 萬千瓦。即便是多年來忽視風能利用的法

國，2000 年 12 月也提出，近 10 年內使風力發電達到 500 萬千瓦。在美國的俄勒岡和華盛頓州的交界處，將建 30 萬千瓦的世界第一個風電廠。德國 70 多家個體風電開發戶計劃在 2002 年安裝 259 萬千瓦風力發電機，2003 年也是這一數量，如果成功的話，則在 2003 年年底，德國風力發電總量將超過德國政府 2010 年風力發電達 1250 萬千瓦的目標。

(1)蘇格蘭將建造歐洲最大的風力發電站　英國蘇格蘭地方政府 2006 年 4 月已經批准建造發電量為 322 MW 的風力發電站，這將成為目前歐洲最大的風力發電站。由蘇格蘭電力公司承建的風力發電站位於蘇格蘭東南部基爾布賴德附近的懷特利，面積約為 80 km²，擁有 140 個發電機，總發電量為 322 MW。預計發電站將於 2009 年建成投產，屆時將可以滿足蘇格蘭 2% 以上的用電需求，每年減少 65 萬噸二氧化碳排放量。蘇格蘭地方政府提出 2020 年實現再生能源發電量達到蘇格蘭總發電量 40%，還計劃建造幾座規模為懷特利發電站一倍以上的大型風力發電站。

(2)英國擬建全球最大風力發電廠　一家愛爾蘭公司 2005 年 2 月計劃在北海興建一座全球最大的風力發電廠，耗資高達 175 億港元，落成後的發電廠可向蘇格蘭提供近兩成電力。愛爾蘭 Airtricity 公司準備建造一座擁有 5000 部風力機的風力發電廠。該公司的目標為 2010 年以再生能源生產蘇格蘭 18% 的電力，到 2020 年增至 40%。英國人設計的風力渦輪發電機採用的是一個空心混凝土製成的穩定浮體平臺。在浮體平臺上固定一台風力渦輪機。這個漂浮的平臺用聚酯樹脂製成的高強度耐海水腐蝕的繩索系在許多錨上，即使在颶風中，風力渦輪機也能保持穩定。此外，有一根海底電纜

把風力渦輪機發出的電力送到岸上和陸地的公用電網相連。曾經幫助俄羅斯打撈遇難核潛艇「Kutsk 號」的荷蘭 Mammoet 公司也從 2001 年開始建立海上風力發電站，但他們的風力渦輪發電機不是安裝在浮體平臺上，而是建立在淺海海底的水泥基座上。

(3)美國籌建首個海上風力發電場 2006 年 4 月美國計劃在麻塞諸塞州旅遊勝地科德角（CapeCod）興建世界最大的海面風力發電場。風電場工程位於離岸 6 mile（1 mile =1.609 km，下同）的海面，計劃在 24 mile^2（1 mile^2 = 2.590 km^2，下同）範圍內建立 130 個風力機，相當於一個小鎮的占地面積。每個風力機組高出水面 75.3 m，幾乎接近自由女神像 93 m 的高度。生產高峰期其發電量將超過 400 MW，足以滿足 40 萬戶家庭的用電需求，相當於科德角及整個海島總用電量的 75%。

隨著槳葉空氣動力學、材料、發電機技術、電腦和控制技術的發展，風力發電技術的發展極為迅速。單機容量從最初的數十千瓦級，發展到最近進入市場的數兆瓦級風力機組；功率控制方式也從定槳距角失速控制向全槳葉變槳距角和變轉速控制方向發展；運行可靠性從 20 世紀 80 年代初的 50% 提高到現在的 98% 以上，並且可對風電場運行的全部風力發電機組實現集中控制、遠端遙控和無人監控。風電場發展空間也從內陸移到海上。到 2001 年 10 月，全世界風力發電總裝機容量已突破了 2000 萬千瓦，其中當年新增的裝機容量就達到 500 萬千瓦，年增長 25%，風能已成為一種現實的、重要的可再生能源。

據國際能源署公佈的資料，到 2020 年，全世界風電容量將達到 12.6 億千瓦，是 2002 年世界風電裝機容量的 38.4 倍，總投資估算約需 6300 億美元。

第九章

中國風電場及發展

9.1 中國風電場概況

9.2 中國部分省份主要風電場介紹

9.3 中國主要風電設備供應商簡介

9.4 風電發展展望

9.5 中國開發的 FD70A/FD77A 風力機

9.6 風電發展前景

本章介紹中國的風電資源、風電場以及主要的風電設備供應商。

9.1　中國風電場概況

中國風能資源儲量居世界首位，總計可開發利用的風能總量為 2.53 億千瓦，僅次於俄羅斯和美國，居世界第三，僅陸上可開發的裝機容量就達 2.5 億千瓦。這十幾年來，中國對風能資源狀況作了深入的勘測調查，見表 9.1，中國風能資源分佈很廣，在東南沿海、山東、遼寧沿海及其島嶼年平均風速達到 6～9 m/s，內陸地區，如內蒙古北部，甘肅、新疆北部以及松花江下游也屬於風資源豐富區，風速達到 6.3 m/s，在這些地區均有很好的開發利用條件。目前，中國已建成 40 多個風電場，然而風電裝機容量僅占全國電力裝機的 0.11%，因此具有巨大的商業化、規模化發展空間。這幾年由於交通條件得到極大的改善，電網覆蓋程度有了很大的提高，許多風資源豐富地區已置於電網覆蓋之下，也為建設大型風電場提供了更有利的條件。為了促進中國風電產業發展，一些政策已經開始進行實施，這些

表 9.1　中國風能儲量分佈／萬千瓦

省份	可開發量	省份	可開發量	省份	可開發量
內蒙	6180	遼寧	610	黑龍江	1720
吉林	640	甘肅	1140	河北	610
山東	390	江蘇	240	新疆	3430
海南	64	江西	290	浙江	160
福建	140	廣東	200		

必將有力地影響中國風電事業的發展。

20 世紀 90 年代是中國風能利用的發展階段，其中的主要設備採用的是進口設備並由國外政府軟貸款協助完成。中國已運行的最大風力機是 1.3 MW，由德國 Nordex 公司生產，共 4 臺，裝在遼寧營口仙人島風力發電場。目前已有各種用途的微型風力機（1 kW 以下）、小型風力機（1～10 kW）、中型風力機（10～150 kW）共 15 萬多臺。

近 10 年，中國風電裝機以年均 55% 的速度增長。2000 年，風電總裝機為 34.4 萬千瓦；2002 年，風電總裝機增加到 46.84 萬千瓦，增長 36.2%，已占全國電力總裝機（3.53 億千瓦）的 0.13%。截至 2003 年底，已建成的風電場達 40 個，風力發電機組達 1042 臺，累計裝機總規模為 56.7 萬千瓦，見表 9.2。2005 年中國風力發電裝機總量超過 100 萬千瓦，到 2010 年將達到 400 萬千瓦，到 2020 年將達到 2000 萬千瓦，屆時在全國電力能源結構中的比例將占到 2%。預計到 2050 年，風電市場和相關產業有 7000 億元的市場潛力，年均產值 140 億元。

表 9.2　全國風電分佈詳細統計

序號	風電場名稱	裝機臺數	裝機容量／kW
1	新疆達阪城風電二廠	197	112800
2	寧夏賀蘭風電場	132	112200
3	內蒙古輝騰錫勒風電場	94	68500
4	廣東南澳風電場	128	56390
5	河北承德風電場	88	53700
6	甘肅玉門風電場	74	52200
7	廣東惠來石碑山風電場	87	52200

序號	風電場名稱	裝機臺數	裝機容量／kW
8	內蒙古克旗達里風電場	73	51360
9	內蒙古克旗賽罕壩風電場	73	51360
10	吉林洮北青山風電場	58	49300
11	山東長島風電場	59	44750
12	新疆達阪城風電一廠	69	35700
13	河北尚義滿井風電場	23	34500
14	遼寧仙人島風電場	48	32660
15	福建六鰲風電場	36	30600
16	吉林通榆風電場	49	30060
17	新疆達阪城三場	20	30000
18	黑龍江富錦風電場	27	24300
19	遼寧東崗風電場	38	22450
20	遼寧海洋紅風電場	28	21000
21	浙江括蒼山風電場	33	19800
22	廣東汕尾紅海灣風電場	25	16500
23	上海南匯風電場	11	16500
24	山東即墨鳳山風電場	15	16400
25	吉林洮南風電場	19	16150
26	黑龍江伊春大青山風電場	19	16150
27	福建南日島風電場	19	16150
28	浙江蒼南風電場	26	14350
29	廣東惠來海灣石風電場	22	13200
30	山東棲霞風電場	19	12200
31	黑龍江木蘭風電場	20	12000
32	遼寧康平風電場	12	10200
33	遼寧彰武風電場	12	10200
34	河北張北風電場	24	9850
35	遼寧法庫風電場	12	9600
36	吉林長嶺風電場	11	9350
37	河北張北滿井風電場	6	9000

序號	風電場名稱	裝機臺數	裝機容量／kW
38	海南東方風電場	19	8755
39	遼寧橫山風電場	24	7400
40	內蒙古朱日和風電場	32	6900
41	福建平潭風電場	10	6000
42	福建東山風電場	10	6000
43	山東榮成風電場	4	6000
44	黑龍江穆稜十文字風電場	4	4900
45	內蒙古錫林風電場	13	4780
46	上海崇明風電場	3	4500
47	吉林富裕風電場	6	4500
48	遼寧錦州風電場	5	3750
49	內蒙古商都風電場	12	3600
50	遼寧小長山風電場	6	3600
51	遼寧大長山風電場	6	3600
52	上海奉賢風電場	4	3400
53	遼寧獐子島風電場	12	3000
54	廣東深圳大梅沙風電場	8	2000
55	新疆阿拉山口風電場	2	1200
56	河北豐寧風電場	2	1200
57	新疆布林津風電場	7	1050
58	香港南丫島風電場	1	800
59	寧夏紅磧子風電場	1	750

　　截止到 2005 年底，中國風能資源豐富的 15 個省、市、特別行政區及自治區已建成風電場 59 座，累計運行風力發電機組 1869 臺，總容量達 1246.31 MW（以完成 2005 年 12 月 31 日整機吊裝作為統計依據，去掉了 26 臺退役機組，1 個風電場）。

　　目前中國運行機組中各供應商見表 9.3，國產風電機占總量的

11.6%。2002 年中國新增風力機供應商比例見表 9.4。

表 9.3　目前中國運行機組中各供應商比例

序號	製造商	總容量／kW	占總裝機的比例／%
1	NEGMicon	162890	34.77
2	Nordex	71250	15.21
3	Vestas	68920	14.71
4	新疆金風	24600	5.25
5	MADE	18480	3.95
6	Nedwind	17500	3.74
7	Zond	16500	3.52
8	西安維德	17400	3.71

表 9.4　2002 年中國新增風力機供應商比例

序號	製造商	總容量／kW	占總裝機的比例／%
1	NEGMicon	10500	15.7
2	Nordex	15000	22.4
3	Vestas	9900	14.8
4	新疆金風	13800	20.6
5	西安維德	10800	16.1

目前國外廠商供貨的風力機組，每千瓦綜合造價已從 10000 元降到 9500 元（指 600 kW 風電機組）。中國 600 kW 風電機組，每千瓦綜合造價在 7650 元以下。圖 9.1 是中國風電歷年裝機情況。

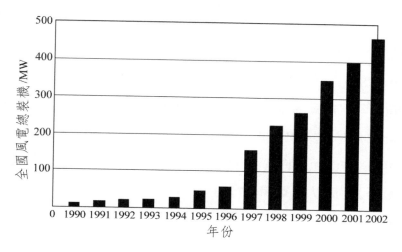

圖 9.1 中國風電歷年裝機情況

9.2 中國部分省份主要風電場介紹

中國東南沿海、山東、遼東、內蒙、甘肅北部及松花江下游是風能豐富區，風能密度大於 200 W/m² （相當風速為 6.9 m/s）；東北、西北、華北北部及青藏高原中部、北部是風能較豐富區，風能密度大於 150 W/m² （相當風速為 6.3 m/s）；四川盆地、塔里木盆地西部及雅魯藏布江河谷，風能密度小於 50 W/m²；其餘地區的風能密度為 50～150 W/m² （相當風速為 4.37～6.3 m/s）。江蘇啟東、浙江、吉林都有運行很好的風力電站。目前，中國已開始自行研製 1000 kW 級大型風力發電機組，並建設風電場。

⑴內蒙古 是中國北部地區的風能富集區，可開發的風能儲量為 1.01 億千瓦，占全國風能儲量的 40%，居全國之首。內蒙古的風能

分佈範圍廣、面積大、穩定性高、連續性好、無破壞性風速等優良品位。經測定，10 m 高度年平均風速在 6 m/s 以上，年可利用 4400～7800 h，開發條件十分優越。

2004 年，內蒙古電力公司與北京國際電力開發投資公司簽署了《合作開發輝騰錫勒 12 萬千瓦風力發電機組專案協議書》。該專案投資總額為 9 億元，將在 2008 年奧運會之前分兩期興建總裝機容量為 12 萬千瓦的風力發電場（7500 元／kW）。

⑵廣東省 沿海風能資源非常豐富，借風生電經濟效益、環保效益明顯，開發潛力巨大。目前，廣東利用風能發電在全國排名第二。

廣東沿海的風能質量好（風能密度高、時間長），一年約有 8 成多時間可發電。有效風能密度普遍在 200～300 W/m^2 以上（風速為 7～8 m/s），有的地區達 400～500 W/m^2（風速為 8.7～9.4 m/s），有效發電時間約 7500 h，約占全年時間的 85%。廣東近期可裝機容量達 550～600 萬千瓦，每年可發電 100 億～120 億千瓦時，相當於全省水力發電的裝機容量（660 萬千瓦），開發潛力相當大。廣東沿海每年的風電可開發量相當於 6.08 億噸標準煤的發電量，這個用煤量占全省一次能源的 20.6%。廣東省為季風氣候，4～9 月的雨季水量足，水力發電量大，但相對風力小；而旱季 10～3 月的雨量少，水電不足，但風力大，風電量大。廣東可以利用風能、水利兩者配合互補，來調節全省電力供應。

廣東目前已建成投產的南澳、惠來、汕尾風電場，其中南澳風電裝機達 5.4 萬千瓦，已成為全國第二大風電場。此外，將要投產發電或立項的有惠來海灣石二期 3 萬千瓦、湛江碢洲島 3 萬千瓦、東海島 3 萬千瓦、汕尾甲東 10 萬千瓦、惠來燈塔 10 萬千瓦風電場。

全國裝機容量最大的風電場建設專案，惠來石碑山 10 萬千瓦風電場已經動工，新電場於 2006 年建成。風電場擁有近 200 臺風機。廣東近期風電裝機容量將可達到 300 萬千瓦。

廣東省 20 世紀 80 年代就在南澳島開始進行風力發電試驗。自 1989 年南澳島風能首期工程安裝 1 臺 90 kW 和 2 臺 150 kW 風機以來，國內外多家公司競相在南澳島、惠來、汕尾等地投資安裝風機。至 2003 年底，廣東省並網風力發電機組共 177 臺，裝機總容量 86390 kW。目前，廣東有南澳、惠來、汕尾三個風電場，對解決海島和其他沿海邊遠地區的用電起到很大作用。

廣東將率先建海上風電場，在海上發展風電前景更好。廣東建設南澳 2 萬千瓦海上風電場專案獲得批准立項，標誌著中國首個海上風電場建設專案在粵東南澳島正式啟動。目前，這個總投資達 2.4 億元人民幣的建設專案已進入可行性研究階段，將於 2 年內建成投產。

(3)新疆　烏魯木齊達阪城風力發電廠的單機容量和總裝機容量居全國第一，並成為亞洲最大的風力發電場。目前，新疆風能裝機總容量已超過 10 萬千瓦，風能利用已由試驗示範階段步入規模化經營。截至 2005 年，中國電力投資集團公司、新疆風能公司、新疆天風發電股份有限公司等已在達阪城、阿拉山口、布林津等風區建立 5 座風力發電廠，裝機容量達 18 萬千瓦，占全國 15 個風電開發省區 126 萬千瓦裝機總量的 14.3%，位居全國第一。其中，達阪城風電場總裝機容量達到 14 萬千瓦，成為亞洲已建成的最大風力發電地區。達阪城風力發電基地距離烏魯木齊 37 km，風輪機架高達 40 m。600 kW 型風力發電機有 90% 以上實現了國產化。

(4)寧夏　寧夏天淨賀蘭山風力發電公司目前已投入資金 4000 萬元，

　　共安裝 6 臺風力發電機組，裝機總容量為 5000 kW（每臺 833 kW）。預計 2004 年 11 月底前安裝完畢，並開始試運行。二期工程將於 2005 年二季度完成，24 臺風力發電機組全部投產後，稅金預計可達 50 萬～100 萬元。

⑸上海　首座風力發電場（奉賢）已正式並網發電。風輪距地面 65 m，投資總額 3800 萬元，共 4 臺風輪機，總功率 3400 kW（每臺 850 kW）。還將在南匯、崇明沿海建設裝機容量為 2 萬千瓦的風力發電機組。

⑹湖北省　第一座風力發電廠——咸寧九宮山風力發電一期工程 2004 年 4 月動工，2005 年初並網發電。九宮山風力發電場地區是中國最適宜利用風力發電的地區之一，可建總裝機 30 萬千瓦風力發電場。

⑺河北省　河北省張北縣於 2004 年 8 月 4 日與北京國投節能公司簽訂專案合作協定，該專案規劃裝機總容量為 100 萬千瓦。初期先開發的規模為 20 萬千瓦風力發電場，總投資 16 億元，為 2008 年綠色奧運供電。

⑻吉林省　國家發改委已批准吉林省通榆縣 48 萬千瓦風電特許經營權建設專案。到 2010 年，這個縣將建成全國最大的風電場，裝機總量 48 萬千瓦，年發電 8 億千瓦時，產值 5 億元，稅收 8000 萬元。

　　列入特許經營權專案，就意味著列入了國家風電發展計劃。同時專案進行國際招標建設，國家電網公司承諾輸出線路建設和收購電量。目前已有一個數十臺風車、總裝機容量 3 萬千瓦的風電場在通榆縣運行。

⑼江蘇省　2004 年亞洲最大的風電場在江蘇如東洋北墾區破土動

工，此舉標誌著江蘇可再生能源規模化發展已正式啟動。如東一期
10 萬千瓦風電場是「國家特許權示範專案」工程，總裝機容量為
10 萬千瓦，共設風機 80 臺，其主設備為 1250 kW 風輪發電機，預
計總投資 8 億元。該專案在 2005 年 6 月竣工。並網後年發電量為
2.5 億度。此外，二期工程 15 萬千瓦，總投資 12 億元；三期工程
60 萬千瓦，總投資 60 億元。

如東有 100 多千米的海岸線，−2 m 以上灘塗 100 多萬畝，農田
158 萬畝（1 畝 = $\frac{1}{15}$ hm^2 = 666.67 m^2，下同），風能、太陽能、潮汐
能、農業秸稈、沼氣等資源極為豐富。該縣已先後按國標建成 13 座
高 70 m 的測風塔，每隔 8 km 都有完整的風資源資料。

投資 105 億元的三期專案到 2010 年全部建成，並網發電量可達
26 億千瓦時，實現年產值 25 億元，年利稅 7.5 億元。

儘管中國近幾年風力發電年增長都在 50% 左右，但裝備製造水
準與裝機總容量已開發還有很大差距。中國風力發電裝機容量僅占全
國電力總裝機的 0.11%，風力發電潛力巨大。表 9.5 是 2002 年中國
風電場總容量排序。

表 9.5　2002 年中國風電場總容量排序

序號	風電場	總臺數	總容量／kW	平均單機／kW
1	新疆達阪城 2 號	147	75300	512
2	廣東南澳	130	56690	436
3	內蒙輝騰錫勒	72	42700	593
4	遼寧仙人島	47	31660	615/1300
5	吉林通榆	49	30060	613
6	遼寧東崗	38	22450	590

序號	風電場	總臺數	總容量／kW	平均單機／kW
7	遼寧丹東	28	21000	750
8	內蒙古克什克騰	28	20160	720
9	浙江括蒼山	33	19800	600
10	甘肅玉門	29	16200	559
11	浙江鶴頂山	23	13250	576
12	廣東惠來	22	13200	600
13	新疆達阪城1號	32	12100	378
14	廣東汕尾	15	9900	660
15	河北張北	24	9850	410
16	遼寧法庫	12	9000	750
17	海南東方	19	8755	460
18	遼寧橫山	24	7400	308
19	內蒙古朱日和	32	6900	216
20	福建平潭	14	6800	486
21	福建東山	10	6000	600
22	山東長島	9	5400	600
23	遼寧錦州	5	3750	750
24	內蒙古商都	12	3600	300
25	河北承德	6	3600	600
26	遼寧小長山	6	3600	600
27	遼寧獐子島	12	3000	250
28	內蒙古錫林	10	2980	298
29	新疆阿拉山口	2	1200	600
30	新疆布林津	7	1050	150
31	浙江泗礁	10	300	30
32	山東榮成	3	165	55
	全國總計	910	468420	

9.3 中國主要風電設備供應商簡介

中國在 20 世紀 50 年代就開始風力發電機的研製和應用，但並網大型風力發電機組起步較晚。由於現階段風力發電設備主要依靠進口。與國際水準相比，中國風電機組的單機容量較小，一些關鍵零組件仍需要進口，國產零組件質量有待提高。另外，海上風電的資源勘查、設備製造、施工安裝及運行還比較落後。

中國 20 世紀 90 年代初起步開發 100 kW 並網風力機，現 600 kW 已國產化，能夠小批量生產。中國風力機三個主要的定點主機廠是新疆金風科技、洛陽一拖／美德、西安維德。永濟電機廠 2000 年起步開發 150 kW 風電用的發電機，現已能批量生產的系列有 600 kW、660 kW、750 kW 風力發電機。

中國正從事風力機開發研製和風輪機葉片材料生產的廠家主要有以下幾個。

⑴新疆金風科技公司　由新疆新風科工貿整體變更重組，1998 年組建，註冊資金 3230 萬元，員工 58 人，共有股東 14 個（新疆風能公司、中國水利投資公司等）。主力機型是 S43/600 kW，2003 年引進 750 kW 的風力機技術。600 kW 級國產化風力機已生產銷售 184 臺，國產化率達 96%，價格比國外同型風力機低 15%，在中國市場佔有 50% 份額。國家「863」計劃正開發兆瓦級的國產風力機，由新疆金風、直升機研究所、瀋陽工業大學承擔專案研究。科研由新疆風力發電工程技術研究中心支援，已引進 BLADED 設計軟體。

⑵西安維德風電設備公司　是由西安航空發動機公司和德國諾德巴

克一杜爾公司（Nordex BALCKE-DURR）組成的合資公司。主力
機型為 N43/600 kW。

⑶上海申新風力設備公司　引進德國 JACOBS 公司 43/600 kW 全部
技術，國產化率為 72%，上海電機廠控股。

⑷北京萬電公司　生產 WD646/600 kW 風力機，中國唯一能生產變
槳距角風力機型的廠家。

⑸中航保定惠騰風電設備公司　由中國航空第二集團保定螺旋槳製造
廠、中國航空工業燃機公司、美國惠騰能源集團合資建立，生產風
輪機葉片和各種複合材料。

⑹四川德陽東方汽輪機廠　2004 年，東汽與德國的 Repower 公司簽
訂了 ND77/ND70 許可證轉讓協定，東汽按德國 Repower 公司提供
的成套技術，成套供貨 1100～2100 kW 的風力發電機組。成為目
前中國最大的風力機供應商和研發企業。

　　2005 年，東汽廠成套供貨 7 臺 FD70A 風力機已在山東榮成投
運。2006 年東汽又簽約內蒙呼倫貝爾 33 臺 FD70A 的風力機，預計
2006 年 9 月投運；新疆達阪城 20 臺 FD70A 的風力機，預計 2007 年
7 月投運。

　　中國的風力發電裝置大都由歐美引進，而且都是 17～22 m 長的
玻璃鋼葉片，分佈在新疆、內蒙、河北和福建等地，規模小、風電成
本較高。碳纖維與玻纖的混成（Hybrid）葉片正在研製之中，分別由
北京 703 所和景德鎮複合材料等單位研製，迄今尚未投入試運行。這
一點與國外的差距在逐漸拉大，國外 LM 玻璃纖維公司現正開發長達
54 m 的全玻纖葉片，還進一步開發在橫樑和葉片端部少量選用碳纖
維的 61 m 大型葉片，用於發展 5 MW 級的風輪機。德國葉片製造廠

Nordex Rotor 正開發 56 m 長的碳纖維葉片，他們認為，葉片長度超過一定尺寸後，因為材料用量下降，碳纖維葉片並不一定比玻纖葉片貴。現在國外新的 5 MW 級風力機葉片的整個橫樑都採用碳纖維。

中國的風能事業距離自主開發還有漫長的道路要走。風能產業是一個系統工程，除各種風力發電技術問題、材料外，還有特大型專用運輸工具、安裝設備和各種特製的切割裝置有待開發；風電場、風輪機等的測試手段也有待建立。例如閃電試驗，需將葉片的電洞加熱至 2000～3000 ℃ 的極高溫，內部的空氣以爆炸式的速率膨脹，致使旋轉葉片損壞，這種試驗設備有相當技術難度。德國、丹麥及西班牙是世界上風能發展最好的三個國家，並已形成了相應的風能產業。中國發展風能的一個良好途徑，就是在這些國家廠商的幫助下引進並消化、吸收相關的技術，這其中包括風能測量、風場設計、資金籌措、風力發電機的生產、風場建設、風場管理等。

國家十分重視風力發電產業，1996 年制訂了《乘風計劃》，鼓勵提高中、大型風力發電機製造技術和國產化率，「十五」期間在風力發電產業已投資 15 億元。到 2004 年，全國累計安裝小型風力發電機近 20 萬臺。在廣東、福建、內蒙古、新疆等地已建成 40 個風電場，總裝機容量近 60 萬千瓦。

中國自主開發的 200 kW 風電機組的國產化率已達 90% 以上，並通過實際運行的考驗，達到批量生產的水準。300 kW 風力機組的主要零組件國產化也已通過考核，風力機控制系統的國產化也取得了很大進展，部分裝置已投入實際運行，600 kW 風力發電樣機的國產化率已達到 78%。

9.4　風電發展展望

　　能源和環境兩大主題是當今人類要生存和發展要解決的最緊迫問題。能源按可持續發展戰略原則，在開發利用一般化石燃料能源的同時，應更加注重開發利用對生態有利的新型可再生能源，如風能、太陽能、潮汐能、水能等。風力發電由於乾淨無污染、施工週期短、投資靈活、占地少，具有較好的經濟效益和社會效益，已受到世界各國政府的高度重視。中國政府也採取了一系列的鼓勵措施發展風電。

　　為了促進中國風電產業發展，國家計委一直在研究和制定新的可再生能源政策，風電電價是風電行業投資行為中不可忽視的因素，風電電價的高低直接影響投資效益。如果國家繼續制定多種優惠政策，則風電的上網電價會大大降低。在資源條件好的內地，風電上網電價可能降低到 0.25 元／(kW·h)，在資源條件相對差的東部沿海，上網電價可能在 0.35 元／(kW·h)水準以下。這樣，風電的上網電價將可能低於煤電電價，從而在電力市場上開始具有很強的競爭力，風電發展勢頭強勁。

⑴吐魯番將興建我國最大風力發電場　2006 年 4 月報告，中國規劃的最大風力發電專案將在新疆吐魯番興建。中國華電集團公司將投資 150 億元，在吐魯番小草湖風區建立兩座裝機容量各為 100 萬千瓦的風力發電場；在未來 5 年內將投資 15 億元，確保風電裝機容量初期達到 30 萬千瓦。

⑵江西首座風力發電廠通過預可研報告　江西星子縣大嶺風電場工程預可行性研究報告 2006 年 4 月通過專家組評估，這是江西風電規劃中首個通過預可行性研究報告的風電場專案。

　　大嶺風電場位於九江市星子縣東北部大嶺山一帶，整個場區海拔高度在 150 m 以內，在大多數情況下，風場的風能資源處於可利用的區域內，具有可開發利用的前景。根據江西省發改委批文和江西省風電規劃，江西省電業開發總公司從 2004 年 11 月開始，對星子縣大嶺山進行測風工作。風電場本期建設容量為 17 MW，擬安裝單機容量為 850 kW 的風力發電機 20 臺，通過 35 kV 電纜和線路接入星子 110 kV 變電站，工程靜態投資為 15961 萬元。

　　建設大嶺風電場不僅可以有效利用當地的風資源，還可對電網末端起到電源補充作用，對環境保護具有積極作用。據了解，江西還在九江市都昌縣、星子縣等風能資源區域內規劃了數個風電場。

(3)風力機葉片製造專案落戶塘沽海洋科技工業園　2006 年 4 月，天津塘沽海洋科技工業園與中美供應公司舉行了風力機葉片專案簽字儀式。該專案由天津昇華國際貿易有限公司和中美供應公司共同出資 6900 萬人民幣，生產風力機葉片、機艙罩及其他複合材料製品，同時開發具有自主智慧財產權的大型風力機葉片。該專案用地 2.5 萬平方米，一期工程將於今年年底完工，整個工程 2007 年 7 月竣工。中美供應公司是海洋高新區、波海航空複合材料有限公司的供應商，在中國複合材料輔料銷售領域佔有高達 90% 的市場份額，目前是風電行業全國最大的複合材料供應商。

(4)江蘇連雲港中國最大的風力機風輪葉片下線　2006 年 4 月，由江蘇連雲港中複連眾複合材料集團有限公司研發生產的 1.5 MW 風力機風輪葉片下線。該風力機風輪葉片長 37.5 m，最大弦長 3.2 m，質量為 5800 kg，產品全部採用德國技術生產，是目前中國最大的風力機風輪葉片。該葉片的成功研發不僅填補了中國同行業的空

白，也打破了以往風力機風輪大葉片依靠國外進口的格局。

(5)江蘇將建全球最大風力發電場　投資 8 億元、裝機容量 10 萬千瓦的江蘇如東縣風力發電場二期工程 2005 年 10 月開工，將在 2007 年上半年建成，年可發電 2.24 億千瓦時。如東正計劃增加投資 5 億元、5 萬千瓦裝機容量，使二期的裝機容量達到 15 萬千瓦。正進行預可行性研究的三期工程——80 萬千瓦淺海灘塗風電場專案的投資，也計劃從 60 億元增加到 80 億元。如實施，如東風力發電場將成為全球最大的風電場。

　　江蘇是全國最缺電的省份之一，同時又是風能大省，潛在風力發電量 2200 萬千瓦，占中國風能資源近 1/10。如東縣境內海岸線長達 106 km，全年風力有效發電時間達 7941 h。投資近 8 億元、裝機容量 10 萬千瓦的風電場一期已於 2005 年 8 月開工，有望在年底發電，年發電量為 2.3 億千瓦時。

(6)江蘇如東建亞洲最大風力發電場　江蘇省南通市如東縣正在建設亞洲最大的 85 萬千瓦的風力發電場。江蘇潛在的風力發電量為 2200 萬千瓦，占中國風能資源的近 1/10。如東是江蘇省內建設風電場的理想場所。江蘇如東三期共 85 萬千瓦的風力發電場專案總投資 20.4 億元。建成後，年上網電量將超過 81 億千瓦時，成為亞洲最大的風力發電場。2005 年 3 月，江蘇省東臺市風電場專案正式經國家發改委批准，建設規模為 20 萬千瓦，以特許權方式建設。這是江蘇省風力發電繼東風電場獲准後，又一處國家級建設專案。東臺市東臨黃海，有灘塗面積 1000 km^2，是一處得天獨厚的風力發電場所。兩年多來，一直對其風力、潮汐變化情況逐一記載，從中選擇了弶港鎮以東 32 km^2 的潮汛帶，距如東風力電場 25 km。此

專案總投資 2 億美元，建成後年發電能力可達 10 億千瓦時。

⑺福建省　福建省的幾大風力場，平潭江澳、莆田石城、南安石井等現已完成風電場開發的初步可行性研究和專案建議書，專案總投資將達 15.5 億元。

　　福建省屬南方缺能省份之一，風能資源可和水力資源形成互補，還可解決福建因煤炭資源貧乏所造成的火力發電不足的困難。

　　全省風電蘊藏量達 1000 萬千瓦以上，其中東山和平潭兩地，更是中國平地上有記錄的風能資源最大的地方之一，風電場交通便利、電網已經覆蓋。「十五」期間，福建將首先開發建設風能資源豐富、場址條件好的風電場，建設規模為 20 萬千瓦。

　　福建省計委和省能源研究會最近編製的《福建省新能源和可再生能源開發利用規劃與政策研究報告》提出，「十五」期間擬開工建設規模 20 萬千瓦的風電場，到 2010 年風電裝機規模將達百萬千瓦，到 2015 年達 150 萬千瓦，約占全省發電裝機的 6%。

　　福建風能資源開發起步較早，但迄今僅有 1.2 萬千瓦裝機規模，僅相當於一條小河流的發電能力。《報告》選出 17 處可供在近中期開發的優質風電場，經測算可裝機 156 萬千瓦，分三個五年計劃開發，「十五」期間開發平潭江澳、莆田石城與石井等。目前已完成初步可行性研究和專案建議書的風電場的總投資約 15.5 億元。

　　福建省還計劃通過全方位引進國外先進成熟技術及製造技術，面向國內外市場發展風機製造業，在 2010 年前後達到年組裝兆瓦級風機 100 臺的規模，初步形成新型的高新技術產業。

⑻浙江舟山將建成亞洲最大海上風電場　2005 年 2 月，浙江綠能投資有限公司與舟山市岱山縣簽訂了海上風電場建設專案投資協議

書,計劃投資 20 億元,建設總裝機容量達 20 萬千瓦的海上風電場。該電場建成後,將成為亞洲最大的海上風電場。電場將建在該縣拷門海塘附近的淺海海域,總面積在 60 km^2 左右,規劃建設 100 臺 2000 kW 的巨大風機。目前,該專案正在做前期測風工作,以獲取年平均風速和年平均有效風速的時間,該工作將於年底前完成。岱山淺海海域年平均風速為 6.4 m/s,年平均有效風速時數達 6795 h。該公司在岱山的風力發電專案通過分期建設,將形成 20 萬千瓦規模,可以使風力發電上網電價降至 0.69 元/(kW·h)。海上風力發電需要跨海輸電,投資成本較高,投資風電仍存在一定風險。浙江是缺油少煤缺電的經濟大省,有著極為豐富的風能資源,全省可開發利用的風能資源約 164 萬千瓦。

由於數控技術突飛猛進,風葉自動調節和風機接入網技術已不再是制約風電發展的因素。風力發電已是目前新能源領域中技術最成熟、最具規模開發條件和商業化發展的發電方式之一。

近兩年來,中國風電開發的步子明顯加快。《可再生能源法》中,風電開發佔有很重要的部分。其中規定,凡規模達 500 萬千瓦的火電企業,必須拿出資金開發風電配套工程。到 2010 年,風電裝機要達總裝機容量的 5%,到 2020 年,風電裝機要達到總裝機容量的 10%。同時,為促進中國風電設備的發展,風電設備的國產化率要達到 50% 以上。近日,中國華能集團第二期 4.95 萬千瓦、汕頭丹南公司(由荷蘭 Nuon 國際公司與汕頭南方風能有限公司合作)2.6 萬千瓦兩個風電專案正式開工。華能集團二期 4.95 萬千瓦專案,設備採用單機容量為 750 kW 級的風力發電機組 66 臺,投資總額約 3.97 億元人民幣。丹南公司 2.6 萬千瓦專案,採用單機容量為 800 kW 的風

力發電機組 33 臺,投資總額約 2.10 億元人民幣。這兩個專案建成後,年可發電約 1.85 億千瓦時,創稅約 950 萬元。同時,這兩家大集團還分別計劃在南澳縣後江龍門灣海域和鳳嶼海域籌建海上 10 萬千瓦風電場各一個,總投資約 20 億元。丹南公司海上風電專案將於 2006 年 11 月完成測風塔的安裝,2006 年完成各項前期準備工作。專案分二期建設,一期預計 2007 年完成裝機 5 萬千瓦,2009 年完成全部工程建設。以上四個風電專案全部建成後,年可增加發電量約 7 億千瓦時,而南澳本地年耗電才 3000 萬千瓦時,絕大部分風電可輸入省電網,能為廣東解決缺電問題作出貢獻。同時,年可創稅約 3500 萬元,實現年財政收入在現有的基礎上翻一番,壯大縣域經濟。

(9)中國最大風電場　中國最大的風電場——廣東惠來石碑山風電場在 2005 年 9 月份投產,惠來石碑山 10 萬千瓦風電場擁有近 200 臺風機,將是全國裝機容量最大的風電場。

　　惠來石碑山風電場規模非常大,一臺風電機發電能力是 600 kW,如果按每個家庭用電負荷 5 kW 計算,一臺風電機滿負荷發電時可供 100 多個家庭同時使用,整個惠來石碑山的發電能力可以滿足兩萬多個家庭的用電。

　　除了惠來石碑山風電場之外,廣東目前還有南澳、汕尾兩個頗具規模的風電場。汕尾風電場的總容量為 16500 kW,南澳風電場容量達 54330 kW,為全國第二大風力發電場。

(10)甘肅將建世界最大風電場　2006 年,甘肅省計劃將建設全國乃至世界上最大的風力發電場,未來幾年,要在玉門和安西分別建成兩座總裝機容量為 200 萬千瓦的風電場。中國國電龍源電力集團公司和甘肅省電力投資集團公司,2006 年在蘭州簽訂了聯合開發建設

玉門昌馬 100 萬千瓦、安西 100 萬千瓦風電場的協定。兩座風電場總裝機規模超過了目前省內任何一家水力、火力發電廠，相當於一個半劉家峽水電站的裝機容量。

風能資源是可再生、無污染的乾淨能源。甘肅省風能資源總儲量居全國第五，風能資源理論儲量為 1.23 億千瓦，可利用資源達 1950 萬千瓦。在水電開發日趨飽和、火電開發受資源制約的今天，開發風電資源具有十分重要的意義。甘肅省 1995 年在玉門鎮三十里井子建成一座示範性風電場，但裝機只有 5.2 萬千瓦。玉門、安西風電場專案將使風電成為繼水電、火電之後的第三大電能。

甘肅省電力投資集團公司是省內最大的電力投資開發企業，目前參與控股、參股的大中型電力專案 18 個，總裝機容量 78 萬千瓦。兩家企業對開發風電充滿信心，兩座風電場總投資達 170 億元，建成後年發電量可達 47 億千瓦時，每年可節煤 186 萬噸，減少二氧化碳排放 560 萬噸。

⑾中國首臺兆瓦級風力發電機在蘭州市研製成功　2005 年，中國首臺兆瓦級變速／恆頻雙饋非同步風力發電機及其控制裝置在蘭州研製成功，填補了該領域中國空白。這次研製成功的型號為 YRKFF500-4-1000 kW690 V 變速／恆頻雙饋非同步風力發電機，是國家「863」專案「兆瓦級變速／恆頻雙饋非同步發電系統」中的核心零組件。首臺兆瓦級風力發電機及其控制裝置是蘭州電機有限公司分別和瀋陽工業大學及清華大學聯合研製的，屬該領域國際前沿專案。

日前，蘭州電機有限公司、瀋陽工業大學和變頻器生產商 ABB 公司在蘭州共同完成了對該電機全部項目的地面檢測工作，成功實現

並網發電。

⑿上海將建 10 萬千瓦海上風電場　各種可再生能源都是上海能源戰略的利用物件，尤其是在風力發電方面，上海的進步越來越快。奉賢 4 臺機組已經投產，南匯、崇明共計 2 萬千瓦的風力發電機組 2005 年正在陸續投產。更引人注目的是，上海市還將建一座裝機容量 10 萬千瓦的海上風電場，備選場處包括東海大橋兩側。

9.5　中國開發的 FD70A/FD77A 風力機

9.5.1　FD70A/FD77A 風力機性能資料

四川東方汽輪機廠首次開發供應市場的有兩種型號的 1500 kW 風力發電機組，主要性能見表 9.6。

表 9.6　東方汽輪機廠首次開發的 FD70A/FD77A 風力機性能資料簡表

	項目	FD70A	FD77A
基本設計參數	額定風速 /（m/s）	13.0	12.5
	切入風速 /（m/s）	3.5	3.5
	切出風速 /（m/s）	25.0	20.0
風輪	直徑 / m	70	77
	掃風面積 / m²	3850	4657
	葉片數	3	3

項目	FD70A	FD77A
材料	玻璃纖維強化材料 GRP	
轉速範圍／（r/min）	(10.6～19)+12%	(9.6～17.3)+12%
風輪軸傾度	5°	5°
旋轉方向	順時針	順時針
風輪位置	對風	對風
變槳距角系統	單個葉片電力驅動	
最大葉片安裝角	91°	90°
傳動裝置	帶備用蓄電池的同步直流電動機	
齒輪箱	一級行星+兩級圓柱螺旋齒輪	
設計功率／kW	1615	1615
速比	94.7	104
電氣系統 設計功率／kW	1500	1500
發電機類型	雙饋滑環四極非同步電機	
變頻器類型	脈衝頻寬調節 IGBT 式變頻器	
保護等級	IP54	IP54
轉速範圍／（r/min）	(1000～1800)±10%	(1000～1800)±10%
電壓／V	690	690
頻率／Hz	50	50
塔架	圓錐鋼筒式	
輪轂高度／m	65、80、85、90	61.5、80、85、90、100
頂部法蘭直徑／m	約 φ3.0	約 φ3.0
底部法蘭直徑／m	約 φ4.0	約 φ4.0
偏航系統	四套電驅動齒輪，10套偏轉制動器	
偏轉速度／[(°)/s]	0.5	0.5
軸承	外齒式四點接觸滾珠軸承	
控制器	微處理機	

項目		FD70A	FD77A
信號傳輸		光纖	光纖
遠端控制		PC機／圖形介面	PC 機／圖形介面
質量	風輪葉片（單片）／t	約 5.5	約 6.3
	輪轂全封閉系統／t	約 15.5	約 15.5
	機艙（不含風輪）／t	約 56	約 56
	塔架／t	約 100／輪轂高 65 m	約 175／輪轂高 85 m

註：基座為鋼筋混凝土基座。

9.5.2　FD70A 風力機設備簡介

FD70A 風力機設備各系統簡介如下。

(1)風輪軸承裝置和風輪軸

①風輪軸承為擺動滾柱軸承，用潤滑脂潤滑，有定時自動加脂系統。

②風輪軸用優質鋼鍛件，有小的應力集中。

(2)雷電保護裝置

①避雷裝置設計符合IEC的規定，有內外避雷保護裝置。

②外部避雷保護是通過葉片接收器和氣象架上的避雷針實現的。

③通過確定雷電傳導路徑來對軸承進行可靠的保護。

④由玻璃纖維強化塑膠製成的聯軸器可以切斷發電機系統和齒輪箱之間的電流傳導。

⑤過壓防護放電器用於保護電氣系統。

⑥有絕緣作用的軸承套用於保護發電機。

(3)變槳距系統

①變槳距電氣裝置幾乎無需保養；高質量的大型葉片軸承、軸承圈
經過持久潤滑處理；安裝在輪轂蓋內的轉向器不受氣候影響。

②有兩個獨立測量系統的葉片角度探測裝置，提供了最高的可靠性。

③每塊葉片都配有一套單獨的操控和調節裝置，可進行故障保護。

(4)風輪輪轂

①徑向結構緊湊，採用剛度和穩定性設計。

②從輪轂能方便安全地進入機艙。

(5)環境

①有效防止潤滑脂從輪轂或機器間往外泄漏的裝置有：a. 轂蓋內的
密封式密封；b. 安裝在設備支座上的油脂缸和油池；c. 機轂護體
防滲凸緣；d. 位於系統嚙合下方的油脂缸。

②葉片軸承的中央潤滑裝置採用密封設計。

③遮蔽所有外露電纜，使用導電軌，以保護操作人員和機器。

(6)齒輪箱

①行星齒輪和兩級平行齒輪（螺旋式）或者選擇多級行星齒輪和一
級平行齒輪（螺旋式）。

②符合東方汽輪機廠齒輪箱設計規範，確保使用壽命和運轉穩定性
達到最高要求。

③優化工作效率。

④用彈性支架有效阻止機艙內雜訊傳播和振動。

⑤有高效的冷卻油系統，確保齒輪低溫。

⑥帶旁路篩檢程式的兩級濾油系統保證潤滑油質量。

(7)制動煞車裝置

①寬大的煞車盤，使風輪的制動穩定安全。

②有軟煞車功能，使齒輪箱不易損壞。

⑻發電機／變頻裝置

　①轉速靈活可變，利於高效風能利用。

　②變頻系統耗功小，約為總功率的 20%，提高總風力機效率。

　③全封閉式發電機裝有空氣熱交換器，即使外部溫度升高，發電機
　　內部仍然保持許可的溫度水準。

⑼方位系統

　①採用外齒盤嚙合，四支點軸承，由 4 臺大型齒輪／電機裝置驅動。

　②有故障保護功能的制動煞車裝置，通過液壓蓄壓器消除驅動裝置
　　在空轉狀態下受到的負荷，並發揮穩定機艙的作用。

　③四支點軸承極少摩擦，煞車裝置通風降溫，減少驅動裝置的耗功。

⑽導電軌

　①可以避免設備內產生干擾輻射。

　②發生短路或火災時，有最佳的保護功能。

⑾塔架

　①剛性設計，塔架的固有頻率高於風輪的轉動頻率。造型結構堅
　　固，將塔架和設備受到的負荷降至最低。

　②由於塔架頻率高於風輪的轉動頻率，因此可以在整個轉速範圍內
　　安全運行。

　③採用 L 型法蘭和性能優化的截面剛性，確保塔架有最高的安全性。

⑿維修

　①在機艙內留有足夠的空間用於維修，滿足人類環境學的要求。

　②不離開機艙就能方便地進入輪轂，不受氣候影響。

　③所有零組件具有最佳的可互換性。

　④所有的旋轉構件都密封起來，以保證安全可靠的維修。

⑤在必要的情況下可以對設備進行大範圍的拆卸。

9.5.3　設計描述

⑴設計總原則　FD70A 風力發電機組的設計原則是基於兆瓦級要求
　　設計研製的，在設計過程中強調了創新性。設計者把重點放在優化
　　設計結構、增加適用性方面。這些設計來源於生產實踐經驗和長期
　　對不同型號風力機的大量測試資料的收集分析。

　　　FD70A 型風力機建立了第二代兆瓦級發電廠的新標準。採用模
組化結構，允許產品系列不斷改進。在不同的現場和工作環境下，可
以選用不同的風輪直徑、輪轂高度、電氣系統、控制系統和操作方
式，來滿足不同用戶的不同要求。

⑵風輪設計　風輪在 10.6～19.0 r/min 的轉速範圍內變速運轉，它與
　　變槳距控制系統相連，能夠提供最佳的風能利用和最大的電能產
　　出，同時優選匹配的電網要求和達到最低的雜訊干擾。

　　　葉片的外形符合最新的空氣動力學研究成果，製作高精度。風輪
輪轂在風輪和傳動系統間形成了方便的接合介面，風輪葉片直接用螺
栓連接在風輪輪轂上。變槳距傳動裝置的法蘭面和相應的控制裝置也
是一體化的。風輪輪轂是按照帶有星型和球型相結合的鑄造結構來生
產的。這種風輪輪轂的配置實現了最佳裝載路徑，保證零組件質量輕
以及外部尺寸緊湊。高等級球墨鑄鐵材料 GGG 40.3 有優異的機械性
能和延展性。

⑶控制和安全設計　當風機工作時，葉片槳距和風輪速度控制裝置共
　　同協調工作，以實現最大的風能利用。

　　低風速工況時，風機在恆定的葉片槳距和可變的轉速下工作，使其在最佳風輪空氣動力學範圍內工作，達到最佳的風能利用效率。風輪在低風速下的低轉速，視感舒服並有最低限度的雜訊。

　　在額定功率風速較高的工況時，速度控制系統和變槳距控制系統將一起工作，以保持風輪在恆定的功率輸出下工作。陣風開始使風輪加速，葉片變槳距的調節會重新使其減速。這種先進的控制理念，使得風機上的負載大大降低的同時，風力機功率仍可提供給電網，不受陣風影響。

　　風輪葉片通過雙低、四點滾柱軸承連接到風輪輪轂上，各葉片能夠進行獨立調節。使葉片轉動的傳動系統是通過四點軸承上的內齒和一個帶有小齒輪的低速運轉行星齒輪來驅動的。直流電動機使用一個非常精確的回應同步控制器來實現與葉片的同步。

　　在變槳距電源或控制機組中電網損耗或發生故障的情況下，仍能保持葉片變槳距，各風輪葉片有其自身的備用蓄電池，該電池與葉片一起旋轉。變槳距傳動裝置、電池充電器和控制系統固定在風輪輪轂上，以便被完全遮蔽保護起來。這種方式提供了對天氣影響或雷電襲擊最大限度的保護。

　　除了控制功率輸出以外，變槳距機構還起到主要安全系統的作用。在正常制動操作時，葉片的前緣旋轉進入風中，各葉片的變槳距機構獨立工作。如果變槳距傳動裝置在兩葉片上失靈，第三塊葉片仍然能在數秒內將風輪從各種可能的不正常情況下恢復到安全轉速條件。這提供了一個帶有三重冗余度的安全系統。

　　當設備關閉時，風輪葉片移動進入 90° 的導鍵連接位置。這使得設備上的載荷，尤其是塔架上的載荷，在遇到暴風雨的情況下能顯

著降低。

(4)傳動系統設計　傳動系統中荷載傳遞機構的幾何構型採用了傾斜圓
錐原理，並具有專利保護。它將風輪的載荷用最佳方式傳遞進入塔
架，保證高效的荷載傳遞。傳動系統被塔架主法蘭正上方的三個支
點所支撐。風輪轉軸的傾斜度和風輪的錐度共同使得在風輪中心和
塔架軸之間出現合適的外伸段。

風輪上的載荷通過三點支撐裝置從轉子軸轉移到機架。風輪側的
自動校準滾柱軸承作為固定支承直接安裝在機架上。可移動軸承系統
整合在齒輪箱內，該齒輪箱通過一個伸縮碟片與風輪軸相連接。齒輪
箱上工作的軸承載荷反過來又通過簧片支撐扭矩軸承懸架轉移到機
架上。

風輪側的自動校準滾柱軸承由一個特別的軸承箱來支撐，並與風
輪鎖定裝置整合為一體，這樣能使轉子在維修過程中被螺栓固定得很
牢固。軸承箱採用由球墨鑄鐵 GGG 40.3 材料鑄造結構。自動校準滾
柱軸承需要採用油脂潤滑，並且能有效地通過迷宮式密封和 V 型環
來保護其不受外界因素影響。

風輪軸用 30CrNiMo8 不銹鋼鍛件。轉子軸的端部直接插入齒輪箱
的行星齒輪架上，並通過伸縮碟片安全可靠地與齒輪箱連接在一起。

三級齒輪箱帶有一個行星齒輪級和兩個正齒輪級。齒輪箱中齒輪
傳動效率高和雜訊傳播低。彈性襯套與齒輪箱懸置設備中的扭矩軸承
元件整合在一起，並反過來通過機架的支撐件完成安裝。齒輪箱上的
彈性懸置裝置不僅運用了活動支承，同時也減小了從機架到齒輪箱的
聲音和振動耦合。特別要注意在彈性體軸襯中使用的材料的質量，以
便延長其使用壽命。

在齒輪箱和發電機之間的連接器上有一個制動裝置。遇到緊急停機情況，該制動裝置有較大的熱容量。此連接器還補償了齒輪箱和發電機之間的位移，而該位移是由於齒輪箱的彈性懸置產生的。此外，在連接器上還裝有一個安全離合器，用於在可能發生的發電機短路情況下阻止出現暫態力矩轉移，保護齒輪箱。

還設有機械碟片制動器，可以起到附加安全系統的作用。它只在其中一個主要的安全系統（葉片變槳距機構）發生故障的情況下啟動，起到三個獨立變槳距系統外的第四安全措施。此碟片制動器也設定成為自動防故障裝置，它通過彈簧彈力啟動，通過液壓解除制動。

所有的傳動系統零件都是從可靠的供應商採購，他們的產品以高質量和可靠性著稱。零件有完全符合圖紙設計要求的腐蝕保護，所有主要零件在發貨前都要經過廣泛的測試。

(5)電力系統設計　電力系統是風力機的關鍵系統。用雙線式饋送非同步發電機，使得風機可在變轉速下工作，不需要大功率電子設備的轉換器。好的風力特性（低啟動風速、高效率），低聲音傳播，特別是低風速特性，以及電網供電特性都得到了明顯改善。

變速發電機提供了在部分載荷條件下大的功率波動濾波，以及在額定功率工作條件下完全濾波。使風力機運轉雜訊明顯減小，並大大降低結構上的動力載荷。陣風使風輪加速得到緩衝，傳送入電網的電壓和頻率保持絕對的恆定。

該發電機採用完全封閉式包裝，並保護其不受大氣效應的影響（保護等級 IP54）。廢熱通過吸聲通道傳到熱交換器中。

變頻器配備有最新的 IGBT 技術，並通過脈衝寬度調製電子微處理器控制。

⑹機架和機艙罩設計　傾斜圓錐結構內的傳動系統，用三點軸承支撐
（前風輪軸承和兩個支撐齒輪箱的合成橡膠軸承），需要機架具有
一個十分緊湊和輕巧的結構。因為它是一個鋼製的焊接組裝件，因
此剛度極高。剛性機架有很高的阻抗，齒輪箱中的發散退耦裝置就
非常有效。

　　機艙罩設計緊湊、精緻和具有美感，設備中的製冷和風道已被合
適地設在機艙內。旋轉零組件的尺寸設計留有餘地，輪轂中的變槳距
裝置能直接從機艙進入，以方便維修。整個機艙蓋都採用絕緣設計，
以便保證達到吸聲的目的。

⑺偏航系統設計　FD70A 風力機配有兩個風向標，它們通過交互核
對，保證信號的真實性並能非常準確地判定暫態風向。風輪對風準
確非常重要，以保證最大的能量產出，並同時避免由於傾斜來風引
起的附加負載。

　　機艙通過帶有外嚙合齒的四點軸承連接到塔架上，機艙的偏航系
統通過四齒輪電動機完成。機艙的偏航運動通過 10 個偏轉制動器進
行錨定，以便偏航軸承環不受外部偏航力矩的作用。在偏航運動過程
中，制動壓力減小以便防止在往返移動過程中出現嚙合反轉，從而起
到保護機構的作用。

　　偏航制動裝置通過液壓裝置提供必要的制動壓力，同傳動系統
中的安全制動裝置一樣。為了在各種情況下保證安全操作，液壓系統
配有多個壓力容器，這些容器能保證在萬一出現電力供應故障的情況
下，仍具有必要的制動壓力。

⑻塔架設計　塔架採用錐形鋼圓筒結構，根據輪轂質量不同，可由三
個或四個部分組成，在塔架的底部開有一扇門。各塔段配有平臺和

緊急照明裝置。

轉換器控制系統、操作控制系統和主電源裝置安裝在塔架底部的獨立平臺上，方便對重要設備的功能進行控制。發電機的電流通過動力軌道轉移進塔架底部，安裝光纖以便所有控制信號能從操作電腦傳送到塔架頂部。

塔架用多層噴塗達到最佳的防腐蝕效果，所有的金屬板和焊縫，都採用超音波和 X 射線進行探傷測試。

(9)控制系統設計　風力機的所有功能都是通過微處理器控制系統來實現的，該控制系統使用多處理器機構按即時方式進行工作。它通過光纖連接到很多控制感測器上。這保證了在最高安全性下，達到最大的信號傳輸速度，同時還能保護它不受雜散電壓或雷擊破壞。操作電腦確定風輪轉速的設定值和葉片變槳距，用於電力系統和輪轂上的變槳距機構的控制。控制演算法根據「MPP」（最大功率點）跟蹤」原理並優選，使設備上不會強加不必要的動荷載。

柵極電壓／頻率／相位、風輪／發電機轉速，不同溫度、振動、油壓、制動襯裡磨損以及電力電纜扭曲等都被即時監控。對於關鍵的缺陷，探測功能檢測是通過內置冗餘來實現的。遇到緊急情況時，可以通過硬接線的安全環，觸發設備迅速停機，即使在沒有操作電腦和外界電源的情況下也能保證迅速停機。所有的資料可以通過電話線從家裡的PC進行查詢，可以在任何時候向操作者和維修小組提供關於設備狀況的詳盡資訊。此操作也提供了不同等級的密碼保護。通過適當的訪問許可權，允許對設備進行遠端遙控。

風力機現場安裝例見圖 9.2，FD77A 和 FD70A 的功率曲線見圖 9.3、圖 9.4。

圖 9.2　風力機現場安裝例

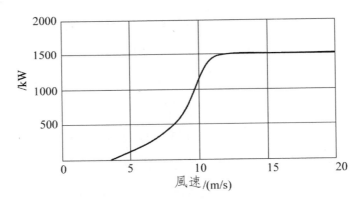

圖 9.3　東汽 FD77A 風力機功率曲線

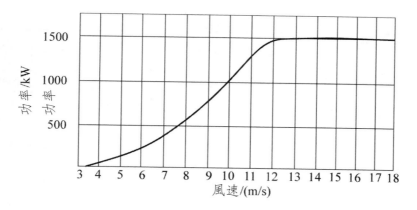

圖 9.4 東汽 FD70A 風力機功率曲線

9.5.4 與德國 Repower 公司合作開發大型風力機

德國 Repower 公司主要致力於可再生能源的開發利用，是目前世界上最主要的風力機供應商之一。世界最大的 5 MW 風力發電機組是由 Repower 公司開發的。2002 年，MD77/MD70 的世界銷量達300 臺，在世界 10 大最受歡迎的風力機產品中排名第二。

2004 年，東汽與德國的 Repower 公司簽訂了 MD77/ND70 許可證轉讓協定，東汽按德國 Repower 公司提供的成套技術，成套供貨1100～2100 kW 的風力發電機組，包括按採購規範採購主、輔機，按各種安裝、運行、維修保養指導書在廠內總裝，現場安裝、投運。

德國 Repower 公司的風力機系列見表 9.7。

表 9.7　德國 Repower 公司風力機系列性能簡表

性能 \ 風力機系列		48/750	MD70	MD77	MM70	MM82	5M
基本設計參數	設計功率 / kW	750	1500	1500	2000	2000	5000
	額定風速 / (m/s)	14.0	13.5	12.5	13.5	13.0	13.0
	切入風速 / (m/s)	3.5	3.5	3.5	3.5	3.5	3.5
	切出風速 / (m/s)	20.0	25.0	20.0	25.0	25.0	30.0
風輪	直徑 / m	48.4	70.0	77	70.0	82.0	126.5
	掃風面積 / m²	1840	3850	4657	3850	5281	
	轉速 / (r/min)	22.0	10.6～19	9.6～17.3	10～20	8.5～17.1	6.9～12.1
	葉片長 / m	23.2	34	37.3	34	40	
	材料	GRP	GRP	GRP	GRP	GRP	
偏航系統	設計	外齒四點接觸軸承					
	齒輪箱	2 級驅動	4 級驅動電動機				
	穩定性	液壓煞車	煞車輪	煞車輪	煞車輪	煞車輪	
齒輪箱	設計	行星	行星+兩級直齒				
	速比	68	95	104	90	105.4	97
電氣系統	發電機類型	非同步電機	4 極雙饋非同步電機				6 極雙異
	設計功率 / kW	750	1500	1500	2000	2000	
	設計電壓 / V	690	690	690	690	690	
	轉速 / (r/min)	1521	1000～1800	900～1800	900～1800	670～1170	
	保護等級	IP54	IP54	IP54	IP54	IP54	
控制系統	原理	變槳距角轉速控制					
塔架	設計	管鋼型	管鋼型	管鋼型	管鋼型	管鋼型	
	輪轂高度 / m	50/65/75	85/98/114.5	96.5/111.5	65/80	59/69/80/100	

　　風能利用係數圖例見圖 9.5。風能利用最佳值達 49%，對應的速比 $\lambda \approx 8$，偏離最佳速比 λ，風能利用係數將降低。按最佳速比 λ 設計風力機是基本的原則。

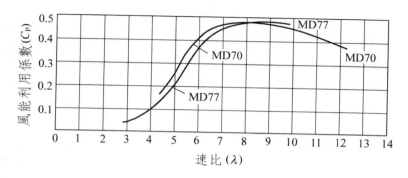

圖 9.5　風能利用係數圖例

9.6　風電發展前景

　　風電向著大容量、優良的發電質量、提高材料利用率、減少雜訊、降低成本、提高效率發展。20 世紀 80 年代初，商品化的風電機組的單機容量以 55 kW 的小型風力機組為主；20 世紀 80 年代中期～90 年代初，發展到以 100～450 kW 為主，到 20 世紀 90 年代中後期，則發展到以 500 kW～1 MW 級的大型風力機組為主。目前，大、中型風力機組並網發電已成為風能利用的主要形式。為降低風力機的單位千瓦造價，節省風電場使用面積，加快風電場建設速度，提高風電的經濟效益，許多風電廠商致力於提高單機容量，製造出容量大於 1 MW 的商品機組，見表 9.8。

　　2006 年 1 月 14 日上午，國家風力發電工程技術研究中心北京檢測站及北京交通大學新能源研究所正式在北京交通大學揭牌。國家風力發電工程技術研究中心北京檢測站是我國設立的首家風力發電工程技術檢測站，該站是中國第一家服務於國內外風電投資商和設備供應

表 9.8　投入商業運行的兆瓦級風力發電機組

生產商／ 風力機型號	額定功率／kW	風輪控制	轉速控制	轉子直徑／m
DeWind D6	1250	變槳距	變速	64
AN Bonus	2000	主動失速	恆速	76
Nordex N80	2500	變槳距	變速	80
Enron EW115s	1500	變槳距	變速	70
Enercon E266	1800	變槳距	變速	70
Enron EW316	3600	變槳距	變速	100
Pro & Pro MD70	1500	變槳距	變速	70
Vestas V80	2000	變槳距	變速	80

商的仲介機構，其發展目標是成為國家的行業檢測中心，為風力發電廠商提供整機及零零組件檢測。檢測站將為我國獲得更安全、可靠的風電把關，讓風電這一綠色可再生的新能源在國民經濟發展中發揮更大的作用。

　　北京交通大學新能源研究所隸屬於北京交通大學電氣工程學院，是一所專門從事與新能源開發、利用和推廣有關科研、教育工作的研究機構。該所科研實力雄厚，擁有一支由中青年科技骨幹組成的穩定科研團隊和先進的教學科研設備，在風能、太陽能等新能源開發應用領域具有豐富的經驗，和國內外多家企業都建立了長期穩定的合作關係。北京交通大學新能源研究所的工作包括風力發電技術培訓和學歷教育、新能源開發利用技術產品的研究和開發，以及國家風能工程技術研究中心北京試驗站等。

　　據悉，國家風力發電工程技術研究中心北京檢測站是以北京交通大學新能源研究所和新疆金風科技股份有限公司為實施委託研究單位。作為中國最大的風電製造企業，金風公司在國產風電機組市場的

佔有率達到 50% 以上，目前生產能力已達到年產 200 臺以上。近年來，北京交通大學承擔了多項風力發電方面的專案，「九五」期間完成了國家科技攻關專案「風力發電機軟並網」，軟並網元件已批量生產，在國產風力發電機上使用；「十五」期間，正在和金風公司合作進行的「863」課題有「國產大型風力發電機組的電磁相容性研究」等。該檢測站擁有先進的實驗設施及條件，其中包括一個 $300m^2$ 的 800 kW 大型電機實驗平臺，中國首創的 IGCT 新型功率器件，以及大功率並網逆變器、EDA 實驗室及 EMC（電磁相容）實驗室等。

隨著國家為鼓勵風電的發展而出臺的相關產業政策（表 9.9），以及隨著引進消化吸收，中國的風電事業發展前景光明，道路曲折。

表 9.9　中國國家的相關產業政策

編號	政策	編號	政策
12.1	中華人民共和國節約能源法	12.10	電價改革實施辦法
12.2	中華人民共和國可再生能源法	12.11	新能源基本建設專案管理的暫行規定
12.3	電力工業環境保護管理辦法	12.12	可再生能源發電價格和費用分攤管理試行辦法
12.4	清潔發展機制專案運行管理暫行辦法	12.13	關於加快風力發電技術裝備國產化的指導意見
12.5	電力設施保護條例	12.14	風電場工程建設用地和環境保護管理暫行辦法
12.6	電力設施保護條例實施細則	12.15	風電建設管理有關要求
12.7	電力行業標準化管理辦法		
12.8	電網調度管理條例		
12.9	電網調度管理條例實施辦法編號政策		

附錄

附錄一　風力等級表

附錄二　葉輪式風力機技術術語標準定義
　　　　（GB 8974-88）

附錄三　風力發電裝置國家和國際標準

附錄四　風力發電上網電價例

附錄五　1998～2002 年中國風電場裝機概況

附圖 1　中國風能分佈圖

附圖 2　風速大於 3 m/s 的有效風功率密度
　　　　分佈圖

附圖 3　全年風速大於 3 m/s 的小時數分佈
　　　　圖

附圖 4　中國已建和擬建的風電場分佈圖

附圖 5　中國風電歷年裝機圖

參考文獻

附錄一　風力等級表

風級	名稱	風速範圍 / (m/s)	平均風速 / (m/s)	地面物象	海面波浪	浪高 / m
0	無風	0.0～0.2	0.1	炊煙直上	海面平靜	0.01
1	軟風	0.3～1.5	0.9	煙示風向	微波、峰頂無沫	0.1
2	輕風	1.6～3.3	2.5	感覺有風	小波、峰頂未碎	0.2
3	微風	3.4～5.4	4.4	旌旗展開	小波、峰頂破裂	0.6
4	和風	5.5～7.9	6.7	塵土吹起	小浪、波峰白沫	1.05
5	勁風	8.0～10.7	9.4	小樹搖擺	中浪、峰群折沫	2.0
6	強風	10.8～13.8	12.3	電線有聲	大浪、多個飛沫	3.0
7	疾風	13.9～17.1	15.5	步行困難	破峰白沫成條	4.08
8	大風	17.2～20.7	19.0	折毀樹枝	浪長高、有浪花	5.5
9	烈風	20.8～24.4	22.6	房屋小損	浪峰倒捲	7.0
10	狂風	24.5～28.4	26.5	樹木拔起	海浪翻滾咆哮	9.0
11	暴風	28.5～32.6	30.6	損毀普遍	波峰全呈飛沫	11.5
12	颶風	32.7～37.0	34.7	摧毀巨大	海浪滔天	14.0

注：本表所列風速是指平地上離地 10 m 處的風速值。

附錄二　葉輪式風力機技術術語標準定義
（GB 8974-88）

序號	術語	英文名稱	中文定義
1	風能	wind energy	空氣流動產生的動能
2	空氣的標準狀態	standard atmospheric state	空氣的標準狀態是指空氣壓力為 101.325 kPa、溫度為 15 ℃（或絕對溫度 288.15 K）、空氣密度為 1.225 kg/m^3 時的空氣狀態
3	風切變	wind shear	在垂直於風向的平面內的風速隨高度的變化
4	風切變影響	influence by the wind shear	風切變對風力機的影響
5	陣風	gust	風速在相當短的時間內相對於規定時段的平均值的正負偏差
6	陣風影響	gust influence	陣風對風力機空氣動力特性產生的影響
7	風速頻率	frequency of wind speed	一年時間的間距內，相同風速小時數的總和對總間距總時數的百分比
8	韋伯風速分佈	weibull wind-speed distribution	在提出的風速頻率裡韋伯公式對風速進行的數學描述
9	瑞利風速分佈	rayleigh wind-speed distribution	在提出的風速頻率裡用瑞利公式對風速進行的數學描述
10	風力機	wind energy conversion system	（WECS）將風能轉化為其他有用能的機械
11	高速風力機	high speed WECS	額定葉尖速度比大於或等於 3 的風力機
12	低速風力機	low speed WECS	額定葉尖速度比小於 3 的風力機
13	水平軸風力機	horizontal-axis-rotor WECS	風輪軸線的安裝位置與水平面夾角不大於 15° 的風力機
14	垂直軸風力機	Vertical-axis-rotor WECS	風輪軸線的安裝位置與水平面垂直的風力機

序號	術語	英文名稱	中文定義
15	斜軸風力機	inclined-axis-rotor WECS	風輪軸線的安裝位置與水平面夾角為 15°～90°（不包括 90°）的風力機
16	上風式風機	up-wind type of WECS	使風先通過風輪再通過塔架的風力機
17	下風式風力機	down-wind type of WECS	使風先通過塔架再通過風輪的風力機
18	風力發電機組	wind-generator set	利用風能發電的裝置
19	風力提水機組	wind water-lifting set	利用風能進行提水作業的裝置
20	風力機最大高度	maximum highness of WECS	在工作狀態時風力機的最高點到支撐地平面的距離
21	常速試驗	constant speed test	風力機在風洞中或風力機相對於靜止空氣作相對運動進行的試驗
22	外場試驗	field test	風力機在自然環境條件下所進行的試驗
23	啟動風速	start-up wind speed	風力機風輪由靜止開始轉動並能連續運轉的最小風速
24	切入風速	cut-in wind speed	風力機對額定負載開始有功率輸出時的最小風速
25	切出風速	cut-out wind speed	由於調節器的作用使風力機對額定負載停止功率輸出時的風速
26	工作風速範圍	range of effective wind speed	風力機對額定負載有功率輸出的風速範圍
27	額定風速	rated wind speed	由設計和製造部門給出的，使機組達到規定輸出功率的最低風速
28	停車風速	shut down wind speed	控制系統使風力機風輪停止轉動的最小風速
29	安全風速	suvrvival wind speed	風力機在人工或自動保護時不致破壞的最大允許風速
30	額定功率	rated power out-put	空氣在標準狀態下，對應於機組額定風速時的輸出功率值

序號	術語	英文名稱	中文定義
31	最大功率	maximum power out-put	風力機在工作風速範圍內能輸出的最大功率值
32	葉尖速度比（高速特性係數）	tip-speed ratio	葉尖速度與風速的比值
33	額定葉尖速度比	rated tip-speed ratio	風能利用係數最大時的葉尖速度比
34	升力係數	lift coefficient	
35	阻力係數	drag coefficient	
36	升阻比	ratio of lift coefficient to drag coefficient	升力係數與阻力係數的比值
37	正壓力係數	thrust coefficient	
38	風能利用係數	rotor power coefficient	風輪所接受的風的動能與通過風輪掃掠面積的全部風的動能的比值，用 C_P 表示
39	力矩係數	torque coefficient	風輪的輸出力矩與風能對風輪產生的力矩的比值
40	額定力矩係數	rated torque coefficient	在額定葉尖速度比時風輪的力矩係數
41	啟動力矩係數	starting torque coefficient	葉尖速度比為 0 時風輪的力矩係數
42	最大力矩係數	maximum torque coefficient	風輪力矩係數的最大值
43	過載度	ratio of over load	最大力矩係數與額定力矩係數的比值
44	風輪空氣動力特性	aerodynamiccharacteristics of rotor	表示風輪力矩係數、風能利用係數和葉尖速度比之間關係的屬性
45	風力機輸出特性	out-put characteristic of WECS	表示風力機在整個工作風速範圍內輸出功率的屬性
46	調節特性	regulating characteristics	表示風力機轉速或功率隨風速變化的屬性
47	調向靈敏性	sensitivity of following wind	表示隨風向的變化風輪迎風是否靈敏的屬性

序號	術語	英文名稱	中文定義
48	調向穩定性	stability of following wind	在工作風速範圍內反映風力機風輪迎風全過程是否穩定的屬性
49	平均雜訊	average noise level	在工作風速範圍內測得的風力機雜訊的平均值
50	風力機組效率	efficiency of WECS	風力機輸出功率與單位時間內通過風輪掃掠面積的風能的比值
51	使用壽命	service life	風力機在安全風速以下正常工作的使用年限
52	年能量輸出 a	nnual energy out-put	風力機一年（8760 h）能量輸出的總和，單位 kW·h
53	發電成本	cost per kilowatt hour of the electricity generated by WECS	風力發電機組生產實際中平均輸出一度電（kW·h）的實際成本
54	立方米水成本	cost per cubic-meter water discharged by WECS	風力提水機組生產實際中平均輸出 1 m^3 水的實際成本
55	風輪	wind rotor	由葉片等零組件組成的接受風能轉化為機械能的轉動件
56	風輪直徑	rotor diameter	葉尖旋轉圓的直徑，用 D 表示
57	風輪掃掠面積	rotor swept area	風輪旋轉時葉片的回轉面積
58	風輪仰角	tilt angle of rotor shaft水	平軸和斜軸風力機風輪軸線與水平面的夾角
59	風輪偏角	yawing angle of rotor shaft	風輪軸線與氣流方向的夾角在水平面的投影
60	風輪額定轉速	rated turning speed of rotor	輸出額定功率時風輪的轉速
61	風輪最高轉速	maximum turning speed of rotor	風力機處於正常狀態下（負載或空載）風輪允許的最大轉速值
62	風輪尾流	rotor wake	在風輪後面經過擾動的氣流
63	尾流損失	wake losses	在風輪後面由風輪尾流產生的能量損失
64	風輪實度	rotor solidity	風輪葉片投影面積的總和與風輪掃掠面積的比值

序號	術語	英文名稱	中文定義
65	實度損失	soidity losses	由於未完全利用整個風輪掃掠面積而產生的能量損失
66	葉片數	number of blades	一個風輪所有的葉片數目
67	葉片	blade	具有空氣動力形狀、接受風能，使風輪繞其軸轉動的主要構件
68	等截面葉片	constant chord blade	在工作長度上沿展向截面等同的葉片
69	變截面葉片	variable chord blade	在工作長度沿展向截面不同的葉片
70	葉片投影面積	projected area of blade葉	片在風輪掃掠面上的投影面積
71	葉片長度	length of blade	葉片在展向上沿壓力中心連線測得的最大長度
72	葉根	root of blade	風輪中連接葉片和輪轂的構件
73	葉尖	tip of blade	水平軸和斜軸風力機的葉片距離風輪回轉軸線的最遠點
74	葉尖速度	tip speed	葉尖的線速度
75	翼型	airfoil	葉片展向長度趨於無窮小時叫翼型
76	前緣	leading edge	翼型在旋轉方向上的最前端
77	後緣	tailing edge	翼型在旋轉方向上的最後端
78	幾何弦長	geometric chord of airfoil	前緣到後緣的距離
79	平均幾何弦長	mean geometric chord of airfoil	葉片投影面積與葉片長度的比值
80	氣動弦線	aerodynamic chord of airfoil	通過後緣使翼型升力為零的直線
81	厚度	thickness of airfoil	幾何弦上各點垂直於幾何弦的直線被翼型周線所截取的長度
82	相對厚度	relative thickness of airfoil	厚度的最大值與幾何弦長的比值
83	厚度函數	thickness function of airfoil	厚度的一半沿幾何弦的分佈

序號	術語	英文名稱	中文定義
84	中弧線	mean line	厚度中點的連線
85	彎度	degree of curvature	中弧線到幾何弦的距離
86	彎度函數	curvature function of airfoil	彎度沿幾何弦的分佈
87	翼型族	the family of airfoil	由無窮多個翼型圓滑過渡組成的翼型系列
88	葉片根梢比	ratio of tip-section chord to root-section chord	葉片根部與尖部的幾何弦長的比值
89	葉片展弦比	aspect ratio	葉片長度與葉片平均幾何弦長的比值
90	葉片安裝角	setting angle of blade	葉片的翼型幾何弦與葉片旋轉平面所夾的角度
91	葉片扭角	twist of blade	葉片尖部幾何弦與根部幾何弦夾角的絕對值
92	葉片幾何攻角	angle of attack of blade	翼型上合成氣流方向與翼型幾何弦的夾角
93	葉尖損失	tip losses	由於氣流繞過葉片尖部形成的渦流所產生的能量損失
94	葉片損失	blade losses	由於葉片表面與氣流發生摩擦產生的能量損失
95	顫振	flutter	風力機風輪葉片在氣流中出現的不穩定自激振動
96	迎風機構	orientation mechanism	使風輪保持最佳迎風位置的裝置
97	尾舵	tail vane	在風輪後面使風輪迎風的裝置
98	尾輪	tail wheel	尾舵上的多葉片風輪
99	側翼	side vane	在風輪側面利用風壓使風輪偏離風向的機構
100	調速機構	regulating mechanism	能調節或限制風輪旋轉速度的機構

序號	術語	英文名稱	中文定義
101	風輪偏側式調速機構	regulating mechanism of turning wind rotor out of the wind sideward	使風輪軸線偏離氣流方向的調速機構
102	變槳距調節機構	regulating mechanism by adjusting the pitch of blade	使風輪葉片安裝角隨風速而變化，並能調節風輪旋轉速度或功率輸出的機構
103	制動機構	braking mechanism	使風力機風輪停止工作的機構
104	整流罩	nose cone	裝在風輪前面呈流線形狀的罩子
105	塔架	tower	支撐風力機回轉部分及以上零組件的支撐物
106	獨立式塔架	free stand tower	沒有拉索的塔架
107	拉索式塔架	guyed tower	有拉索的塔架
108	塔影響效應	influence by the tower shadow	塔架造成的氣流渦區對風力機產生的影響
109	順槳	feathering	風輪葉片的幾何攻角趨近零升力的狀態
110	阻尼板	spoiling flap	隨風速的變化用來阻止風輪轉數增加的構件

附錄三　風力發電裝置國家和國際標準

序號	標準號	中文名稱
1	GB/T 19115.2-2003	離網型戶用風光互補發電系統　第2部分：試驗方法
2	GB/T 19115.1-2003	離網型戶用風光互補發電系統　第1部分：技術條件
3	GB/T 19073-2003	風力發電機組　齒輪箱
4	GB/T 19072-2003	風力發電機組　塔架
5	GB/T 19071.2-2003	風力發電機組　非同步發電機　第2部分：試驗方法
6	GB/T 19071.1-2003	風力發電機組　非同步發電機　第1部分：技術條件
7	GB/T 19070-2003	風力發電機組　控制器　試驗方法
8	GB/T 19069-2003	風力發電機組　控制器　技術條件
9	GB/T 19068.3-2003	離網型風力發電機組　第3部分：風洞試驗方法
10	GB/T 19068.2-2003	離網型風力發電機組　第2部分：試驗方法
11	GB/T 19068.1-2003	離網型風力發電機組　第1部分：技術條件
12	GB/T 18710-2002	風電場風能資源評估方法
13	GB/T 18709-2002	風電場風能資源測量方法
14	GB 18451.2-2003	風力發電機組　功率特性試驗
15	GB 18451.1-2001	風力發電機組安全要求
16	GB 17646-1998	小型風力發電機組安全要求
17	GB/T 16437-1996	小型風力發電機組結構安全要求
18	GB/T 13981-1992	風力機設計通用要求
19	GB/T 10760.2-2003	離網型風力發電機組用發電機　第2部分：試驗方法
20	GB/T 10760.1-2003	離網型風力發電機組用發電機　第1部分：技術條件
21	GB 8116-1987	風力發電機組　型式與基本參數
22	GB/T 2900.53-2001	電工術語　風力發電機組

序號	標準號	中文名稱
23	DL/T 5067-1996	風力發電場專案可行性研究報告編製規程
24	DL/T 797-2001	風力發電場檢修規程
25	DL/T 666-1999	風力發電場運行規程
26	JB/T 10194-2000	風力發電機組風輪葉片
27	JB/T 10137-1999	提水和發電用小型風力機　試驗方法
28	JB/T 10300-2001	風力發電機組　設計要求
29	JB/T 9740.4-1999	低速風力機　安裝規範
30	JB/T 9740.3-1999	低速風力機　技術條件
31	JB/T 9740.2-1999	低速風力機　型式與基本參數
32	JB/T 9740.1-1999	低速風力機　系列
33	JB/T 7879-1999	風力機械　產品型號編製規則
34	JB/T 7878-1995	風力機　術語
35	JB/T 7323-1994	風力發電機組　試驗方法
36	JB/T 7143.2-1993	離網型風力發電機組用逆變器　試驗方法
37	JB/T 7143.1-1993	離網型風力發電機組用逆變器　技術條件
38	JB/T 6941-1993	風力提水用拉桿泵　技術條件
39	JB/T 6939.2-2003	離網型風力發電機組用控制器　第 2 部分：試驗方法 T
40	JB/T 6939.1-2003	離網型風力發電機組用控制器　第 1 部分：技術條件
41	IEC WT 01　2001	規程和方法—風力發電機組一致性試驗和認證系統
42	IEC 61400-25	風電場監控通訊
43	IEC 61400-24	風力發電機組防雷
44	IEC 61400-23	風力發電機組葉片滿量程試驗
45	IEC 61400-22	風力發電機組認證
46	IEC 61400-21	並網風力發電機組功率質量特性測試與評價
47	IEC 61400-13	機械載荷測試
48	IEC 61400-12	風力發電機組　第 12 部分：風力發電機功率特性試驗
49	IEC 61400-11	風力發電機噪音測試

序號	標準號	中文名稱
50	IEC 61400-2	風力發電機組　第 2 部分：小型風力發電機的安全
51	IEC 61400-1	風力發電機組　第 1 部分：安全要求
52	ASTM E 1240-88	風能轉換系統性能的測試方法
53	ASME/ANSI PTC 42-1988	風力機性能試驗規程
54	ANSI/IEEE 1021-1988	小型風能轉換系統與公用電網互聯的推薦規範

附錄四　風力發電上網電價例

序號	風電場名稱	最高風電電價／元	序號	風電場名稱	最高風電電價／元
1	內蒙古朱日和風電場	0.6094	10	浙江蒼南風電場	1.2
2	內蒙古輝騰錫勒風電場	0.609	11	海南東方風電場	0.56
3	內蒙古商都風電場	0.609	12	廣東南澳風電場	0.74
4	內蒙古錫林浩特風電場	0.64786	13	廣東南澳振能風電場	0.62
5	河北張北風電場	0.984	14	福建東山澳仔山風電場	0.46
6	新疆達阪城風電場一廠	0.533	15	甘肅玉門風電場	0.73
7	新疆達阪城風電場二廠	0.533	16	吉林通榆風電場	0.9
8	遼寧東崗風電場	0.9154	17	上海崇明南匯風電場	0.773
9	遼寧大連橫山風電場	0.9	平均電價		0.7246

附錄五　1998～2002年全國風電場裝機概況

⑴至1998～1999年全國風電場裝機簡況

序號	省區／風電場	單機／kW	1998年總和／kW	1999年總和／kW
1	新疆／達阪城風電一場	100～600	8500	11500
2	新疆／達阪城風電二場	300～600	57500	59800
3	新疆／布林津	150	1050	1050
4	甘肅／玉門	300	1200	1200
5	內蒙／輝騰錫勒	600	36100	36100
6	內蒙／朱日和	100～300	4200	4200
7	內蒙／商都	55～300	3875	3875
8	內蒙／錫林浩特	250	1000	1000
9	河北／張北	275～600	9850	9850
10	遼寧／東崗	55～550	12005	12005
11	遼寧／橫山	250	5000	5000
12	山東／長島	55～600	110	5510
13	山東／榮成	55	165	165
14	浙江／泗礁	30	300	300
15	浙江／括蒼山	600	19800	19800
16	浙江／鶴頂山	55～500	10255	10255
17	福建／平潭	55～200	1055	1055
18	廣東／南澳	150～550	42880	43380
19	海南／東方	55～600	8755	8755
20	內蒙／赤峰	600～750	6450	
21	遼寧／錦州	600	600	
22	遼寧／營口	660	5940	
23	吉林／通榆	660		7260
24	廣東／惠來	600	13200	
合計			223600	268250

（資料來源：國家電力公司水電和新能源開發局新能源處）

⑵至 1999 年的中國風電場裝機詳表

序號	場地名		時間	製造型號	單機/kW	台數	裝機/kW	場台數	場裝機/kW	省台數	省裝機/kW
1	河北省	張北	96.02	Nordtank	300	2	600			24	9850
			97.03	Tacke	300	11	3300				
			97.03	AWT-275	275	2	550				
			97.11	Nordex	600	1	600				
			98.12	Vestas	600	8	4800				
2	內蒙古	朱日和	89.12	US Windpower	100	5	500	28	4200	119	51625
			92.04	US Windpower	100	6	600				
			93.09	HSM	250	4	1000				
			94.12	Bonus-HEEW	120	10	1200				
			94.11	Nordtank	300	3	900				
3		商都	93.06	FD15-55	55	5	275	17	3875		
			94.12	Nordtank	300	12	3600				
4		錫林浩特	95.11	HSM-Yituo	250	4	1000	4	1000		
5		輝騰錫勒	96.10	Micon	600	9	5400	61	36100		
			97.10	Micon	600	33	19800				
			98.10	Zond	550	10	5500				
			98.11	Vestas	600	9	5400				
6		赤峰	99.04	Nordex	600	2	1200	9	6450		
			99.12	NEG-Micon	750	7	5250				
7	遼寧省	東崗	91.07	FD15-15	55	1	55	26	12205	56	23745
			94.11	Nord tank	300	5	1500				
			96.11	Nord tank	550	9	4950				
			97.03	FD24-200	200	1	200				
			98.05	Zond	550	10	5500				
8		橫山	93.07	HSM	250	4	1000	20	5000		
			96.08	Micon	250	16	4000				
9		錦州	99.03	NEG-Micon	600	1	600	1	600		
10		仙人島	99.07	MADE	660	9	5940	9	5940		
11	吉林省	通榆	99.08	MADE	660	11	7260	11	7260	11	7260

序號	場地名		時間	製造型號	單 機 /kW	台數	裝 機 /kW	場台數	場裝機 /kW	省台數	省裝機 /kW
12	山東省	榮成	86.05	Vestas	55	3	165	3	165	14	5675
13		長島	91.05	FD15-15	55	2	110	11	5510		
			99.05	Nordex	600	9	5400				
14	浙江省	泗礁	91.06	Aeroman	30	10	300	10	300	62	30355
15		鶴頂山	93.10	FD16-55	55	1	55	19	10255		
			95.10	FD23-200	200	1	200				
			95.12	Nord tank	500	2	1000				
			98.09	Vestas	600	15	9000				
16		括蒼山	97.12	Micon	600	8	4800	33	19800		
			98.06	Micon	600	25	15000				
17	福建省	平潭	86.10	Windmaster	200	4	800	6	1055	6	1055
			89.12	FD16-55	55	1	55				
			93.04	FD32-200	200	1	200				
18	廣東省	南澳	89.06	Newind	90	1	90	113	43280	125	50480
			89.06	Newind	150	2	300				
			91.06	Nord tank	130	3	390				
			92.07	Nord tank	150	6	900				
			95.01	Nord tank	200	15	3000				
			95.12	Nordex	250	16	4000				
			96.12	Nordex	250	13	3250				
			97.12	FD24-200	200	2	400				
			98.01	FD28-300	300	2	600				
			98.03	Zond	550	10	5500				
			98.04	Darrious	350	1	350				
			98.05	NEG Micon	600	40	24000				
			99.08	FD25-250	250	2	500				
19		惠來	99.12	Nordex	600	22	13200	22	13200		
20	海南省	東方	85.	Vestas	55	1	55	19	8755	19	8755
			95.11	HSM-Yituo	250	6	1500				
			97.04	AN Bonus	600	12	7200				
21	甘肅省	玉門	97.06	Nord tank	300	4	1200	4	1200	4	1200
22	新疆自治區	達阪城1號	86.10	Wincon	100	1	100	31	11500		
			89.10	Bonus	150	13	1950				
			96.06	Tacke	600	2	1200				

序號	場地名		時間	製造型號	單機 /kW	台數	裝機 /kW	場台數	場裝機 /kW	省台數	省裝機 /kW
23	新疆自治區		96.08	AN Bonus	450	3	1350				
			96.12	Jacobs	500	3	1500				
			98.12	XWEC-Jacobs	600	5	3000				
			99.10	XWEC-Jacobs	600	4	2400				
		達阪城2號	92.11	Bonus	300	4	1200	116	59800	154	72350
			92.12	Nordtank	300	4	1200				
			93.12	Bonus	500	4	2000				
			94.12	Nordtank	300	19	5700				
			95.07	Nordtank	300	2	600				
			97.11	Bonus	600	12	7200				
			97.12	Vestas	600	66	39600				
			98.08	FD31-300	300	1	300				
			99.12	Nedwind	500	4	2000				
24		布爾津	96.07	AN Bonus	150	7	1050	7	1050		
全國合計										604	268250

(3)1999 年的裝機簡表

風電場	台數	裝機	風電場	台數	裝機	風電場	台數	裝機
赤峰	2	1200	通榆	11	7260	達阪城1	4	2400
赤峰	7	5250	長島	9	5400	達阪城2	4	2000
錦州	1	600	南澳	2	500	合計	71	42750
仙人島	9	5940	惠來	22	13200			

(4)國產風力機情況簡表

風力機型號	功率／kW	研制單位	安裝地點
FD15-55	55	山東青島大華機器廠	山東長島、內蒙商都
FD15-55	55	遼寧鞍山鐵塔廠	遼寧東崗
FD24-200	200	遼寧鞍山鐵塔廠	遼寧東崗
FD16-55	55	杭州機電設計研究所	浙江鶴頂山
FD23-200	200	浙江省機電院	浙江鶴頂山
FD16-55	55	福建省電力局	福建平潭
FD32-200	200	杭州機電設計研究所	福建平潭
FD24-200	200	浙江省機電院	廣東南澳
FD25-250	250	浙江省機電院	廣東南澳
FD28-300	300	南京高速齒輪廠	廣東南澳
Darrious	350	中國香港	廣東南澳
XWEC-Jacobs	600	新疆新風科工貿公司	新疆達阪城 1 號
FD31-300	300	新疆風力發電總廠	新疆達阪城 2 號

(5)全國風電場裝機情況詳表（至 2001 年）

序號	風電場名稱						投資業主
01	新疆達阪城風電二場						新疆維吾爾自治區電力公司
機型	NTK 00/31	Bonus 300	Bonus 500	Bonus 600	Vestas	Nedwind 500	Nedwind 500
單機容量／kW	300	300	500	600	600	500	500
台數	25	4	4	12	66	4	31
並網時間	1992 年 12 月／1995 年 5 月	1992 年 11 月	1994 年 8 月	1997 年 11 月	1997 年 12 月	2000 年 12 月	2001 年 12 月
總容量kW	75000						

序號	風電場名稱				投資業主	
02	新疆達阪城新疆維吾爾自治區風電一場				水利廳	
機型	Vincon 100	Bonus 150	Tack 600	AN Bonus 450	Jacobs 500	Jacobs 600
單機容量／kW	100	150	600	450	500	600
台數	1	13	2	3	3	10
並網時間	1986 年 10 月	1989 年 10 月	1996 年 6 月	1996 年 8 月	1996 年 12 月	1998 年／1999 年／2000 年
總容量／kW	12100					

序號	風電場名稱				投資業主	
03	新疆布林津風電場				新疆維吾爾自治區水利廳	
機型	AN Bonus 150					
單機容量／kW	150					
台數	7					
並網時間	1996 年 7 月					
總容量／kW	1050					

序號	風電場名稱				投資業主	
04	內蒙古商都風電場				內蒙古自治區電力集團有限責任公司	
機型	國產華風 NTK 300					
單機容量／kW	55	300				
台數	5	12				
並網時間	1993 年 6 月	1994 年 12 月				
總容量／kW	3875					

序號	風電場名稱				投資業主	
05	內蒙古朱日和風電場				美國美風	
機型	美國美風	美國美風	德國 HSM	丹麥-杭發	丹麥 NTK	西班牙 Made
單機容量／kW	100	100	250	120	300	330
台數	5	6	4	10	3	10
並網時間	1989 年 12 月	1992 年 4 月	1993 年 9 月	1994 年 12 月	1994 年 11 月	2000 年 11 月
總容量／kW	1200					

序號	風電場名稱				投資業主	
06	內蒙古錫林浩特風電場				內蒙古自治區電力集團有限責任公司	
機型	HSM-洛拖	西班牙 Made				
單機容量 / kW	250	330				
台數	4	6				
並網時間	1995 年 11 月	2000 年 11 月				
總容量 / kW	2980					

序號	風電場名稱					投資業主
07	內蒙古輝騰錫勒風電場					內蒙古自治區電力集團有限責任公司
機型	M1500-600/150	M1500-600/150	Zond-40	Vestas	WO 646	
單機容量 / kW	600	600	550	600	600	
台數	9	33	10	9	1	
並網時間	1996 年 10 月	1997 年 10 月	1997 年 12 月	1998 年 11 月	2000 年 3 月	
總容量 / kW	36700					

序號	風電場名稱				投資業主
08	內蒙古克什克騰風電場				東電茂霖風能發展有限公司
機型	Nordex 600	NEG/Micon750	一拖-MADE 660	NEG/Micon 750	
單機容量 / kW	600	750	660	750	
台數	2	7	6	13	
並網時間	1999 年 1 月	1999 年 12 月	2001 年 12 月	2001 年 12 月	
總容量 / kW	20160				

序號	風電場名稱						投資業主
09-1	廣東南澳風電場　汕頭市電力公司						南澳縣風能公司
機型	瑞典 New wind	瑞典 New wind	丹麥 NTK	丹麥 NTK	丹麥 NTK	Nordex	Nordex
單機容量 / kW	150	90	130	150	200	250	250
台數	2	1	3	6	15	16	13
並網時間	1989 年 6 月	1989 年 6 月	1991 年 6 月	1992 年 7 月	1995 年 1 月	1995 年 12 月	1997 年 12 月
總容量 / kW	11930						

序號	風電場名稱				投資業主	
09-2	廣東南澳風電場　汕頭市電力公司				南澳縣風能公司	
機型	立軸中國組裝					
單機容量/kW	350					
台數	1					
並網時間	1997 年 12 月					
總容量/kW	350					

序號	風電場名稱				投資業主	
10	南澳振能風電公司				中國福霖風能開發公司	
機型	Zond-40	國產上海藍天	國產 250	丹麥 NTK		
單機容量/kW	550	300	250	600		
台數	10	2	4	40		
並網時間	1997 年 12 月	1998 年 2 月	1998 年 3月/1999 年 9 月	1998 年 5 月		
總容量/kW	31100					

序號	風電場名稱			投資業主	
11	廣東南澳風電場			華能	
機型	NEC.Micon				
單機容量/kW	750				
台數	18				
並網時間	2000 年 8 月				
總容量/kW	13500				

序號	風電場名稱			投資業主	
12	廣東惠來風電場			廣東風電有限責任公司	
機型	Nordex 600				
單機容量/kW	600				
台數	22				
並網時間	1999 年 12 月				
總容量/kW	13200				

序號	風電場名稱				投資業主
13	遼寧丹東風電場				丹東供電公司
機型	NEC.Micon				
單機容量／kW	750				
台數	28				
並網時間	2000 年 3 月				
總容量／kW	21000				

序號	風電場名稱				投資業主
14	遼寧東崗風電場				遼寧省電力公司
機型	中國FD15-55	NTK 300/31	NTK 550/41	Zond-40	
單機容量／kW	55	300	550	550	
台數	1	5	9	10	
並網時間	1991 年 7 月	1994 年 11 月	1996 年 11 月	1997 年 12 月	
總容量／kW	12005				

序號	風電場名稱				投資業主
15	遼寧橫山風電場				大連市電力公司
機型	德國 HSM	M600-250			
單機容量／kW	250	250			
台數	4	16			
並網時間	1993 年 7月	1996 年 8月			
總容量／kW	5000				

序號	風電場名稱				投資業主
16	遼寧營口風電場				營口市供電公司
機型	Made 660	Made 660	Nordex 1300	Nordex 600	西安—維德
單機容量／kW	660	660	1300	600	600
台數	9	11	4	1	1
並網時間	1999 年 10 月	2000 年 10 月	2001 年 5 月	2001 年 8 月	2000 年 9 月／2001 年 8 月
總容量／kW	19600				

序號	風電場名稱				投資業主		
17	遼寧錦州風電場				錦州市電力公司		
機型	Micon 750						
單機容量 / kW	750						
台數	5						
並網時間	2000 年 2 月						
總容量 / kW	3750						

序號	風電場名稱				投資業主		
18	吉林通榆風電場				吉林省風電股份公司		
機型	Made 660	Nordex					
單機容量 / kW	660	600					
台數	11	38					
並網時間	1999 年 10 月	2000 年 12 月					
總容量 / kW	30060						

序號	風電場名稱				投資業主		
19	福建平潭風電場				福建省科委		
機型	Wind Master	國產 FD32-200					
單機容量 / kW	200	200					
台數	4	1					
並網時間	1986 年 10 月	1993 年 4 月					
總容量 / kW	1000						

序號	風電場名稱				投資業主		
20	福建省平潭風電場				福建省電力公司		
機型	西班牙 Bazan						
單機容量 / kW	600						
台數	10						
並網時間	2000 年 9 月						
總容量 / kW	6000						

序號	風電場名稱				投資業主		
21	福建東山風電場				福建省電力公司		
機型	西班牙 Bazan						
單機容量 / kW	600						
台數	10						
並網時間	2000 年 9 月						
總容量 / kW	6000						

序號	風電場名稱				投資業主		
22	浙江括蒼山風電場				浙江省電力局		
機型	M1500-600/150		M1500-600/150				
單機容量 / kW	600		600				
台數	16		17				
並網時間	1997 年 12 月		1998 年 5 月				
總容量 / kW	19800						

序號	風電場名稱				投資業主		
23	浙江鶴頂山風電場						
機型	丹麥NTK	丹麥Vestas					
單機容量 / kW	500	600					
台數	2	15					
並網時間	1995 年 12 月	1998 年 12 月					
總容量 / kW	10255						

序號	風電場名稱				投資業主		
24	浙江鶴頂山風電場				浙江省科委		
機型	國產 FD16-55	國產 FD32-200					
單機容量 / kW	500	600					
台數	1	1					
並網時間	1993 年	1995 年					
總容量 / kW	1100						

序號	風電場名稱				投資業主	
25	浙江泗礁風電場				浙江省科委	
機型	德國 Aeroman					
單機容量 / kW	30					
台數	10					
並網時間	1991 年 6 月					
總容量 / kW	300					

序號	風電場名稱				投資業主	
26	海南東方風電場				海南國信能源公司	
機型	丹麥 Vestas	HSM- 洛拖	AN Bonus 600			
單機容量 / kW	55	250	600			
台數	1	6	12			
並網時間	1985 年	1995 年 11 月	1997 年 4 月			
總容量 / kW	8755					

序號	風電場名稱				投資業主	
27	山東榮成風電場				山東省電力局	
機型	丹麥 Vestas					
單機容量 / kW	55					
台數	3					
並網時間	1986 年 5 月					
總容量 / kW	165					

序號	風電場名稱				投資業主	
28	山東長島風電場				山東省電力局	
機型	國產 FD15-55	Nordex600				
單機容量 / kW	55	600				
台數	2	9				
並網時間	1991 年 5 月	1999 年 10 月				
總容量 / kW	5510					

序號	風電場名稱			投資業主	
29	河北省張北風電場			華北電管局張家口供電公司	
機型	NTK 300/31	Tack 300	美國 AWT-275	Nordex N43/600	丹麥 Vestas
單機容量 / kW	300	300	275	600	600
台數	2	11	2	1	8
並網時間	1996 年 2 月	1997 年 3 月	1997 年 5 月	1997 年 11 月	1998 年 9 月
總容量 / kW	9850				

序號	風電場名稱			投資業主	
30	河北省承德風電場			承德供電公司	
機型	新風 600				
單機容量 / kW	600				
台數	6				
並網時間	2001 年 4 月				
總容量 / kW	3600				

序號	風電場名稱			投資業主	
31	甘肅玉門風電場			甘肅省電力局	
機型	NTK 300/31	Gamesa 600			
單機容量 / kW	300	600			
台數	4	12			
並網時間	1997 年 6 月	2001 年 3 月			
總容量 / kW	8400				
總合計	812 台	399895 kW			

注：1.以上資料截止至 2001 年底，2001 年新增 87 颱風電機組，54.96 MW；
　　2.本統計資料由國家電力公司電源建設部提供。

(6)全國風電場裝機情況簡表（至 2002 年）

序號	風電場名稱	總容量 / kW
1	新疆達阪城風電二場	75000
2	新疆達阪城風電一場	12100
3	新疆布林津風電場	1050
4	內蒙古商都風電場	3875

序號	風電場名稱	總容量／kW
5	內蒙古朱日和風電場	7500
6	內蒙古錫林浩特風電場	2980
7	內蒙古輝騰錫勒風電場	36700
8	內蒙古克什克騰風電場	20160
9	廣東南澳風電場	56880
10	廣東惠來風電場	13200
11	廣東汕尾風電場	9900
12	遼寧東崗風電場	22505
13	遼寧橫山風電場	7400
14	遼寧營口風電場	21460
15	遼寧錦州風電場	3750
16	遼寧丹東風電場	21000
17	遼寧小長山風電場	3600
18	遼寧獐子山風電場	3000
19	遼寧法庫風電場	9600
20	吉林通榆風電場	30060
21	福建平潭風電場	7000
22	福建東山風電場	6000
23	浙江括蒼山風電場	19800
24	浙江鶴頂山風電場	13905
25	浙江泗礁風電場	300
26	海南東方風電場	8755
27	山東榮成風電場	165
28	山東長島風電場	5510
29	河北省張北風電場	9850
30	河北省承德風電場	3600
31	甘肅玉門風電場	8400
	合　　　計	444405

中國風能分布

附圖 1　中國風能分佈圖

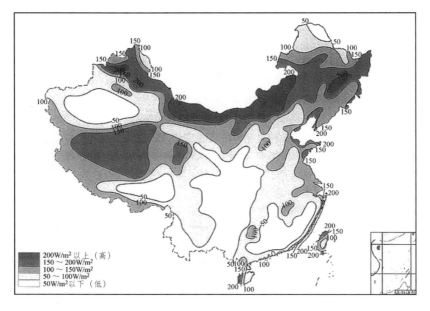

200W/m² 以上（高）
150 ～ 200W/m²
100 ～ 150W/m²
50 ～ 100W/m²
50W/m² 以下（低）

附圖 2　風速大於 3 m/s 的有效風功率密度分佈圖

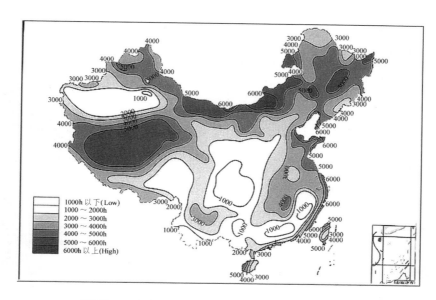

附圖 3　全年風速大於 3 m/s 的小時數分佈圖

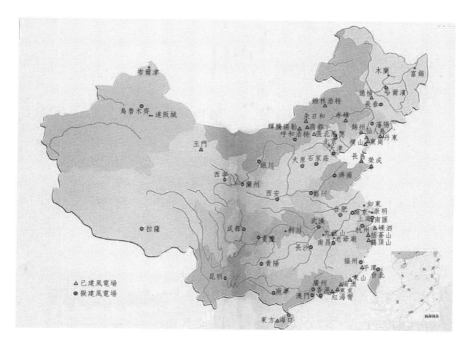

附圖 4　中國已建和擬建的風電場分佈圖

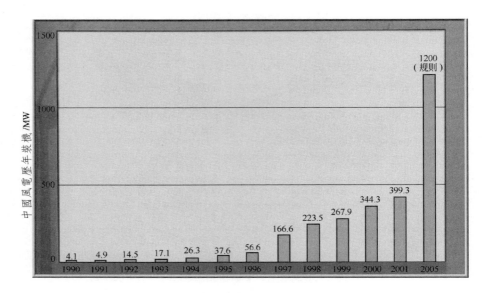

附圖 5　中國風電歷年裝機圖

參考文獻

1　王承詢，張源。風力發電。北京：中國電力出版社，2003

2　陳聽寬等。新能源發電。北京：機械工業出版社，1988

3　張希良。風能開發利用（21 世紀可持續能源叢書）。北京：化學工業出版社，2005

4　宮靖遠，風電場工程技術手冊。北京：機械工業出版社，2004

5　規程編寫組。風力發電場專案建設工程驗收規程。北京：中國標準出版社，2004

6　鄧興勇等。風力機設計軟體 WTD1.0 分析。上海工程技術大學學報，2000，3：18～22

7　劉萬琨。核電汽輪機功率規範和半轉速機。東方汽輪機，2004，3：3～7

8　倪受元。風力發電講座第一講「風力機類型與結構」。太陽能，2001，3：1～7

9　張新房等。風力發電技術的發展及問題。現代電力，2002，5：23～25

10　倪受元。風力發電用發電機及風力發電系統。太陽能，2001，4：25～27

11　鄧興勇，凌志光。風力發電機葉輪的數值優化設計法。工程熱物理學報，1999，20(1)：26～29

12　羅益鋒。世界風能及葉片材料發展概況與趨勢。高科技纖維與應用，2003，28(5)：19～21

13　Anderson J D. Fluid Dynamics. University of Maryland, 1989

14　Gourieres D L。施鵬飛譯。風力機的理論與設計。北京：機械工業出版社，1987

15　Goussarov D.General Description on Wind Rotor Design System. FCO report, 1994

16　劉萬琨。風能發電與風輪機。東方汽輪機，2004，4：9～11

國家圖書館出版品預行編目資料

風能與風力發電技術／馬振基著. -- 初版.
-- 臺北市：五南圖書出版股份有限公司，
2009.10
　　面；　　公分
參考書目：面
含索引
ISBN 978-957-11-5789-4（平裝）
1.風力發電

448.165　　　　　　　　　　98017088

5DC4

風能與風力發電技術
Wind Energy and Power Technology

編　　著 ― 劉萬琨　張志英　李銀風　越萍

校　　訂 ― 馬振基

發 行 人 ― 楊榮川

總 經 理 ― 楊士清

總 編 輯 ― 楊秀麗

主　　編 ― 高至廷

責任編輯 ― 金明芬

文字校對 ― 施榮華

封面設計 ― 郭佳慈

出 版 者 ― 五南圖書出版股份有限公司

地　　址：106台北市大安區和平東路二段339號4樓

電　　話：(02)2705-5066　　傳　真：(02)2706-6100

網　　址：https://www.wunan.com.tw

電子郵件：wunan@wunan.com.tw

劃撥帳號：01068953

戶　　名：五南圖書出版股份有限公司

法律顧問　林勝安律師事務所　林勝安律師

出版日期　2009年10月初版一刷
　　　　　2021年 8 月初版六刷

定　　價　新臺幣480元

本書繁體字版經由化學工業出版社授權台灣五南圖書出版股份
有限公司獨家出版。未經許可，不得以任何形式複製、轉載。

經典永恆・名著常在

五十週年的獻禮 —— 經典名著文庫

五南，五十年了，半個世紀，人生旅程的一大半，走過來了。
思索著，邁向百年的未來歷程，能為知識界、文化學術界作些什麼？
在速食文化的生態下，有什麼值得讓人雋永品味的？

歷代經典・當今名著，經過時間的洗禮，千錘百鍊，流傳至今，光芒耀人；
不僅使我們能領悟前人的智慧，同時也增深加廣我們思考的深度與視野。
我們決心投入巨資，有計畫的系統梳選，成立「經典名著文庫」，
希望收入古今中外思想性的、充滿睿智與獨見的經典、名著。
這是一項理想性的、永續性的巨大出版工程。
不在意讀者的眾寡，只考慮它的學術價值，力求完整展現先哲思想的軌跡；
為知識界開啟一片智慧之窗，營造一座百花綻放的世界文明公園，
任君遨遊、取菁吸蜜、嘉惠學子！